奶牛单产提升技术手册

主编　高永革

中原出版传媒集团
中原农民出版社
·郑州·

编委会

主　编　高永革
副主编　高腾云
编　者　刘太宇　宋洛文　蒋士传　付　彤
孙　宇　张　震　徐照学　王建平
刘　伟　石冬梅　闫若潜　李文徐
杨志华　吴建新　高　燕　陈建军

图书在版编目(CIP)数据

奶牛单产提升技术手册 / 高永革主编. —郑州:中原出版传媒集团,中原农民出版社,2012.10
ISBN 978-7-80739-303-0

Ⅰ.①奶… Ⅱ.①高… Ⅲ.①乳牛-饲养管理-技术手册 Ⅳ.①S823.9-62

中国版本图书馆 CIP 数据核字(2012)第 238543 号

出版:中原出版传媒集团　中原农民出版社
(地址:郑州市经五路 66 号　电话:0371—65751257
邮政编码:450002)
发行单位:全国新华书店
承印单位:河南省瑞光印务股份有限公司
开本:787mm×1092mm　1/16
印张:15　**字数:**319 千字
版次:2012 年 11 月第 1 版　**印次:**2012 年 11 月第 1 次印刷

书号:ISBN 978-7-80739-303-0　**定价:**35.00 元
本书如有印装质量问题,由承印厂负责调换

序一

中国奶业发展需要产量和质量同时提升

牛奶营养丰富、容易吸收，是公认的理想、完美食品。大力推动奶业发展和公众饮奶，有利于民众身体健康，有利于民族素质提升，有利于社会经济发展。人均奶类消费水平已成为衡量一个国家人民生活水平和经济发展的重要标志。目前，世界人均奶类消费量为 89 千克，其中欧盟高达 225 千克、美国 213 千克。我国乳品消费达到 32.4 千克，与世界平均乳品消费水平相比，仍有较大差距。可以看出奶业发展需求和市场是广阔的。

改革开放 30 年来，我国奶业发展迅猛，已连续跨越 3 个 1 000 万 t 产量台阶，正向 4 000 万 t 产量迈进。尤其是在 2008 年婴幼儿奶粉事件后，我国奶业经过三年整顿和振兴，目前逐步摆脱了婴幼儿奶粉事件的严重影响，产业素质不断提升，现代奶业格局初步形成，我国奶业发展已站在新的起点上。一是奶牛存栏和产量保持增长。2011 年全国奶牛存栏 1 440 万头，比 2008 年增长 17%，奶类产量3 810 万 t，比 2008 年增长 0.8%，奶牛存栏占世界总量的 8%，奶类产量占世界总量的 5.4%。二是标准化规模养殖比重加大。目前全国存栏 100 头以上奶牛规模养殖比重达到 33%，比 2008 年提高 13.5 个百分点。其中 1 000 头以上规模达到 1 020 个，占总存栏的 14%，比 2008 年增加一倍多。三是奶业生产集中度明显提高。通过整顿，乳品企业由 1 000 多家，规范到 716 家，其产能和产品结构进一步优化，并更加重视奶源建设，全国主要乳品企业自建牧场达 300 多家，其中 50%为 2008 年以后新建，产业一体化发展势头较好。四是质量安全水平进一步提升。已累计抽检生鲜乳样品 6 万多批次，蛋白质、脂肪等理化指标全部合格，三聚氰胺全部符合国家限量管理规定，铬、铅等指标全部符合国标要求，生鲜乳质量安全状况总体保持良好。五是乳制品产量和消费稳步增加。2011 年，全国乳制品总产量 2 387.5 万 t，比 2008 年增长 32%，人均奶类消费量 32.4 千克，比 2008 年增长 13%。同时，国家加大了政策扶持，完善了法规标准，强化了质量监管，开展了培训交流，奶业发展已处于历史最好水平，正站在新的起点上。

在肯定成绩和机遇的同时，也要看到，我国奶业的发展仍面临着一些突出问题：第一，奶业科技水平仍然较低。目前我国奶业科技贡献率不到 50%，远远低于欧美等国 70%～80%的水平。表现在生产上，如奶牛单产水平低，目前我国平均只有 5.4t，与欧美发达国家相比有 3～5t 的差距，如果单产达到发达国家水平，在保持存栏不变情况下，每年我国牛奶产量至少可以增加 2 300 万 t，相当于目前我国牛奶产量的 60%。第二，资源和环境约束日益增大。我国人口众多，资源相对匮乏，奶业发展面临着资源与环境的双重约束。奶牛生产离不开优质牧草，但目前牧草供给率只有20%～30%，主要依靠秸秆青贮或黄贮。同时，奶牛生产生态环保压力日益加大。一个千头奶牛场每天排放粪污近40t，若处理不好将直接污染环境，破坏生态。

受资源和环境双重约束，我国奶牛业必须转变发展方式。国外奶业发达国家都走过了一条从扩大养殖规模转向提高单产水平的道路。比如美国，从1997年到2010年，牛奶产量从7 080万t增加到8 746万t，增长了23.5%，但奶牛存栏从925万头下降到912万头，减少了1.4%。当前奶业发展还面临挑战，突出表现为科技水平较低，比如，单产水平不高；养殖分散，产业链利益联结机制不完善。我们必须更加重视科技投入，持续提升奶牛单产水平；同时加强科技创新，提高育种、饲养、疫病防治、挤奶、贮运、加工等各环节的科技水平。河南省重视奶业发展，提出了实施千万吨奶业跨越工程，实施奶牛单产提升行动，符合国家奶业发展政策和要求，顺应了国内外奶业发展规律。预祝河南奶业发展更好更快，早日建成“中原奶业优势区域”。

农业部奶业管理办公室

二〇一二年十月十六日

序二

提升奶牛单产是河南奶业发展的必由之路

河南是畜牧业大省，奶业是我省畜牧业的重要组成部分。目前，河南奶业已成为全省畜牧经济中链条最长、活力最强、潜力最大的核心产业，成为加快农业结构调整、促进畜牧产业集群建设、推进“三化”协调发展的领军行业。

近年来，河南省委、省政府高度重视奶业发展，全省奶牛规模养殖迅速发展，乳品加工能力不断提升。2011 年全省奶牛存栏 96.1 万头，奶产量 321.1 万吨，均占全国产量的 8.43%，在全国名列前茅；全省奶牛规模养殖比重已达 85%，存栏奶牛 200 头以上的规模养殖场 620 个，存栏比重达 51.6%，远高于全国平均水平；奶牛养殖业产值 94 亿元，占全国的 8.39%，稳居第五位；乳品加工企业 32 家，年加工能力超过 370 万吨。随着全省奶业的快速发展，河南奶业集群发展势头强劲、优势凸显，已经初步形成沿黄地区和豫东、豫西南“一带两片”等奶业优势区域。

河南地处中原，有着优越的自然条件和丰富的资源，为奶业的可持续发展提供了坚实的保障。一是气候条件适宜，谷物及其副产品丰富，拥有充足的饲料原料资源，适宜奶畜养殖生产。二是牧草种植潜力大。全省拥有天然草场面积 496.7 万公顷，年产优质干草 1 490.1 万 t。广阔的黄河滩区土地，适宜苜蓿等优质牧草生长，可有效保障优质粗饲料的供应。三是河南及周边地区人口数量众多，消费潜力巨大。2011 年全省人均奶类占有量约为 33 千克，虽高于全国 28 千克的平均水平，但远低于美国、加拿大等发达国家的人均 200 千克的水平，奶类消费有着巨大的增长空间。

在河南实施千万吨奶业跨越工程，是省委省政府重视奶业发展的重大决策，对于进一步优化农业产业结构、加快畜牧业转型升级、推进奶业跨越式发展具有重大而深远的现实意义。通过加快实施千万吨奶业跨越工程，积极推进奶牛大县建设工程、奶牛良种繁育工程、养殖技术培训工程、质量安全保障工程、奶牛营养升级工程、乳品企业龙头培育工程、消费市场开发工程、生态环境保护工程等八大配套支撑工程，到 2020 年全面实现全省奶牛存栏 240 万头、奶类产量 1 000 万 t、乳制品加工能力 1 200 万 t 的宏伟目标是完全可能的。

实施奶牛单产提升行动是贯彻落实千万吨奶业跨越工程的重要抓手，是奶业发展从数量规模型向质量效益型转变的必经之路。省畜牧局对该项工作高度重视，并将其视为一项系统工程统筹布局，多措并举，先后成立了奶业产业体系专家组、奶牛单产提升行动专家服务团，适时组建了河南省奶业人才孵化中心，深入开展了综合技术培训、专家现场诊断和巡回技术指导等多种形式的服务，在中原大地上掀起了奶牛单产提升的热潮。

为把培训工作做到实处，河南省畜牧局奶业管理办公室组织省奶业产业体系专家组多位专家编写了本书。本书内容丰富，详细介绍了当前国内外奶牛单产提升先进综合配套技术，具有较强的实用性和先进性。相信本书的出版发行必将对实施奶牛单产提升行动，促进千万吨奶业跨越工程宏伟目标的实现起到极大的推动作用。

河南省畜牧局

二〇一二年十月十六日

目 录

第一章 奶牛营养与调控

第一节 奶牛的消化特征

一、奶牛的消化系统

奶牛属于反刍动物，消化道比其他动物要复杂得多。牛的消化系统主要包括口腔、唾液腺、食管、复胃（瘤胃、网胃、瓣胃和皱胃）、小肠和大肠等。

复胃的结构与特点如下：

（1）瘤胃　俗称“草包”，体积最大，是细菌酵解饲料的主要场所，有“发酵罐”之称，容积因奶牛个体大小各异，一般为 150L 左右。瘤胃由肌肉囊组成，通过蠕动使食团按规律流动。瘤胃虽然不能分泌消化液，但含有大量的微生物，对食物的分解与营养物质的合成起着极为重要的作用。瘤胃有两个功能：一个是暂时贮存饲料。奶牛采食时把大量的饲料贮存在瘤胃里，休息时再将饲料反刍入口腔内，慢慢咀嚼，嚼碎后的饲料迅速通过瘤胃进入网胃，以便为继续采食提供空间。另一个功能是进行微生物发酵。瘤胃内的微生物群是反刍家畜能够主要以粗饲料维持生命的根本原因。

（2）网胃　网胃壁形状似蜂巢，因此也称蜂巢胃。它靠近瘤胃，功能同瘤胃，能帮助食团逆呕和排出胃内的发酵气体（嗳气）。当饲料中混入金属异物时，易在网胃底沉积或刺入心包。

（3）瓣胃　也称百叶肚，位于瘤胃右侧，连接网胃和皱胃。瓣胃起过滤器作用，将大量的水分滤走，同时，吸收挥发性脂肪酸、氯化钠等。瓣胃还截留较大的食糜颗粒，通过粗糙的叶片表面揉搓和研磨，使食糜颗粒变得更为细碎，为后段消化做准备。

（4）皱胃　皱胃是奶牛等反刍动物的真胃，分为胃底和幽门两部分。胃底腺分泌的胃液为水样透明液体，含有盐酸胃蛋白酶和凝乳酶，并有少量黏液，呈酸性。幽门腺分泌的胃液很少，呈中性或酸性，含有少量胃蛋白酶原。同时，皱胃黏膜折叠成许多纵向皱褶，有助于防止皱胃内容物流回瓣胃。

二、特殊消化生理现象

（一）反刍

反刍俗称倒嚼、倒沫，奶牛在采食饲料时一般不经充分咀嚼就匆匆吞咽入瘤胃中，在休息时再把饲料倒回口腔仔细咀嚼，这种特殊的消化活动就叫反刍。反刍是奶牛等所有反刍动物共有的行为特征。奶牛反刍行为的建立与瘤胃的发育有关，犊牛大约在 3 周龄时出现反刍。

反刍通常在饲喂后 0.5～1h 出现，每次持续时间 15～45min，每昼夜反刍 9～16 次，反刍时间达 6～8h。反刍频率和反刍时间与奶牛的年龄及饲料物理性质有关。后备牛每日的反刍次数高于成年牛，采食粗劣牧草的牛比采食幼嫩多汁饲料的反刍时间长，采食精料型日粮的牛反刍时间短、次数少。同时，许多因素会干扰或影响奶牛的反刍，如处于发情期的奶牛，反刍几乎消失，但不完全停止；任何引起疼痛的因素、饥饿、母性忧虑或疾病都能影响反刍活动。

（二）食道沟及食道沟反射

食道沟始于贲门，延伸至网胃、瓣胃口，是食道的延续，收缩时成一中空管子（或沟），使食物穿过瘤胃、网胃，直接进入瓣胃。哺乳期的犊牛食道沟可以通过吸吮乳汁而出现闭合，称食道沟反射，使乳汁直接进入真胃，以防止乳汁进入瘤胃、网胃而引起细菌发酵及消化道疾病。

（三）瘤胃发酵及嗳气

瘤胃和网胃中寄生着大量的细菌和原虫。这些微生物不断酵解着进入瘤胃中的营养物质，产生挥发性脂肪酸及各种气体（二氧化碳、甲烷、硫化氢、氨、一氧化碳等）。这些气体不断通过嗳气动作排出体外。当牛采食大量带露水的豆科牧草或富含淀粉的根茎类饲料时，瘤胃发酵作用急剧上升，所产气体来不及嗳出时，牛会出现“瘤胃臌气”，应及时采取机械放气和灌药止酵，否则牛会窒息死亡。

第二节　奶牛的营养与代谢

一、碳水化合物的营养与代谢

奶牛饲料中的碳水化合物可以分为两类：非结构性碳水化合物和结构性碳水化合物。结构性碳水化合物主要是纤维素、半纤维素等，主要来自粗饲料，在瘤胃发酵的速度慢。非结构性碳水化合物主要是淀粉和可溶性糖等，主要来自精料，在瘤胃发酵的速度快。

瘤胃是碳水化合物消化的主要部位，碳水化合物经瘤胃微生物发酵产生乙酸、丙酸和丁酸等挥发性脂肪酸、气体（二氧化碳和甲烷）以及热量。正常情况下，奶牛从消化道获得的葡萄糖很少，大部分葡萄糖都是通过肝脏利用一些非糖物质通过糖异生作用合成的。其中丙酸通过门静脉进入肝脏后被转化为葡萄糖，肝脏还可以利用生糖氨基酸合成葡萄糖。虽然乳酸也是合成葡萄糖的重要前体物质，但是当奶牛采食大量的谷物精料或其他一些易发酵的饲料后，易引起高水平乳酸蓄积在瘤胃，引起酸中毒而致奶牛停止采食。

奶牛日粮中碳水化合物的比例和类型影响奶牛瘤胃中挥发性脂肪酸的产量和比例。碳水化合物是奶牛最重要的能量来源，并且是牛奶中乳脂和乳糖的最初前体。纤维性碳水化合物（纤维素、半纤维素）可以为瘤胃中的微生物提供能量，为奶牛正常的瘤胃发酵提供了保障。但过高的纤维性碳水化合物含量会限制奶牛干物质采食量，所以奶牛日粮中要注意粗饲料与精饲料的比例。

二、脂类的营养与代谢

脂类是奶牛日粮的重要组分，为奶牛提供体内所需的必需脂肪酸，促进脂溶性维生素和类胡萝卜素的吸收和利用，同时日粮中的脂为奶牛直接提供约50%的乳脂，脂也是饲料中浓缩的能量来源。

日粮脂肪在瘤胃中被分解成甘油和脂肪酸。甘油迅速分解产生丙酸，而游离的脂肪酸会黏附在饲料和微生物表面阻碍饲料的发酵，特别是纤维性碳水化合物的发酵，而且具有自由羧基的不饱和游离脂肪酸对微生物的细胞膜还具有毒害作用。因此日粮中过量的油脂（大于8%）对产奶量和乳脂率都有影响，其中不饱和脂肪酸比饱和脂肪酸的副作用大。日粮中还有一些不饱和脂肪酸在瘤胃中经微生物氢化作用合成饱和脂肪酸。还有一部分脂肪酸进入小肠被小肠吸收直接进入血液循环，被全身组织所利用。

对于泌乳早期的奶牛尤其是高产奶牛，由于食入的能量未能满足泌乳需要，奶牛常常会动用脂肪组织中的脂来满足其能量需要。如果时间过长就会造成奶牛的一些代谢性疾病，所以可以考虑在此阶段奶牛日粮中加入适量的脂类。

三、蛋白质的营养与代谢

从消化道吸收的蛋白质为维持奶牛的生长、繁殖和泌乳提供了所需的氨基酸。

饲料蛋白质进入瘤胃后，在瘤胃微生物蛋白质水解酶的作用下，分解为肽和氨基酸。肽和氨基酸可被微生物利用合成菌体蛋白，其中部分氨基酸又在细菌脱氨基酶作用下降解为挥发性脂肪酸、氨和二氧化碳。饲料中的非蛋白含氮物和经唾液或瘤胃壁再循环回到瘤胃的尿素均可在细菌酶的作用下生成氨和二氧化碳，生成的氨也可以被细菌合成菌体蛋白。日粮中还有30%～40%的蛋白质未被瘤胃细菌和原虫降解。这部分完整通过瘤胃的日粮蛋白质被称为过瘤胃蛋白。过瘤胃蛋白和菌体蛋白最后在小肠被吸收。

在奶牛日粮中添加非蛋白氮，特别是尿素可以减少日粮中蛋白质饲料的用量，节省饲料成本。但尿素也应谨慎使用，因为过量的尿素将会引起氨中毒。一般尿素仅能代替日粮蛋白质需要量的25%～30%。同时要与其他饲料充分混合，以改善其适口性。

第三节　营养需要和调控

一、奶牛的营养需要

奶牛的营养需要主要包括维持需要和生产需要，维持需要是维持牛体正常生命活动的需要，而生产需要主要包括生长发育、繁殖和产奶的需要。奶牛营养需要主要包括干物质、能量、蛋白质、矿物质、维生素、纤维素和水。

（一）干物质采食量

干物质就是饲料中除水分以外的其他物质的总称。奶牛所需要的营养物质基本包括在干物质中，所以进食量是配合奶牛日粮的一个重要指标。它对奶牛的健康和生产至关重要。预测干物质进食量可有效地防止奶牛的过食或不足，提高营养物质的利用率。如果营养摄入不足，不仅会影响奶牛的生产水平，而且会影响奶牛的健康；相反，如果营养物质过多，导致过多的营养物质排放到环境中，则会造成饲料浪费，提高饲养成本，影响健康，增加代谢疾病发生率。

《奶牛饲养标准》推荐产奶牛干物质需求：

适用于偏精料型日粮的参考干物质采食量(kg)$=0.062W^{0.75}+0.40Y$

适用于偏粗料型日粮的参考干物质采食量(kg)$=0.062W^{0.75}+0.45Y$

式中：Y——标准乳重量，单位为千克(kg)

W——体重，单位为千克(kg)

4%乳脂率的标准乳(fat corrected milk，FCM)(kg)＝0.4×奶量(kg)＋15×乳脂量(kg)

干物质采食量的准确预测，对给奶牛精确提供营养、有效确定日粮营养浓度、合理调整全混合日粮(total mixed ration，TMR)配方至关重要。干物质采食量的提高意味着产奶量的提高、单位产奶饲料费用的降低。提高采食量，降低日粮精粗比，可以促进瘤胃健康，增加瘤胃微生物的生产能力。干物质采食量主要由消化道容积决定，粗饲料消化率、瘤胃内环境和饲养管理同样也起着很重要的作用。干物质采食量的监控、测定对牛场饲养管理非常重要。在生产实践中，可以用干物质的采食量占产奶牛体重的百分比来表示(见表1-1)：

表1-1　奶牛干物质采食量的预测表

阶　段	干物质采食量
泌乳早期	奶牛体重的2.0%～3.0%
泌乳盛期	奶牛体重的2.5%～4.0%

续表

阶　段	干物质采食量
泌乳中期	奶牛体重的 2.5%～3.5%
泌乳后期	奶牛体重的 2.5%～3.0%
干奶期	奶牛体重的 2.0%～2.5%
后备期	奶牛体重的 1.5%～2.5%

奶牛干物质采食量受体重、产奶量、泌乳阶段、饲料能量浓度、日粮类型、环境条件、饲养方法等多种因素的影响。

（二）能量需要

奶牛的能量需要可分为维持、生长、妊娠和泌乳几个部分。能量不足或过剩都会对奶牛造成不良影响。如果能量供应不足，青年牛生长发育就会受阻，初情期就会延长，产奶牛如果能量供给低于产奶需要时，不仅产奶量降低，泌乳牛还会消耗自身营养转化为能量，维持生命与繁殖需要，严重时会引起繁殖功能紊乱。能量过多会导致奶牛肥胖，母牛会出现性周期紊乱、难孕、难产等，还会造成脂肪在乳腺内大量沉积，妨碍乳腺组织的正常发育，影响泌乳功能而导致泌乳量减少。

（三）蛋白质需要

蛋白质是构成细胞、血液、骨骼、肌肉、激素、乳、皮、毛等各种器官组织的主要成分，对奶牛的生长、发育、繁殖和生产有着重要的意义。当饲料中的蛋白质供应不足时，奶牛的消化功能减退，表现生长缓慢、繁殖机能紊乱、抗病力下降、组织器官和结构功能异常，严重影响奶牛的健康和生产。

我国《奶牛营养需要和饲养标准》中详细列出了母牛的维持、产奶、妊娠可消化粗蛋白质和小肠可消化粗蛋白质的需要量。计算需要量只需查表格中的数据即可。

（四）粗纤维需要

饲料中的粗纤维对反刍动物的营养意义特别重要。饲料中粗纤维的分析指标常用的是粗纤维（crude fiber，CF）、酸性洗涤纤维（acid detergent fiber，ADF）和中性洗涤纤维（neutral detergent fiber，NDF），而表示纤维的最好指标是中性洗涤纤维，粗饲料对奶牛来说非常重要。

1.粗纤维的作用

（1）维持奶牛的正常生理活动　粗纤维含量高的粗饲料有一定的硬度，能刺激瘤胃壁，促进瘤胃蠕动和正常反刍。反刍一方面可以使再分泌的大量唾液进入瘤胃，同时还可降低饲料的颗粒度，这些唾液维持了正常瘤胃内环境，使瘤胃环境保持在 pH6.4～6.8，保证瘤胃内细菌正常的繁殖和发酵。

（2）保持乳脂率　粗纤维含量高的粗饲料，可使奶牛进食饲料时不仅增加采食时间，同时也增加了反刍时间，使唾液大量混入瘤胃食糜中，唾液中含有碳酸氢钠，故可调节瘤胃食糜酸度，每咀嚼 1kg 粗纤维可产生 10～15L 唾液进入瘤胃，为了保持正常的乳脂率，所需咀嚼时间是每千克干物质31～40min，每天应为7～8h。同时高纤维的日粮乙酸生成量大，从而提高奶牛的乳脂率。

奶牛是草食家畜，日粮中必需一定量的植物纤维，日粮中纤维不足或饲草过短，将导致奶牛消化不良，瘤胃酸碱度下降，易引起酸中毒、蹄叶炎、真胃变位，并可使奶牛的乳脂率下降等。如果日粮中植物纤维比例过高，则会降低日粮的能量浓度，减少奶牛对干物质的采食量，同样对奶牛生产不利。其主要原因是：①粗纤维不易被消化且吸水量大，可起到填充肠胃的作用，给牛以饱腹感；②粗纤维可刺激瘤胃壁，促进奶牛瘤胃蠕动和反刍，保持乳脂率。

2. 粗纤维的需要量

奶牛日粮中要求含有15%～17%的粗纤维。一般高产奶牛日粮中要求粗纤维超过17%，干奶期和妊娠末期日粮中的粗纤维需要量为20%～22%。用中性洗涤纤维表示，奶牛日粮中性洗涤纤维在28%～35%最理想。在实际生产中，奶牛日粮干物质中精料的比例不要超过60%，这样才能提供足够数量的粗纤维。

（五）矿物质的需要

根据矿物质含量占动物体质量比例的大小，可将奶牛矿物质需要分为常量元素和微量元素，比例在0.01%以上的为常量元素，包括钙、磷、钠、氯、镁、钾、硫，低于0.01%的为微量元素，包括铜、铁、锌、锰、钴、碘、氟、铬等。

1. 钙和磷的需要

钙是奶牛需要量最多的矿物质元素。奶牛体内98%的钙存在于骨骼和牙齿中，它与磷一起共同构成骨骼的强度和硬度，余下的2%存在于软组织、细胞外液及血液中。奶牛需要钙来形成骨骼与牙齿，神经冲动的传导、肌肉的兴奋、心脏的节律收缩、血液的凝结、酶的活动与稳定都需要钙，同时钙也是牛奶的一种组成成分。若饲料中钙长期缺乏会导致奶牛产奶量明显下降，出现各种骨骼症状，如幼龄奶牛的佝偻病、成年奶牛患软骨症、乳热症（产后瘫痪）等。

磷除了参与机体骨骼的组成外，还是体内许多生理生化反应不可缺少的物质。若磷不足，则幼龄奶牛患佝偻病，成年奶牛患软骨症，生长速度和饲料利用率下降，食欲减退、异食癖、产奶量下降、乏情、发情不正常或屡配不孕等。

奶牛每天从奶中排出大量钙、磷，由于日粮中钙、磷不足或者钙、磷利用率过低而造成奶牛缺钙、磷的现象较常见。奶牛对钙、磷的需要量因奶牛个体状况、生产状况等因素的差异而有很大的变化。日粮的钙、磷配合比例通常以(1～2)∶1为宜。在我国《奶牛营养需要和饲养标准》中详细地列出了奶牛维持、产奶、妊娠的钙、磷需要。即维持需要按每100千克体重供给6g钙和4.5g磷；每千克标准乳供给4.5g钙和3g磷可满足需要。生长牛维持需要按每100千克体重供给20g钙和4.5g磷；每增重1kg供给20g钙和13g磷可满足需要。

2. 食盐的需要

食盐主要由钠和氯组成。钠和氯主要分布于细胞外液，是维持外渗透压、酸碱平衡和代谢活动的主要离子。奶牛缺食盐会产生异食癖、食欲不振、产奶量下降等。食盐的需要量占奶牛日粮干物质进食量的0.5%或按混合料的1%计算即可，炎热的夏季还要适当增加。对于后备奶牛和干奶牛需要量按日粮干物质量的0.2%～0.3%计算。

(六)维生素的需要

维生素分为脂溶性和水溶性维生素两大类。脂溶性维生素包括维生素A、维生素D、维生素E和维生素K,水溶性维生素包括B族维生素和维生素C。维生素是奶牛维持正常生产性能和健康所必需的营养物质,具有参与代谢免疫和基因调控等多种生物学功能。维生素的缺乏会导致各种缺乏病,严重影响奶牛的正常生产性能。一般对于奶牛仅补充维生素A、维生素D、维生素E即可,维生素K可在瘤胃中合成,而水溶性维生素瘤胃微生物均能合成。研究显示,在现代奶牛生产过程中,仅依靠瘤胃中合成某些水溶性维生素可能不能够满足高产牛的需要。

1.维生素A

维生素A对奶牛非常重要,它与视觉上皮组织、繁殖、骨骼的生长发育、皮质酮的合成及脑脊髓液压都有关系。维生素A缺乏症表现为上皮组织皮质化,食欲减退,随后而来的是多泪、角膜炎、干眼病,有时会发生永久性失明,妊娠母牛维生素A缺乏会发生流产、早产、胎衣不下、产出死胎畸形胎儿或瞎眼犊牛。

奶牛所需的维生素A,主要来源于日粮中的β-胡萝卜素。植物性饲料中含有维生素A的前体物质β-胡萝卜素,它可在动物体内转化成维生素A,但一般情况下转化率很低,一般新鲜幼嫩牧草含有的β-胡萝卜素比老的多,β-胡萝卜素在青绿牧草干燥加工和贮藏过程中易氧化破坏,效价明显降低。而且植物性饲料的维生素A含量受到植物种类成熟程度和贮存时间等多种因素的影响,变异幅度很大。在大多数情况下,尤其是在高精料日粮、高玉米青贮日粮、低质粗料日粮、饲养条件恶劣和免疫机能降低的情况下,都需要额外补充维生素A。

实际日粮中的胡萝卜素含量变化很大,而且在实际生产中根本也无法知道饲粮中胡萝卜素的实际含量。

在不考虑基础日粮的前提下,按体重计,后备母牛对维生素A的需要量为24μg/kg,成年奶牛对维生素A的需要量为33μg/kg。以日粮干物质为基础表示,犊牛的维生素A需要量为1 140μg/kg,生长牛为600μg/kg,干奶牛和泌乳牛为1 200μg/kg,维生素A的安全摄入上限是19 800μg/kg。

特别在下列条件下应该着重考虑补充维生素A:

(1)饲喂劣质粗料的饲粮　因劣质粗料中β-胡萝卜素含量低,长期饲喂低粗料饲粮的奶牛,其瘤胃对维生素A的破坏程度更高,胡萝卜素的摄入量更少。

(2)以大量青贮玉米和少量的牧草为主的饲粮　这种饲粮中胡萝卜素的含量很少。

(3)奶牛处于免疫力可能降低的时期　比如围产期,要加大维生素A的添加量(因维生素A有提高中性白细胞的吞噬能力,刺激细胞介导的免疫反应,从而提高机体抵抗力的功能)。

2.维生素D

维生素D是产生钙调控激素1,25-二羟基维生素D的一种必需前体物,这种激素可提高小肠上皮细胞转运钙、磷的活性，并且增强甲状旁腺激素的活性，提高骨钙吸收，对于维持体内钙、磷状况的稳定，保持骨骼和牙齿的正常具有重要意义。1,25-二羟基维生素D还与维持免疫系统功能有关，通常促进体液免疫而抑制细胞免疫。维生素D的基本功能是促进肠道钙和磷的吸收，维持血液中钙、磷的正常浓度，促进骨骼和牙齿的钙化。维生素D缺乏会降低奶牛维持体内钙、磷平衡的能力，导致血浆中钙、磷浓度降低，使幼小动物出现佝偻病，成年动物出现骨软化。在幼小动物中，佝偻病导致关节肿大疼痛。成年动物中，跛足病和骨折都是维生素D缺乏的常见后果。

由于奶牛对维生素D的需要量很难界定，通常认为奶牛采食晒制干草和接受足够太阳光照射的条件下，就不需要补充维生素D，青绿饲料、玉米青贮料和人工干草的维生素D的含量也较丰富，但给高产牛和干奶牛补充维生素，可提高产奶量和繁殖的性能。NRC(2001)推荐泌乳牛日粮维生素D的添加量水平按干物质料计为275～300μg/kg；犊牛、生长牛分别为150μg/kg和75μg/kg。

3. 维生素E

维生素E的生理功能主要是作为脂溶性细胞的抗氧化剂，保护膜尤其是亚细胞膜的完整性、增强细胞和体液的免疫反应，提高抗病力和生殖功能。白肌病是典型的维生素E临床缺乏病，繁殖紊乱、产乳热和免疫力下降等问题也与维生素E存在不同程度的关系。当硒充足时，给干奶期的奶牛添加维生素E，可降低胎衣不下、乳腺感染和乳腺炎的发生率。

NRC(2001)建议妊娠最后60天的干奶牛和后备奶牛的维生素E添加量按体重计为0.94μg/kg，泌乳牛的维生素E补充量按体重计为0.47μg/kg。

由于影响维生素E需要的因素较多，在生产实践中，可根据下列情况调整维生素E的添加量：

❍ 饲喂新鲜牧草时减少维生素E的添加量。当新鲜牧草占日粮干物质的50%时，维生素E的添加量，较饲喂同等数量贮存饲草的低67%。

❍ 当饲喂低质饲草或高精料日粮时，维生素E的添加量需要提高。

❍ 当日粮中硒的含量较低时，需要添加更多的维生素E。

❍ 由于初乳中α-生育酚含量较高，故在产后母牛初乳期需要提高维生素E的添加水平。

❍ 免疫力抑制期(如围产前期)，需要提高维生素E的添加水平。

❍ 当饲料中存在较多的不饱和脂肪酸及亚硝酸盐时，需要提高维生素E的添加水平。

❍ 大量补充维生素E，有助于降低牛奶中氧化气味的发生。

4. 水溶性维生素

瘤胃微生物能合成大部分的水溶性维生素(生物素、叶酸、烟酸、泛酸、维生素B_6、维生素B_2、维生素B_1、维生素B_{12})，而且大部分饲料中这些维生素含量都很高。犊牛哺乳期间的水溶性维生素需求可以通过牛奶满足。

(七)水的需要

水是奶牛的最重要的营养素。生命的所有过程都需要水的参与,比如维持体液和正常的离子平衡,营养物质的消化吸收和代谢,粪尿和汗液的排出,体热的散发等都需要水。

奶牛需要的水来源于饮水、饲料中的水以及体内的代谢水。其中以饮水最为重要,而奶牛的饮水量受产奶量、干物质进食量、气候条件、水质等多种因素影响。

所以为保证奶牛的饮水量,我们要做到以下几点:①充足的饮水量。一般采取自由饮水。②优质的水源。饮水必须是干净、无污染的。水的质量对奶牛的生产和健康而言是一个非常重要的问题,在评价人类和家畜饮水的质量时,通常会考虑五个指标:气味特性、理化特性(pH、总可溶固体物、总溶解氧和硬度)、有毒物质(重金属、有毒金属、有机磷和氧化氢)存在与否、矿物质或化合物(硝酸盐、钠、硫和铁)是否过量以及细菌存在与否。③合理的饮水环境和条件。如水温,饮水器附近的地面要平坦、宽敞、舒适等。

二、奶牛的营养调控

奶牛营养调控的具体目标就是使奶牛生产达到高产、高效、优质和健康。主要涉及内容包括干物质采食量的调控、瘤胃功能调控、日粮营养平衡调控、体内营养物质分配调控等。

(一)干物质采食量的调控

一般来说,奶牛干物质采食量越高,其奶产量越高。因此我们不能不考虑奶牛的生理阶段一味提高干物质采食量,而应该根据不同生理阶段的营养需要,配制符合其营养需要的平衡日粮。特别是在奶牛升乳期,奶牛的干物质采食量总是滞后于产奶高峰期奶量,所以提高奶牛的干物质采食量特别重要,它是保证奶牛高产的基础。奶牛日粮干物质采食量调控总体目标是使奶牛干物质采食量达到其生理需要的水平。具体目标:在升乳期,以尽可能提高干物质采食量为主攻目标;在泌乳后期,对低产牛(日产奶10kg)来说,则不以盲目提高干物质采食量为目标,而是以达到理想体况评分值为目标,使奶牛在利用体储和充分利用营养物质之间获得最佳平衡;在干奶期,则应限制干物质采食量,保持适宜体况。

提高奶牛干物质采食量的措施有:

- 使用营养平衡日粮,按照奶牛营养标准制定科学合理的饲料配方。
- 控制日粮中的水分含量,一般在25%～50%。
- 日粮的适口性和可消化性要好,注意使用优质青贮饲料。
- 使用瘤胃缓冲剂,用于促进消化和调控瘤胃液pH,也可提高奶牛采食量。
- 保证足够长的食槽面积,适当延长饲喂时间或者饲喂次数。
- 用全混合日粮,合适的饲料长度,混合均匀。
- 保证食槽清洁干净。
- 保证充足的饮水,特别注意水质。
- 采取降低热应激措施。

（二）瘤胃功能调控

奶牛的营养来源主要由日粮和瘤胃微生物发酵合成，其中瘤胃微生物发酵合成占很大一部分，所以应保持奶牛瘤胃功能的正常，以最大限度地促进瘤胃微生物发酵合成。对瘤胃微生物发酵有利的主要有纤维物质的降解，生成挥发性脂肪酸和将非蛋白氮转化为微生物蛋白质为奶牛提供能量和蛋白质。不利的主要有将优质的蛋白质和淀粉降解，造成浪费等。瘤胃功能调控的总体目标就是改善和控制瘤胃的环境，保证瘤胃功能的正常，促进瘤胃微生物发酵活动；调控瘤胃的发酵活动，加强对奶牛有利的发酵活动（主要有纤维物质的降解、乳酸发酵和由非蛋白氮转化为微生物蛋白的过程），控制和缩小对奶牛不利的发酵活动（主要是指甲烷的生成，蛋白质、肽和氨基酸降解以及氨基酸吸收等）。具体措施有：

（1）给瘤胃微生物提供必需的、平衡的营养源　配制科学合理的饲料配方，供给平衡的日粮原料和稳定的日粮，注意调控日粮中粗饲料和精料的比例、适宜的氮源、矿物质水平含量。

（2）保持瘤胃内环境的稳定，创造适宜瘤胃微生物发酵的环境　瘤胃内环境最重要的指标是瘤胃液的酸碱度，它影响瘤胃微生物区系组成和产生。其中奶牛正常瘤胃液 pH 为 5.8～6.4。奶牛的唾液是奶牛瘤胃最好的缓冲剂，奶牛的唾液分泌对维持其瘤胃的酸碱平衡有着很大的作用；我们可以通过一些措施来促进奶牛唾液分泌，维持其正常功能。这些措施有：饲喂程序、粒度、次数和日粮类型等。长度适当的干草可以促进奶牛咀嚼、反刍和唾液分泌。饲喂高精料和细碎干草则显著降低奶牛反刍，从而降低唾液分泌。饲喂高水分饲料可降低唾液分泌 50%。

瘤胃液内乙酸/丙酸（A/P）比也是奶牛瘤胃内环境的一个重要指标。对奶牛来说，A/P 应接近 3∶1，这样有利于维持正常的乳脂水平和产乳性能，可使瘤胃内乳酸浓度下降，减少酸中毒，并使瘤胃微生物蛋白和 B 族维生素合成优化。通过调控奶牛日粮的精粗比和饲料粒度是调控瘤胃液内 A/P 最简便的技术措施。其具体措施有：

- 使用过瘤胃蛋白、脂肪或淀粉含量高的精料。
- 增加精料饲喂次数，坚持先粗后精。
- 合理加工饲料，保证日粮中干草的长度和饲料的粒度适宜。
- 适当增加奶牛的饲喂时间和饲喂次数，提高奶牛的采食量。
- 在日粮中添加一定量的缓冲剂——碳酸氢钠、氧化镁，或者是酵母培养物、瘤胃素等。

（三）抗热应激营养调控

奶牛耐寒不耐热，特别是在炎热的夏季，奶牛长期处于高温情况下会严重影响其采食量，进而影响奶牛的代谢、产奶量及繁殖率等。热应激对奶牛生产有着很大的影响。抗热应激营养调控总体目标就是以最大限度地减少热应激对奶牛的不良影响，保证奶牛在高温季节能够继续稳产、高产。

- 提高奶牛干物质采食量，主要措施是增加饲喂次数，特别是在夜间凉爽时要使奶牛能吃到较多的饲料。

❍ 调整日粮的营养结构，保证奶牛日粮营养平衡。提高日粮的营养浓度，特别是蛋白质和能量饲料的添加量。

❍ 使用瘤胃缓冲剂，在日粮中添加一定量的缓冲剂碳酸氢钠、氧化镁等。

❍ 提高维生素及矿质元素的添加量。

❍ 提供充足洁净的饮水。

❍ 增加防晒降温设备，如排风扇、喷淋设备、遮阳网等。

第四节 奶牛饲养管理检测

一、采食及行为观测

（一）采食的观察

奶牛的采食受许多因素影响，采食的观察有助于养殖人员迅速发现日常生产中的一些问题。奶牛在牛群中的社会等级地位影响干物质采食量：等级地位高的奶牛获得优先采食新鲜饲料的权利，因而采食量会高一些；奶牛在竞争条件下采食，会提高干物质采食量；合理的槽间距会增加干物质采食量；采食槽太高，会降低唾液分泌，减少干物质采食量。奶牛在发情期采食会减少或停止采食；一些疾病也会导致奶牛采食减少或停止采食，所以要加以区别。如果奶牛挑食，原因可能是TMR日粮混合不均匀或者饲料的切割长度过长。

（二）行为观测

1. 瘤胃充盈度

瘤胃隐窝处于奶牛左侧，是一个倒三角形，吃饱的牛，瘤胃处看起来像大苹果；可通过观测瘤胃隐窝来判定牛是否吃饱，如果看不见瘤胃隐窝就表示牛只基本上是吃饱了，如果隐窝非常明显，就表示没有吃饱。评价奶牛采食量时，要多选几头奶牛检查瘤胃充盈度。瘤胃充盈度好表示采食了足够的纤维和干物质。

2. 反刍

奶牛采食时经初步咀嚼混入唾液形成食团匆匆吞下，进入瘤胃储存，经被带入的碱性唾液软化和瘤胃内水分浸泡后，待休息时再进行反刍。反刍通常在饲喂后0.5～1h出现，每次反刍持续15～45min，每昼夜反刍9～16次，反刍时间达6～8min。反刍频率和反刍时间与奶牛的年龄及饲料物理性质有关。全群中50%的牛卧倒反刍才是正常的，如果日粮配制比较合理，奶牛每次反刍应该咀嚼50～60次，若咀嚼次数低于40次，就表明粗饲料饲喂过少，如果咀嚼次数高于70次，就意味着粗饲料饲喂太多。同时，许多因素会干扰或影响奶牛的反刍，如处于发情期的奶牛，反刍几乎消失，但不完全停止；任何引起疼痛的因素、饥饿、母性忧虑或疾病都能影响反刍活动。

二、体况评分

奶牛保持适宜的体况对于保证奶牛高产，提高其繁殖率，保持奶牛健康和提高其使用寿命有着很大的意义。相反，若奶牛过肥或过瘦均会有代谢病发生，产奶量下降，妊娠率降低，并有可能出现难产。牛的体况评分就是对奶牛的膘情进行评定，它能反映该牛体内沉积脂肪的基本情况。通过了解群体和个体的体况评分，可以对该时期的饲养效果进行研究评估，为制定下一阶段的饲养措施和调整近期日粮配方及饲喂量提供重要的依据。另外，体况评分也是对奶牛进行健康检查好的辅助手段。

体况评分体系是以在一定范围内用一些数字表示，用来评定奶牛体脂肪或膘情为主要依据的一种评定方法，是推测牛群生产力、检验和评价饲养管理水平的一项实用指标，可以直观明了地反映营养管理是否合理。在奶牛饲养过程的不同阶段，适时进行体况评分，有助于了解奶牛的营养状况及旨在监控奶牛体脂贮备，据此可以通过改变饲料与营养供给来调控体脂肪贮备，以减少发生代谢疾病和出现繁殖障碍，保证奶牛健康和生产性能的发挥。

体况评分体系将视觉评估和触摸判断相结合，在奶牛饲养过程的不同阶段，适时进行体况评分。一般常用的是5分制体况评分体系。

一般对泌乳牛每年进行四次评分，具体评分时间是：产犊时、产犊后5～6周、产犊后120～200天及干奶期。

表1-2 奶牛5分制体况评分体系

分数	具体描述
1	用手触摸腰部脊突有尖突感；在尾根部没有脂肪覆盖；肉眼可见髋骨尾部和肋骨突出
2	用手触摸腰部脊突可以感知单个脊突，并有不太尖突的感觉。在尾根处、髋骨处和肋骨覆盖有一些脂肪。单个肋骨不能再用肉眼看到
3	用力触压腰部脊突，才能感知脊突存在，在尾根任一侧，均易触到脂肪沉积
4	用力触压腰部脊突不能感知脊突存在，尾根处有脂肪沉积，外观呈圆润状；在肋骨和大腿部开始出现脂肪褶
5	不能看出奶牛的骨骼结构；尾根和髋骨几乎全部被脂肪组织包被；在肋骨和大腿部出现脂肪褶。脊突完全被脂肪组织覆盖；由于脂肪过多；动物行动不灵活

（一）奶牛不同生理或泌乳阶段的理想体况

奶牛在不同泌乳阶段，只有保持理想或适合的体况才能充分发挥其优良的生产性能，具体要求如下：

(1)奶牛产犊后0～4周　要求体况在3.0～3.5分。小于3分的奶牛，产奶持续性差，乳脂率、乳蛋白率也会受到影响；注意检查奶牛的采食量及日粮中营养物质的水平及饲养技术。

(2)泌乳初期(产犊后1～4个月) 理想的体况是2.5～3.0分。奶牛分娩后食欲和消化功能均较差,能量摄入不足,须动用体内储存的能量以满足产奶的需要,因此泌乳早期为剧烈减重阶段。但体况不应低于2.5分,泌乳前期体况差的奶牛,高峰期产奶量偏低并直接影响泌乳期总产奶量,乳蛋白率低,分娩后发情和受孕期延迟,抵抗力下降,容易生病。

(3)泌乳中期(产犊后4～8个月) 理想体况为3.0分。此时采食量已达最高峰,有多余的能量可供储存,体重开始回升。低于2.5分且产奶正常者,可能日粮能量较低,特别是要注意泌乳初期日粮的各项指标;这是因为泌乳中期的问题可能是由于泌乳初期的饲养管理不当所致。高于3.5分则是因进入泌乳后期可能过肥,应检查日粮中的蛋白质和能量水平。

(4)泌乳后期(产犊后8个月至干奶期) 理想的体况是3.5分。在泌乳后期开始时,如体况低于3.0分,说明长期营养不良或患病,需检查泌乳前期和泌乳中期日粮能量浓度;如高于3.5分,易导致干奶期及分娩时过肥,难产率高,分娩后食欲差、掉膘快,酮病、脂肪肝等发病率高问题,应检查日粮能量浓度。

(二)体况评分营养调控技术

1.干奶期

(1)体况>4.0 可能是奶牛泌乳后期日粮能量水平过高,导致奶牛增膘过多。解决办法是将泌乳后期日粮能量水平减少1/3。

(2)体况<3.0 是由于奶牛泌乳后期日粮能量和蛋白质水平低,或者采食量过低导致。解决办法是需要检查奶牛进食量和饲养措施;提高日粮能量水平,添加脂肪等,饲给优质的粗饲料。

2.干奶期至产犊期

(1)体况>4.0 由于干奶期奶牛日粮能量水平过高,干奶期过长或一些繁殖疾病引起的。解决办法是检查奶牛实际干物质采食量,分析粗饲料中的营养水平并重新配制一个能量水平低的日粮。

(2)体况<3.0 是由于干奶期饲养管理不当或日粮能量水平低造成的。解决办法是分析日粮中的营养水平,并重新配制。加强饲养管理,使用新鲜适口性好的粗饲料;提供清洁和充足的饮水。

3.产犊期至泌乳高峰期

(1)体况>3.0 是由于遗传因素和升乳期蛋白质营养不当所导致,解决办法是检查奶牛实际的干物质采食量和实际的蛋白质采食量。日粮中的蛋白质含量不应超过19%。

(2)体况<2.5 是由于在产犊期时奶牛太瘦;在泌乳早期掉膘过多。解决办法是检查奶牛进食量和饲养措施;提高日粮能量水平,饲给优质的粗饲料和补加脂肪等。

4.泌乳初期至泌乳中期

(1)体况>3.0 可能由于产奶量低、遗传因素或奶牛采食高能量日粮过久所致;解决办法是淘汰确认遗传因素而造成体况分过高的、产奶量低的牛,采用能量较低的日粮。

(2)体况<2.5　产奶正常者,可能日粮能量较低,特别是泌乳早期供能不足;或者饲养管理不当以及一些慢性疾病所致。解决办法是检查奶牛进食量和饲养措施;提高日粮能量水平,饲给营养平衡的日粮。

5. 泌乳后期至干奶期

(1)体况>3.5　是因为奶牛采食量过多,解决办法是减少采食量。

(2)体况<2.5　是因为奶牛采食量低,长期营养不良或患病,泌乳前期和泌乳中期日粮水平偏低;解决办法是检查奶牛进食量低的原因,比如饲料的适口性、粗饲料的品质等。

三、生产性能及乳成分检测

生产性能主要通过对奶牛产奶量、乳脂率等的检测得出,产奶量检测主要通过将各头奶牛的产奶量作成泌乳曲线进行比较。奶牛自产犊起开始泌乳,其日产奶量随时间的推移呈规律性变化,泌乳初期产奶量迅速增高,经过一定时间达到产奶高峰期,以后逐渐下降直至干奶期。泌乳过程是泌乳性状连续表现的过程。

借助于泌乳曲线主要分析:奶牛从泌乳开始到达高峰所用的时间,泌乳高峰持续的时间,泌乳高峰以后的产奶量。对奶牛群体和个体泌乳曲线比较分析可及时总结经验,并对当前每头牛的产奶量有一个直观的把握,有利于及时查找原因,为下一步的饲养管理提供及时的决策依据。

表 1-3　泌乳高峰后根据产奶量确定精补料给量

产奶量(kg)	乳/料	饲喂量(kg)
>40	2.5∶1	16
35	2.6∶1	13.5
30	2.7∶1	11.0
25	2.9∶1	8.5
20	3.0∶1	6.5
15	4.0∶1	3.8

乳成分的检测主要要包括:乳蛋白率、乳脂率、乳脂与乳蛋白比、乳尿素氮、乳酮体。

(1)乳蛋白率　荷斯坦牛的正常值为3.2%。如果过低,则可能存在的问题有:可发酵碳水化合物水平过低,奶牛干物质采食量低,日粮中精料喂量不足,蛋白质含量低或者氨基酸不平衡;日粮蛋白中过瘤胃蛋白含量低;使用油或脂肪作为饲料。

(2)乳脂率　荷斯坦牛的正常值为>3.5%。如果过低,则可能有以下原因:可能是瘤胃功能不佳,日粮中粗饲料过低或过细导致的粗纤维含量不高,高脂肪日粮或高精料日粮所致。

(3)乳脂与乳蛋白比　正常情况下,荷斯坦牛的脂蛋比应在1.12~1.13。如果测定值大于正常值，则说明乳蛋白过低，奶牛营养不良，日粮中蛋白质含量过低；如果测定值小于正常值，则说明乳脂率过低，日粮中粗饲料过低，奶牛能量供应不足。

(4)乳尿素氮值 14～16mg/100ml。如果过高，说明奶牛蛋白质和葡萄糖代谢可能存在问题。

(5)乳酮体 乳酮体正常值为<3mg/L。当奶牛乳酮体值>7mg/L，可能患有酮血症。

四、现场快速检测

(一)瘤胃液 pH

瘤胃液 pH 是奶牛健康表现一个重要的指标，它影响瘤胃内微生物区系组成和所产生的挥发性脂肪酸水平高低，正常瘤胃的 pH 在 5.8～6.8。

酸碱度测定的临床意义：pH 低于 5.5 时，为乳酸发酵所致，常见于过食精料引起的瘤胃酸中毒症。pH8.0 以上时，可认为由于蛋白质给予过多，引起消化障碍。在前胃弛缓时，pH 也升高。

(二)尿液 pH

收集尿液应在奶牛采食后 4～8h 进行，如果饲喂阴离子添加剂，则应在饲喂后 2～3 天收集尿液。荷斯坦牛尿液 pH 正常值为 6.0～6.5。如果产犊后奶牛尿液 pH 超过 8.0，此奶牛可能会患乳热症；如果奶牛尿液 pH<5.5，可能会患酸中毒。

表 1-4 用尿液 pH 估测母牛产犊时钙的营养状况

日粮的 DCAD	母牛产犊前尿液 pH	母牛酸碱状况	母牛分娩后的营养状况
正	8.0～7.0	偏碱性	血 Ca 低
负	6.5～5.5	轻微偏代谢酸性	血 Ca 正常
	<5.5	肾负担过重，有危险	

(三)粪便观察

粪便评分是用来帮助评估奶牛对日粮消化程度高低的工具，主要考察日粮的营养成分(蛋白质、纤维和碳水化合物)是否平衡及饮水量是否合适。评分标准见下表 1-5。

表 1-5 牛粪便稠度分析

分 值	外观形态	说 明
1	稀粥样，水样，绿色	牛患病，停食，吃了大量的鲜草
2	松散，不成形，松软易流动	待分娩的牛，吃了大量的鲜草
3	堆状，中间较低或有陷窝，双层，有几个同心圆	高产牛，正常理想的牛
4	堆状，粪便较厚，堆高超过 5～12cm	干奶牛，日粮蛋白质水平低，纤维水平高
5	堆状，高达 12cm 以上	奶牛吃的全是粗料，病牛

奶牛粪便稠度的正常评分值为：干奶期3.5，分娩前2～3周3.0，分娩后2～3周2.5，高产牛3.0，泌乳后期3.5。

（四）粪便评分评估奶牛日粮的营养成分是否平衡

1分：过量的蛋白质或淀粉、太多的矿物质或纤维缺乏都可能导致这种情况。腹泻的奶牛就属于这一类。

2分：由于日粮中纤维含量太少，或是粗蛋白质含量过高会导致这种评分的粪便。

3分：这是最理想的评分。

4分：可能是由于饲喂的粗饲料质量太差或日粮蛋白质不足。

5分：只喂稻草或脱水的情况下会导致这种评分的粪便。消化障碍的奶牛也可能有这种情况。

另外，粪便出现变稀、糊状、部分发亮、含有气泡，这有可能是酸中毒的征兆。粪便中含有大量的未消化的玉米粒或粪便 pH＜6.0 时，说明奶牛日粮的精料过多。

五、血象指标检测

表1-6 能量状况指标

代谢产物	判定标准
β-羟基丁酸(BHB)	＜0.9mmol/L
葡萄糖	＞2.5mmol/L

表1-7 蛋白质营养状况指标

代谢产物	判定标准
尿素氮	8～12mg/100ml
白蛋白	30～40g/L
总蛋白	60～80g/L
球蛋白	30～40g/L

表1-8 矿物质营养状况指标

代谢产物	判定标准
镁	＞0.74mm/L
无机磷	＞1.8mm/L
谷胱甘肽过氧化酶(Se检测)	＞39U/33%PCV
血清铜	＞7.4mm/L

（1）血清中β-羟基丁酸　在奶牛产犊后5～10天取样检测，在采食后24h采血样，如果10%的乳牛的测值超过144mg/L，可能患有亚临床酸中毒，超过

260mg/L，则可能患有酸中毒。

(2)血浆中非酯化脂肪酸(NEFA)　在奶牛产犊前2～14天取样检查，采食前取样。如果10%的乳牛的测值超过0.574mg/L，说明奶牛能量低下，日粮中能量水平低。

(3)尿素氮含量过低通常表明日粮蛋白质缺乏。当日粮中瘤胃可降解蛋白量过低时，日粮蛋白质在瘤胃中消化将受阻，会导致干物质采食量的下降和产奶量的下降。牛群按照产奶的阶段来测定尿素氮对决定产奶高峰期的营养计划至关重要。产奶50～100天的牛测定尿素氮的意义在于看受胎率是否受到影响。对于产奶101～200天的牛群测定尿素氮主要是观察日粮蛋白质的摄入量是否影响产奶量。对于200天以上的产奶牛，如果尿素氮过高，则表明日粮蛋白质部分被浪费。

第五节　奶牛生产问题成因分析及预防措施

一、采食量低

影响奶牛采食量的因素有很多，总的来说可分为饲喂方式、饲料配方、饲养管理、环境气候和疾病等。

(一)常见原因

❍ 日粮中精料和粗料搭配不合理。常见的有精料过多(＞60%)或粗饲料过少(＜40%)；不论日粮中粗饲料种类如何，干物质采食量都随日粮中精料水平的提高而增加。

❍ 日粮中粗纤维含量过高或者粗饲料质量差；日粮中粗纤维含量过高，瘤胃充盈度直接限制干物质采食量。

❍ 饲养管理不当，饲槽可用面积不足，饲槽太脏，饲喂时间过短或者饲料给量不足等。

❍ 饲料加工不当，采食霉变或适口性差的饲料。

❍ 奶牛饮水不足。

❍ 天气太热。

❍ 疾病如创伤性网胃炎、乳腺炎等。

(二)预防措施

❍ 制定科学合理的饲料配方。

❍ 饲喂优质的粗饲料。

❍ 加强饲养管理，提高饲喂时间和饲喂次数。

❍ 合理加工饲料，将饲料搅拌均匀；特殊时期可以添加一些开胃药，如产后的泌乳初期。

❍ 供给清洁充足的饮水。做好防暑降温工作，预防奶牛热应激。

❍ 做好疫病防控工作。

二、产奶量低

奶牛的产奶量受很多因素的影响，其中营养物质是其中的一个重要因素。

(一)常见的原因

❍ 给刚生产奶牛精料饲喂量太低。

❍ 粗饲料质量太差；适口性或者可消化性差。

❍ 日粮营养缺乏或不平衡(主要是蛋白质和能量)。

❍ 饲喂次数太少或饲喂时间太短。

❍ 干物质采食量低。

❍ 奶牛年龄大、胎次多或者体况过肥。

❍ 乳房炎发病率高。

❍ 天气炎热。

(二)预防措施

❍ 加强日粮中蛋白质和能量的水平。

❍ 供给优质的青贮饲料。

❍ 提高奶牛干物质的采食量。

❍ 加强生产管理，保持牛舍内清洁卫生。

❍ 做好疾病预防；随时观察，预防奶牛乳腺炎、酮病以及蹄病等。

三、酮病

奶牛酮病又称酮血症、酮尿病，是碳水化合物和脂肪代谢紊乱所引起的一种全身功能失调的疾病。它是高产奶牛常见的代谢紊乱性疾病，以产奶下降、体重减轻、食欲不振为主要表现，有时不表现任何症状。本病的特征是酮血症、酮尿症、酮乳症，还可以出现低血糖症、血浆游离性脂肪酸升高、脂肪肝、肝糖原水平降低等症状，间有神经症状。本病多发生于高产奶牛以及管理水平较低的牛群，一系列变化与泌乳早期产奶水平升高，而能量供应不能满足泌乳消耗有关。

(一)常见病因

❍ 奶牛泌乳时，因产犊后应激采食量不足、日粮营养不平衡和供应不足等，导致采食量不能满足泌乳所消耗的能量需要时，出现能量的负平衡，奶牛需要动用自身的体脂和蛋白质来满足能量需要，在脂肪、蛋白质转化为能量过程中产生过多的乙酸、丁酸，从而导致酮病的发生。

❍ 产犊牛时母牛过肥，是酮病发生的诱因。

❍ 维生素 B_{12}不足(钴缺乏)，促进本病的发生。

❍ 分娩后因泌乳而催产素分泌过多，致使胰岛素甲状腺功能失衡，也是本病发生的一个原因。

❍ 产乳热、真胃变位、脂肪肝、肾炎、蹄病等疾病均可引起继发性酮病的发生。

（二）预防措施

预防酮病的关键是提高产后奶牛日粮能量水平，提高奶牛的采食量；降低能量负平衡的严重程度和持续时间。

- 控制干奶期日粮的能量水平，防止奶牛体况过肥。
- 奶牛产后避免日粮的急剧变化，合理配合饲料，供应营养充足的日粮，提高日粮中蛋白质和能量水平。
- 饲喂优质、适口性好的全价饲料。
- 预防围产期疾病的发生。
- 控制环境应激因素，做好防寒保暖工作。
- 适当增加饲喂次数和饲喂时间；提高奶牛的采食量。
- 提供清洁充足的饮水。

四、牛奶的乳脂率低

乳脂率是衡量乳品质的一个重要指标，其中饲粮因素对奶牛乳脂率影响极大。瘤胃 pH 的降低是奶牛乳脂率下降的重要因素，所以瘤胃酸中毒一定伴发奶牛乳脂率下降。

（一）常见原因

- 日粮中精料过多。
- 日粮中粗饲料切得太碎，或者粗饲料比例太少。
- 日粮粗纤维含量过低＜19％。
- 奶牛干物质采食量低。
- 瘤胃发酵活动降低。
- 日粮中蛋白质和硫缺乏。
- 奶牛过瘦。
- 奶牛发生乳腺炎或者其他疾病，乳中体细胞数过高。

（二）预防措施

- 科学合理搭配日粮，严格控制日粮中精饲料与粗饲料的比例。
- 加强饲养管理，合理加工饲料。
- 严格控制谷物精料的饲喂量。
- 在日粮中添加一定量的缓冲剂如碳酸氢钠、氧化镁或者是酵母培养物、瘤胃素等。

五、真胃移位

奶牛真胃移位也称真胃变位，是真胃的解剖位置发生了改变，引起消化功能障碍，导致营养失调的急性内科疾病。临床上可分为左方变位和右方变位。

（一）常见病因

- 奶牛饲喂大量的谷类饲料或者日粮中粗饲料切得过细或过短，使食物进入真胃的量增加，引起挥发性脂肪酸浓度增高，抑制真胃活动和食物的排出。真胃积聚食物，使甲烷气体增加，真胃膨胀、弛缓，易引起变位。

❍ 饲喂高蛋白、高精料日粮或者奶牛采食量低也是致病因素。

❍ 在奶牛的日粮中，如果优质谷物饲料过多，高精料、粗饲料过少，加上长时间舍饲奶牛运动不足，也是该病的诱因。

❍ 奶牛分娩时血钙过低，如酮病、乳热病等也是诱因。

（二）预防措施

❍ 科学合理搭配日粮，严格控制日粮中精料与粗饲料的比例。

❍ 加强饲养管理，合理加工饲料，防止粗饲料切得过细或过短。

❍ 严格控制谷物精料的饲喂量。

❍ 限制干奶牛日粮的能量水平，防止干奶牛过肥。

❍ 产后提高日粮中的钙、磷比例。

❍ 加强生产管理，防止疾病发生。

六、乳热症

乳热症又称产后瘫痪，是高产奶牛易出现的一种突发性、急性代谢疾病。多发生在第3～7胎年龄段，产后数天内多发，少数可能发生在分娩前和分娩过程中。其特征是精神沉郁、全身肌肉无力、低血钙、瘫痪卧地不起等。

（一）常见病因

❍ 本病发生的直接原因是急性低血钙，奶牛分娩后，大量的血钙被转移到初乳中。

❍ 接近分娩时肠道吸收钙的能力下降。

❍ 最重要的一点是产后瘫痪母牛，由于泌乳末期和干奶期，饲喂高钙低磷饲料，使血钙处于高水平，较长时间的高钙饲料引起高血钙，可抑制甲状旁腺的分泌；在分娩时，由于血钙突然下降，甲状旁腺处于抑制状态，不能及时分泌降钙素来紧急动员骨钙，缓解血钙的失衡，引起产后瘫痪的发生。

❍ 有些病牛还伴有血镁含量高或低及血磷不足，少数患产后瘫痪的牛还伴有酮病，以及分娩过程中肌肉、神经的损伤，使症状变得复杂。

（二）乳热症的预防

❍ 干奶期降低饲料中的钙、磷水平，使用低钙、磷日粮。

❍ 控制干奶期日粮的能量水平，防止奶牛体况过肥。

❍ 干奶期日粮中降低钠、钾和钙的比例，特别是钾，防止奶牛发生代谢性碱中毒。

❍ 适当添加日粮中镁的含量。

❍ 奶牛产后适当加大钙、磷比例；日粮的钙、磷配合比例合理，通常是（1～2）∶1。

❍ 提高产后奶牛的采食量。

❍ 奶牛产后喂优质、适口性好的日粮。

❍ 加强饲喂环境的卫生，给予一定运动。

第二章 优质粗饲料生产、加工与贮藏利用技术

决定奶牛能否高产、健康的因素有很多，其中最重要的是给奶牛提供营养价值高、消化利用率好的优质粗饲料。目前，使用最广泛的两种优质粗饲料是紫花苜蓿和全株玉米青贮，前者每千克干物质的能量水平可达 6.25MJ，后者蛋白质可达17%左右，使用这些优质粗饲料，既可以提高奶产量和改善奶品质，又可以促进奶牛健康，增加养殖效益。特别是苜蓿，作为奶牛日粮中重要的组成成分，需求量越来越大。本章节主要对两种优质粗饲料紫花苜蓿和全株玉米青贮的生产、加工与贮藏利用技术作一介绍。

第一节 紫花苜蓿

紫花苜蓿被誉为饲草之王，高产、高蛋白，是多年生豆科牧草。苜蓿的抗性很强，有些苜蓿品种抗旱性特别强，适宜生长在干燥、温暖、晴天少雨气候环境和高燥、疏松、排水良好的地方；有些苜蓿品种抗盐碱能力较强，适宜在中性至微碱性土壤上种植，不适应强酸、强碱性土壤；最适气温 25～30℃；年降水量最好为 400～800mm，如果年降水量在 400mm 以内，就需要灌溉才能生长旺盛，超过 1 000mm 则生长不良。苜蓿扎根很深，有利于蛋白质和其他营养物质的利用。

一、土地选择整理和施肥

苜蓿适宜在中性至微碱性土壤上生长，选地时一定要进行土壤测试，以便了解土壤状况，理想的土壤状况 pH 为 7～7.5，弱碱性，根据土壤测算结果，对不同土壤施用不同的肥料。苜蓿对磷、钾肥的需求量比较大，因为它本身能固氮，所以它对氮肥的需求量不是很大。整地是为了给苜蓿提供一个好的苗床，提高出苗率，紫花苜蓿种子子粒细小，顶土力差，整地必须精耕细作。首先，地面要求平整，土块细碎，墒情好；其次，播种地最好要深翻，因为苜蓿长成后根系发达，入土比较深，只有深翻才能使根部充分发育。用作播种紫花苜蓿的土地，要于上年前作物收获后，即进行浅耕灭茬，再深翻；如在冬春季节要做好耙耱镇压、蓄水保墒工作。水浇地要

灌足冬水,播种前,再行浅耕或耙耘整地,结合深翻或播种前浅耕,每亩施有机肥1 500～2 500kg,过磷酸钙20～30kg为底肥。对土壤肥力低下的,播种时再施入硝酸铵等速效氮肥,促进幼苗生长。每次刈割后要进行追肥,每亩需施过磷酸钙10～20kg或磷酸二铵4～6kg。

二、苜蓿选种和播种

要购买好的、适合当地生产的苜蓿品种,要注意苜蓿的秋眠级数和越冬性,北方地区秋眠级在1～3。播种前要晒种2～3天,以打破休眠,提高发芽率和幼苗整齐度。从未种过苜蓿的土地播种时,要接种苜蓿根瘤菌,方法是每千克种子用5g苜蓿根瘤菌菌剂,制成菌液洒在种子上,充分搅拌,随拌随播。无菌剂时,用老苜蓿地土壤与种子混合,比例最少为1∶1。播种量并非越多越好,如果是条播,在苗床状况比较好的时候,1kg左右就可以了。如果是撒播,播种量稍高一点,为1～1.3kg。干旱地、山坡地或高寒地区,播种量提高20%～50%。

播种因各地气候不同,可分为三种情况:①春播。北方地区适应春播,春季土地解冻后,与春播作物同时播种,春播苜蓿当年发育好产量高,种子田宜春播。②夏播。干旱地区春季干旱,土壤墒情差时,可在夏季雨后抢墒播种。③秋播。黄河中下游地区适应秋播,秋播不能迟于9月中旬,否则会降低幼苗越冬率。

播种深度视土壤墒情和质地而定,土干宜深,土湿则浅,轻壤土宜深,重黏土则浅,一般为1～2.5cm。

播种方法有条播、撒播和穴播三种;播种方式可单播,混播。可根据具体情况选用。种子田要单播、穴播或宽行条播,行距50cm,穴距50～70cm,每穴留苗1～2株。饲草地可条播也可撒播。条播行距15～30cm。撒播时要先浅耕后撒种,再耙耱。混播,紫花苜蓿生长快,分蘖多,枝叶盛,产量高,再生性强,刈割次数多,混播中其他牧草难于相配合,故以单播为宜。但若要提高牧草营养价值、适口性和越冬率,也可采用混播。适宜混播的牧草有:鸡爪草、猫尾草、多年生黑麦草、鹅冠草、无芒雀麦等。混播比例,苜蓿占40%～50%为宜。

三、田间管理

苜蓿在出苗前,如果土壤板结,要及时除板结层,以利出苗。出苗后生长十分缓慢,易受杂草危害,要中耕除草1～2次。北方地区苜蓿播种当年,在生长季结束前,刈割利用一次,植株高度达不到利用程度时,要留苗过冬。对于二龄以上的苜蓿地,每年春季萌生前,清理田间留茬,并进行耕地保墒,秋季最后一次刈割和收种后,要松土追肥。每次刈割后也要耙地追肥,灌区结合灌水追肥,入冬时要灌足冬水。一般情况下紫花苜蓿刈割留茬高度3～5cm,但秋季最后一次刈割留茬高度应为7～8cm,以保持根部养分和利于冬季积雪。秋季最后一次刈割应在生长季结束前20～30天结束,过迟不利于植株根部和根茎部营养物质积累。如果是种子田,则在开花期要借助人工授粉或利用蜜蜂授粉,以提高结实率。此外,紫花苜蓿病虫害较多,常见病虫害有霜霉病、锈病、褐斑病等,可用波尔多液、石硫合剂、托布津等防治。不同地区的害虫情况是不一样的，比如苜蓿象鼻虫、叶蛾、蚜虫，要根据当地的情况使用不同种类的杀虫剂。一经发现病虫害露头，即行刈割喂畜为宜。

四、苜蓿干草和青贮加工调制

苜蓿的加工调制方法有很多，最常用的有晒制干草、青贮等，随着苜蓿加工技术的提高，加工的产品由最初的草捆、草粉、草颗粒、草块等初级产品发展到苜蓿叶蛋白等系列深加工产品。目前用量多和市场需求量比较大的还是苜蓿干草和青贮。

干草调制的基本程序为：鲜草刈割（压扁）、干燥、打捆和贮存。

1. 刈割时机把握很重要

要想获得较高营养价值的苜蓿干草，把握好刈割时间很重要。一般情况下，苜蓿要在孕蕾期或初花期进行收割。以百株开花率在10%以下为宜，这样经晾晒后粗蛋白质可达18%以上。而留茬高度也应控制在7.6～10cm，过低不利于下一茬草生长。最后一茬高应在7cm，以利于苜蓿过冬，并且刈割频率为春至夏30～40天的间隔，盛夏至秋季40～50天。

2. 苜蓿草干燥方法

苜蓿开花期收割时，含水量一般在75%～80%，而能够长久保存的干草安全含水量应为14%～17%。但苜蓿的干燥过程，并不仅仅是单纯的植株脱水过程，其生理性能和物理性能也都发生着显著的变化。因此，要获得优质的干草，就必须根据苜蓿干燥过程中散失水分的规律及其相应的营养成分的变化情况，采取科学的调制方法。

苜蓿草常见的干燥方法有很多。其中，自然干燥法简便易行，成本低廉，是国内外干草调制多数采用的方法。但一般情况，此法干燥时间长，受气候及环境影响大，养分损失也较大。为了缩短干燥时间，苜蓿草刈割机最好有压裂茎秆功能，因为苜蓿干燥时间长短主要取决于其茎秆干燥所需时间，叶片的干燥速度比茎秆快得多，用割草压扁机将茎秆角质层和纤维素进行压裂破坏，加快茎中水分蒸发速度，尽快使茎秆与叶片的干燥速度一样。一般情况下，压裂茎秆干燥牧草的时间比不压裂干燥要短30%～50%的时间，减少呼吸作用、光化学作用和酶的活动时间，从而减少苜蓿营养损失。苜蓿草压扁刈割后在地面铺成10～15cm厚的草层，含水量至50%左右时集成小堆，隔一段时间进行翻草，加快苜蓿的干燥。苜蓿的茎和叶蛋白质含量差别很大，叶是茎的2倍，搂草以不掉叶为最好，要根据水的含量来确定，一般水的含量必须高于40%的时候才能搂草，而不是搂得越晚越好，搂得越晚，草会太干，叶子蛋白质的含量就会下降，品质也会下降。晾晒一天后，水分达40%时，利用晚间、早晨翻晒一次，此时叶片坚韧，干物质损失少，既能加速苜蓿干燥速度，又使苜蓿鲜泽、留叶率高。

3. 苜蓿的半干保存法

半干保存法是在干草堆放过程中加盐，这一直是提高干草保存效果的传统方法，但其效果不一。最近，把注意力集中到用丙酸盐和铵盐作干草防腐剂来保存干草。在实验室条件下，当牧草中丙酸的存留量达到 1.25g/100g 水时，便能安全贮存。

4. 苜蓿打捆

苜蓿干草合理的打捆时间主要取决于苜蓿的水分含量。一般认为苜蓿田间干燥至含水量为17%左右才可打捆。若苜蓿含水量降低到20%打捆，则须在打捆垛中间设置通风道。如果所打的干草捆还要进行二次干燥或加工成其他草产品，则可根据暂时存放时间和存放条件，适当提高打捆作业时的含水量。美国很多有经验的农民在半夜12点到凌晨4点打捆，因为在白天草捆比较干，水分为10%～12%，而且打包时叶子可能会掉，晚上有露水时，水分是最合适的，这时候打包能够保证草捆的质量。

打捆常采用捡拾打捆机进行。捡拾打捆机按打出的草捆形状，分为方捆捡拾打捆机和圆捆捡拾打捆机。方捆捡拾打捆机打出的草捆便于运输和堆放，但结构较复杂，价格较高，常用于收获的牧草还要再进行后续加工的情况；圆捆捡拾打捆机结构相对简单，价格较便宜，打出的草捆不适宜远途运输，但便于包膜青贮或半干青贮，在国外的应用十分普遍。

5. 苜蓿干草品质检测

目前，中国苜蓿干草品质检测是一个很大的问题，不管是使用进口苜蓿草还是国产苜蓿草的牧场，干草品质检测都是一个薄弱的环节。牛场在购买苜蓿草时，都应该做牧草营养价值的检测。苜蓿检测的指标有：蛋白质、中性洗涤纤维、酸性洗涤纤维、总消化营养物质、可消化的中性洗涤纤维以及相对饲喂价值等。

第二节 全株玉米青贮

青贮玉米是禾本科1年生高产作物，植株高大，通常2.5～3.5m，最高可达4m，以生产鲜秸秆为主，亩产鲜秸秆可达4.5～6.3t，而普通子实用玉米却只有2.5～3.5t。全株青贮玉米的最佳收获期为子粒的乳熟末期至蜡熟前期，此时产量最高，营养价值也最好。

一、全株青贮玉米种植

(1)品种选择　杂交品种的选择要考虑到其全株产量、谷物产量、青贮品质、相对成熟度、抗倒伏及抗虫等性能。

(2)选地与整地　方法与普通玉米相同，选择土质疏松肥沃，有机质含量丰富的地块，这样有利于获得高产。

(3)播种期　播种时机是非常重要的。首先要做的是选择好季节，关注播种日期和苗床情况。另外，需要掌握当地农时情况，播种越早，每亩青贮玉米的产量会越高，越能获得更高的中性洗涤纤维消化率以及更多能量。

(4)播种量　通过调整种植的密度和行距来提高单位面积产量，是一种比较常用的措施，当种植面积产量到了一定程度，就要考虑通过密植来提高产量。研究发现，当种植行距越窄的时候，产量相对越高。随着种植密度的增加，青贮玉米产量会增加，而每吨青贮的质量会下降。但过高密度种植也将产生负面影响，可能导致植株根部发育较差，玉米秆变得较脆弱，以及玉米棒大小不一。因此合理密植有利于高产，若采用精量点播机播种，播种量为 2～2.5kg/亩，若采用人工播种，播种量为 2.5～3.5kg/亩。一般青贮玉米的亩保苗数为 5 000～6 000 株。

(5)播种方法　采用大垄条播，实行垄作，行距 60cm，株距 15～20cm，单条播或双条播均可，但双条播可获得较高产量。

(6)田间管理　与大田作物管理方法相同，需要进行除草、施肥等。除草的最关键因素是时机，高产环境下，早期杂草和玉米的生长产生竞争，导致玉米产量降低。虫害管理取决于监测和时间的安排，尽量选择好的种植气候来避开害虫的生长期，同时尽量选择一些有抗逆性的杂交品种。土壤施肥是必需的，应该针对玉米所需营养成分做一些土壤测试。合理利用粪肥可以降低施肥成本。化肥施肥量为 10～15kg/亩。

二、全株玉米青贮制作

全株玉米青贮是奶牛最优质的粗饲料来源之一，目前逐渐受到奶牛场的广泛重视。很多牛场都在制作玉米青贮，但制作出来的质量却很不一样。传统玉米青贮制作受到许多因素的制约，使得玉米青贮的营养流失得比较严重，玉米青贮的干物质含量不理想，奶牛挑食、奶牛消化率不好、玉米子实浪费等。

1. 全株玉米制作青贮的优点

(1)含糖量高，品质更稳定　玉米青贮中的乳酸菌主要是利用糖生长繁殖的，并在代谢过程中把糖转变成乳酸，如果青贮原料中含糖量高，乳酸菌就繁殖得快，产生的乳酸就多，乳酸多了，整个原料酸度很快就会提高，有害微生物被抑制繁殖生长。反之，如果青贮原料中糖分不足，乳酸菌繁殖慢，产生的乳酸就少，于是，有害微生物就活跃起来，使青贮料霉烂变质。为达到乳酸菌迅速繁殖的目的，一般来说，青贮原料中的含糖量不宜低于鲜重的 1%～1.5%，而全株玉米青贮中含糖量为 6%左右。

(2)适口性好，营养价值高　全株玉米在青贮制作过程中，由于玉米子粒经过切碎机破碎，糖分流出，为乳酸菌的生长繁育提供了更多的养料，加大了子粒与微生物接触的面积，促进了发酵过程，从而提高了饲料转化率。据研究表明：玉米全株青贮比单纯玉米秸秆青贮营养高出 3 倍，且适口性好，消化率高达 73%以上。一般每 3～3.5kg 玉米青贮中约含玉米子粒 0.5kg。由于青贮玉米粗蛋白和糖的含量均高于普通玉米秸秆，且保持了青绿饲料的多汁性，富含维生素和胡萝卜素，因而可显著提高奶牛的乳脂率和产奶量。

2. 全株玉米青贮的制作原理

青贮就是微生物利用植物组织中的糖类(贮藏在植株细胞中)作为底物，并把它们转化为有机酸类，从而实现对作物进行保鲜贮藏的过程。具体方法就是将含水率为65%～75%的全株玉米经切碎(1～2cm)后，在密闭缺氧的条件下，通过厌氧乳酸菌的发酵作用，抑制各种杂菌的繁殖，而得到的一种粗饲料。经过青贮后的饲料，其营养成分可保持80%～90%，气味酸香，柔软多汁，适口性好，且能存放2～3年。

3. 全株玉米青贮的设施贮存

青贮设备有很多种，如青贮窖(圆形、长方形)、青贮壕(地下式、半地下式、地上式)、青贮塔、青贮袋、青贮堆等。各地可根据不同条件，因地制宜地选一种形式，在地下水位低、冬季寒冷地区宜用地下式或半地下式设施。

(1)青贮窖　有圆形、长方形，地上、地下、半地下等多种形式。长方形窖的四角必须做成圆弧形，便于青贮料下沉，排出残留气体。地下、半地下式青贮窖内壁要有一定斜度，口大底小，以防窖壁倒塌。如在地上打窖，上部壁厚为1m，腹部壁厚为1.5m，墙高2m，呈长方形，长、宽可根据需要确定。窖墙的一端开口，使青贮过程中的水分流出，并用于饲用时取料。窖顶用塑料布盖严，用土压实。建窖地点要选在高于地下水位0.5m以上，远离沟河、池塘、大树根，以防漏水、漏气或造成塌方。青贮窖优点是建窖成本低，技术要求不高。缺点是窖贮饲料损失率大，一般在8%～12%，且窖的使用寿命短，一般2～3年。

(2)青贮壕　通常挖在山坡一边，如有条件，其底部和四壁可用水泥抹平，底部一端要倾斜，以利于排水。一般深1.5～3.5m，宽、长根据需要确定。在较平坦的地方，可用浅沟青贮壕。根据贮量确定壕的规格，一般深度是1.5～2m，宽度可依据塑料膜宽度而定。壕顶一定用塑料膜封闭严实。青贮壕优点是建造技术简易，成本低。缺点是饲草损失率高。

4. 主要实施步骤

首先是选址，注意选土质坚硬、排水良好、高燥、靠近畜舍、远离水源和粪坑的地方。

其次是选材，可用砖石、混凝土修筑，也可用塑料薄膜，亦可挖掘简单的土窖，还可就地取材(如闲置水池)。

最后计算设施大小，以牛群规模和每年需要的青贮饲料来确定容积。一般情况，一头泌乳奶牛每年使用量按8～10吨计算，每立方米容积全株青贮玉米的重量按600kg计算(普通青贮玉米可按270kg)，来确定青贮池的容积。

5. 全株玉米青贮制作的技术要点

制作青贮饲料是一项短时间内的突击性工作。要求收割、运输、切碎、装填、压实、密封连续进行，一气呵成，各环节的工作要点如下：

(1)收割　要掌握青贮饲料收割时间，及时收获。全株青贮玉米，玉米乳线在1/2以上，3/4以下比较理想，建议玉米乳线在2/3处开始收割。黄贮是在玉米秸底部叶子1/3变黄，上部叶子大部分呈青绿色，含水率不小于60%时制作最佳。其收割部位应是基部距地面2～3cm，适当提高收割部位可防止植株带泥。

玉米青贮原料中含水量的简易判断：如果用手用力挤压原料，水很易挤出，饲料成型，则水分超过80%；如果水刚能挤出，饲料成型，则水分为75%～80%；如果只能少许挤出一点水（或无法挤出），但饲料成型，则水分为70%～75%；如果无法挤出水，饲料慢慢散开，则水分为60%～70%；如果无法挤出水，饲料很快分开，则水分小于60%。

调节青贮原料中水分的办法有：水分少时，在青贮时均匀喷入适量清水，或加入一定数量的多汁饲料。水分过多，则加入干草或糠吸收水分，或将原料在日光下晾晒。

(2)运输　要随割随运，及时切碎贮存。放置时间一长，水分蒸发，养分损失。

(3)切碎　根据饲喂家畜不同，切成1.2～5cm长较好。玉米青贮的理论长度为0.95～1.9cm。如果收割机有粉碎功能，则要增加切割长度，不然会切得太碎，影响有效纤维的含量。对青贮玉米秸，要求破节率在75%以上，切碎长度为1.2～1.5cm。

(4)装填压实　切碎后及时装填，含水率在65%～70%为好。对壕、窖青贮，要随装随压，每装15～20cm厚度时压实一次，尤其是边缘部分压得越实越好。最好一次装满。如不能一次装满，则装填一部分后，立即在原料上面盖上塑料薄膜，顶部也用木板等盖好，翌日继续装填。

(5)密封　严密封顶，防止漏气、漏水。当原料装到超过窖口60cm时，即可加盖封顶。先铺塑料薄膜，再加土拍实封严，覆土厚度30～50cm，做成馒头形，有利于排水。窖的四周要挖排水沟，同时经常检查，防止漏气、漏水。

三、优质青贮的制作要求及品质评定

制作优质青贮的目标是通过收获、发酵贮存直到饲喂，饲料中的营养成分最大限度接近于刚刚收获时植物所含的营养成分。制作过程中，可以通过九个可控因素保证青贮的质量，包括：修建合适的青贮窖、适时收割、适当水分、适当切割长度、快速装填、压实、密严、适宜取料方式和取用量、应用添加剂等。

优质玉米青贮的参考数据为：pH3.6～3.8，乳酸＞3%，乙酸＜3%，丙酸＜1%，丁酸＜0.1%，乙醇＜0.5%。

上等：黄绿色、绿色，酸味浓，有芳香味，柔软稍湿润。

中等：黄褐色、黑绿色，酸味中等或较少，芳香，稍有乙醇味或丁酸味，柔软稍干或水分稍多。

下等：黑色、褐色，酸味很少，臭味，干燥松散或黏软成块，不宜饲喂，以防中毒。

四、青贮的使用

(1)开窖　封窖后40～60天后即可开窖饲喂。如饲料贮备充足，可留待来年开窖使用。圆形窖在开窖前及时清除盖土，并盖好塑料膜或其他保护设备。青贮壕的盖土，随取随清，一段一段进行。应注意排水，以防雨水浸入。开窖后，先鉴定青贮品质，有酒香味，色泽黄绿，即可取喂。如已变质腐败、质地黏软，切勿饲喂，以防中毒。

(2)取料　圆形窖自上而下逐层取料，随取随喂，取一次以当日喂完为准，取完后盖严，以防二次发酵。长形大窖从一端逐段取料。如果中途停喂，间隔较长，须再封窖。

(3)饲喂方法　青贮饲料是优质多汁饲料，经过一段短时间适应后，奶牛都喜采食。对奶牛驯饲方法是在空腹时先喂青贮料，最初少喂，逐步增多，然后再喂草料或将青贮料与精料混拌后先喂，然后再喂其他饲料。或将青贮料与草料拌匀同时饲喂。

(4)喂量　应考虑奶牛种类、年龄、生理状态、饲料种类等。对于成年泌乳牛，每日每头可饲喂 18～28kg。注意青贮料不要在牛舍内存放，否则影响牛奶味道。

五、制作使用青贮时应特别注意的问题

1. 二次发酵问题

在青贮贮藏的第一周内若其产生的乳酸(及 pH)直到取料期间都还未达到稳定状态时，就会导致二次发酵的产生。而伴随二次发酵产生的还有二次发热，这就会直接引起青贮的营养损失。而这种损失不单是能量上的，它还会导致奶牛采食量明显降低 10%～20%，消化率也降低。

由于青贮是一个复杂的鲜活的生物系统，受多方面因素的影响，只要保证青贮中微生物一定的平衡性便可确保青贮的稳定性。可直接影响青贮稳定性的主要因素如下：

- 因剩余空气未被完全排出而导致青贮不稳定。
- 因封窖不严导致空气侵入青贮窖。
- 因青贮取用量每天小于 10cm 导致取用时空气侵入物料。
- 因青贮取用时横截面积过大，导致空气侵入物料。
- 因青贮物料块太大，且大块物料和细小物料无法很好地混合，导致空气侵入。
- 青贮中有剩余糖分时，酵母菌会繁殖。
- 若酸之间(即乳酸、醋酸及丁酸之间的比例)达不到一定的平衡性的话，青贮就不会保持稳定。
- 若青贮的 pH 无法保证在酸性范围内的话，便会导致二次发酵的产生。
- 若青贮过程中受日照、风、雨等天气条件影响，青贮质量则无法获得保证。

2. 梭菌问题

梭菌通常寄生在土壤中，物料经常因沾染土壤而染上梭菌。梭菌与乳酸菌一样都是厌氧菌。它们也会使碳水化合物及蛋白质发酵。

土壤可为梭菌提供良好的生存环境(它是土壤寄生物)。通过耕作使得梭菌进一步大量繁殖。因错误地施用粪肥及在收割时将土壤夹带入物料导致日后梭菌在青贮中繁殖并生成大量的梭菌孢子，就此形成了“梭菌的恶性循环”。病原式梭菌的繁殖会导致疾病(乳腺炎)的暴发，而其他形式的梭菌繁殖会导致青贮腐败，并会对乳制品的下游生产造成严重影响。

第三章　奶牛全混合日粮调制及应用

第一节　TMR 概念与优点

一、TMR 的概念

全混合日粮（TMR）是指根据不同类群或泌乳阶段奶牛的营养需要，设计日粮配方比例，将青贮、干草等粗饲料切割成一定长度，并和精饲料及各种矿物质、维生素等添加剂进行充分搅拌混合而调制成的一种营养相对平衡的日粮。TMR 饲喂技术是 20 世纪 60 年代在美国、英国、以色列等国家首先使用的一种饲养方式，20 世纪 80 年代引入中国，现在国内很多标准化奶牛场都已普遍使用了 TMR 饲养技术，并取得了良好的效果。TMR 饲养方式与传统的饲养方式相比，避免了奶牛挑食、摄入营养不平衡的缺点，增加了奶牛对饲料干物质的采食量，提高了产奶性能，降低了奶牛消化代谢疾病的发病率。

二、TMR 饲养技术的优点

1. 提高奶牛采食量和消化率

TMR 饲养技术将粗饲料切短后再与精料充分混合使奶牛无法挑食，因此能够使奶牛采食到精粗比例稳定、各成分混合均匀的日粮，而且 TMR 还可以掩盖混合料中一些劣质或有异味的成分，改善饲料的适口性，从而提高干物质采食量（dry matter intake，DMI）。TMR 饲喂方式的饲料干物质、粗蛋白质、粗脂肪、酸性洗涤纤维和中性洗涤纤维的消化率都高于传统的精粗分开饲喂方式。

2. 增强瘤胃发酵，降低奶牛发病率

由于 TMR 各组分比例适当，且均匀地混合在一起，所以奶牛每次采食的 TMR 日粮中各种养分都是均衡的，使饲料中各组分在瘤胃内的分解趋于同步，防止了奶牛在短时间内因过量采食精料而引起瘤胃 pH 的突然下降，同时使瘤胃微生物处于一个稳定、良好的生存环境，维持了瘤胃微生物的数量和活力，使发酵、消化、吸收及代谢能够正常进行。TMR 饲喂方式使饲料营养的转化率提高，能够有效预防营养代谢紊乱，降低真胃移位、酮血症、瘤胃酸中毒等营养代谢疾病的发生率。

3. 保证营养均衡，提高奶牛生产性能

TMR 是按日粮中规定的比例完全混合的，能够有效保证日粮的营养均衡性，减少了偶然发生的微量元素、维生素的缺乏或中毒现象，TMR 饲喂方式与传统饲喂方式相比，饲料利用率可明显增加。此外，全混合日粮要求按照生产性能和生理阶段进行分群饲养，能够根据各群的生理状况和泌乳阶段的营养需要来制定日粮配方，这样就使个体的营养摄入量与需求量相平衡，使奶牛达到标准体况，保证了奶牛不同产乳阶段的产奶性能，提高产奶量、乳蛋白率、乳脂率和能量转化效率。

4. 降低饲养成本，提高劳动效率

TMR 饲喂方式有利于开发和利用更多的饲料资源。经过 TMR 饲养技术的处理，可扩大和利用原来单独饲喂时适口性差、消化率低的饲料，也可使许多难以利用的工业副产物得到有效的开发和利用，从而降低日粮成本，增加经济效益。TMR 技术还可以简化劳动程序，让日粮加工和饲喂过程全部实现机械化，使饲喂管理省工、省时，能大幅度提高劳动效率；同时减少饲养的随意性，使得饲养管理更精确，有利于推动奶牛养殖业向规模化、产业化方向发展。研究表明，TMR 饲喂方式可降低饲喂成本 5%～7%，可提高人工效率 2～3 倍。

第二节　TMR 搅拌机

一、设备类型

TMR 饲喂技术关键设备是搅拌机，根据搅龙搅拌方式可分为卧式和立式，根据动力来源又分为自走式、牵引式、固定式。

1. 按搅龙搅拌方式分类

(1)卧式搅拌机(图 3-1)　常见结构是由 2 根、3 根或 4 根水平工作的搅龙构成，主要由机箱、搅龙、传动部分和控制部分组成，还可根据需要配备自动抓取料装置。机箱为槽形，其截面有 O 形、U 形、W 形 3 种，其中 U 形应用最普遍。在机箱顶部有一个收集绝大部分待搅拌原料的进料斗，进料斗下部为一快速进料闸门，在机体下部有一出料斗，接收搅拌好的 TMR 饲料将其卸至饲槽或喂料车上。搅龙的搅拌轴上安装有螺带式叶片或桨叶式叶片，叶片上一般安装有数把切割刀片，能快速切割饲草，搅龙推动饲料不断运动，迅速搅拌饲料。

(2)立式搅拌机(图 3-2)　常见结构是由 1 根、2 根或 3 根垂直工作的搅龙构成，由机箱、搅龙、传动部分和控制部分组成，机箱为圆柱形或圆锥形，机箱内壁设计有可伸缩的底刀，提高饲料切割的效果。立式搅龙呈锥形，其底部叶片直径与料箱直径几乎相等，搅龙推动饲料转动 2～3 圈，就可将饲料从底部推至顶部，而料箱顶部的空间很宽大，被推至顶部的饲料落回底部，从而不断循环切割、搅拌。立式搅拌机容积可以做得很大，它不仅能处理大草捆，而且可以胜任所有的饲料搅拌工作。

图 3-1　卧式搅拌机

图 3-2　立式搅拌机

2. 按动力来源分类

(1)牵引式搅拌机　由拖拉机牵引，靠拖拉机输出动力通过 PTO 传动轴带动搅拌车工作。原料混合及输送的动力来自拖拉机动力输出轴和液压控制系统。送料时，边行走边进行物料的混合，拉至牛舍时即可饲喂，其可使搅拌和饲喂连续完成，适合通道较窄的牛舍。

(2)固定式搅拌机(图 3-3)　固定放置在饲料料库中，使用匹配的电机通过 PTO 转动轴带动搅拌车工作。通常放置在各种饲料储存相对集中、取运方便的位置，其将饲料加工搅拌后，搅拌好的饲料由出料设备卸至喂料车上，再由喂料车拉到牛舍饲喂。

(3)自走式搅拌机(图 3-4)　整机一体，自身带有机头，直接工作。能够完成自动取料、自动称重计量、混合搅拌、运输、饲喂等。具有自动化程度高、效率高、视野开阔、驾驶舒适等优点，是搅拌机中的高端产品，适合现代化大型牛场使用。

图 3-3　固定式搅拌机

图 3-4　自走式搅拌机

二、TMR 搅拌机结构及工作原理

TMR 搅拌机主要结构包括搅拌系统、出料系统和称重计量系统。

1. 搅拌系统

卧式 TMR 搅拌机的搅拌系统一般由水平且平行布置的 2～4 个上搅龙和 1 个下搅龙组成，旋向彼此相反。根据需要还可以配备自动取料装置(抓手)。工作原理是将各种粗饲料、精饲料以及饲料添加剂，以合理的顺序投放在 TMR 饲料粉碎搅拌机混料箱内，在下搅龙和上搅龙推动下形成物料循环挤压、翻转、对流、扩散等运动，同时下搅龙上刀片的 3 个轴向均匀分布的切割刀会对物料进行进一步的剪切和揉搓从而达到搅匀、搅细的目的。搅拌均匀后，打开排料门，下搅龙将搅拌好的物料通过排料口均匀地输送到搅拌室外，获得全混合日粮。

立式搅拌机主要由料箱和 1～3 个垂直的锥形螺旋搅龙组成。搅龙的螺旋叶片焊接在螺旋套筒上，螺旋套筒中安装了传动轴来传递动力，带动螺旋套筒旋转。螺旋叶片上安装了动刀，料箱壁面上安装了可拆卸的定刀，动刀和定刀的相对运动形成剪切面，实现对饲料的剪切、揉搓、搅拌。

2. 出料系统

出料系统一般由液压油缸、固定支座、连动支座、滑动放料挡板等组成。出料滑动挡板装在液压缸往复运动轴上，开启出料滑动挡板时可放料，关闭后可以挡料，出料口通常在料箱的侧面便于饲料运送车或人工卸料。出料口处安装了高强度磁板可除去搅拌好的 TMR 饲料中的铁屑等杂物。

3. 称重计量系统

称重计量系统可计量每次工作的数据，是精确装载和精确投喂的依据。由 4 支桥式称重传感器和称重显示控制仪组成(图 3－5)。该系统由 220V 电源通过 4 个方位的桥式称重传感器将信号输送到称重显示仪上，完成饲料的配比和计量。简单的称重只显示单次加料的重量和总重量。编程的称重系统可记录每一个配方的种类、配方里饲料的名称、重量及加料的顺序、饲喂奶牛头数等。

三、TMR 搅拌机的选择

对搅拌机进行选择时主要是考虑容积和机型，同时还要考虑设备的耗用，包括节能性能、维修费用以及使用寿命等因素。

图 3－5　称重计量系统

1. 搅拌机容积的选择

可根据牛群大小、奶牛干物质采食量、日粮种类(容重)、每天的饲喂次数以及混合机充满度等选择混合机的容积大小。

(1)日粮干物质采食量和牛群大小

选择合适尺寸的 TMR 混合机时，主要考虑奶牛干物质采食量、分群方式、群体大小等。以满足最大分群日粮需求，兼顾较小分群日粮供应。同时考虑将来规模发展。

奶牛日粮干物质采食量，即DMI，一般采用如下公式推算：

DMI(干物质采食量)占体重的百分比＝4.084－(0.0038 7×BW)＋(0.05 84×FCM)

式中：BW＝奶牛体重(kg)，FCM(4％乳脂校正的日产量)＝(0.4×产奶量kg)＋(15×乳脂kg)。

非产奶牛DMI假定为占体重的2.5％。

(2)最大容积和有效混合容积　容积适宜的TMR搅拌机，既能完成饲料配置任务，又能减少动力消耗，节约成本。TMR混合机通常标有最大容积和有效混合容积，前者表示混合机内最多可以容纳的饲料体积，后者表示达到最佳混合效果所能添加的饲料体积。有效混合容积等于最大容积的70％～80％。

(3)日粮组成和容重　测算TMR容重有经验法、实测法等。日粮容重跟日粮原料种类、含水量有关。常年均衡使用青贮饲料的日粮，TMR日粮水分相对稳定在50％～60％比较理想，每立方米日粮的容重为275～320kg。讲究科学、准确则需要正确采样和规范测量，从而求得单位容积的容重。

以下举例说明如何测算TMR搅拌机的适宜容积：

例：牧场有产奶牛100头，后备牛75头，利用公式推算产奶牛DMI为25kg/(头·天)，后备牛DMI为6kg/(头·天)。则产奶牛最大干物质采食量为100×25＝2 500kg，后备牛采食量最小为75×6＝450kg。如一天三次饲喂，则每次最大和最小混合量为：最大量2 500/3＝833kg、最小量450/3＝150kg。如果按TMR的干物质含量50％～60％时，容重约为275kg/m^3来计算，则混合机的最大容量应该为830÷0.6÷275＝5.0m^3，最小容量应该为150÷0.6÷275＝0.9m^3。也就是说混合机有效混合容积为0.9～5.0m^3，最大容积为(混合容积为最大容积的70％)为1.2～7.1m^3。生产中一般应满足最大干物质采食量。

此外，奶牛场的建筑结构、喂料道的宽窄、牛舍高度和牛舍入口等也是影响TMR搅拌机容量选择的客观因素。

2. TMR搅拌机机型的选择

卧式TMR搅拌机和立式TMR搅拌机各有优点。卧式搅拌机适合密度差异较大、较松散、含水率相对较低的物料混合。优点是其外形通常较窄、较低，通过性好，也易于装料；搅拌时间短(一般6～10min/批)，叶片上的切割刀片能快速有效地处理根茎类饲料。缺点是价格明显高于立式搅拌机；切割速度过快，在处理纤维类饲料时，一旦掌握不好，将过短地切割纤维，而无法刺激奶牛瘤胃进行反刍；一些长料箱搅龙的搅拌轴太长，使用中容易造成轴变形，搅龙容易磨损；配套动力一般大于立式搅拌机。

立式搅拌机比较适合含水率相对较高、黏附性好的物料混合。优点是结构简单，使用寿命长，机箱无死角，卸料时排料干净，不留余料。缺点是混合时间较长(一般20min/批左右)。

因此根据奶牛不同的模式和养殖规模，可综合考虑。

1. 规模较大、集约化程度较高的奶牛场

(1)选择自走式 TMR 搅拌车　能完成自动取料、混合搅拌、运输和饲喂全过程，具有自动化程度高、效率高、视野开阔和驾驶舒适等优点，但制造成本高。

(2)选择立式固定式 TMR 搅拌机　配置青贮取料机(或铲车)和饲料运送车，形成饲料搅拌站，成本低、效率高。青贮取料机将青贮饲料按照规定的填料顺序放入 TMR 搅拌机中进行搅拌，其他精粗饲料可以通过配料仓、铲车或传送带送入 TMR 搅拌机，搅拌好的 TMR 饲料通过饲料运送车运输到牛舍完成饲喂。

2. 中、小型奶牛场

选择立式牵引式 TMR 搅拌机，该设备价格适中，运转灵活，维护简单，配合青贮取料机和铲车等上料设备，边送料边搅拌，直接送至牛舍完成饲喂。

3. 奶牛养殖小区

奶牛养殖小区，特别是一些牛舍及槽道较小无法实现日粮直接投放的老式牛场，建议选用卧式固定式 TMR 搅拌机。该设备进料口低，配套设备简单(可采用传送带喂料)，适宜半机械化操作。通常将搅拌机放置在各种饲料储存相对集中、取运方便的位置，将各种精、粗饲料按顺序加工搅拌后，再用手推车或小型机动车将 TMR 饲料运至牛舍进行饲喂。

四、设施配套

(1)饲养模式　我国奶牛目前主要有两种饲养模式，即拴系式饲养和散栏式饲养。

1)拴系式饲养模式：奶牛除在运动场活动外，饲喂、挤奶和休息等均在舍内。牛舍一般采用对尾式设计，有牛槽，饲喂和挤奶时拴系奶牛。牛舍跨度较小，通常在 10.5～12.0m，檐高 2.4m。不方便 TMR 投料，机械化程度低。

2)散栏式饲养模式：牛舍内的采食区、休息区和挤奶区是独立的，牛舍一般采用对头式设计，舍内有采食通道和清粪通道。奶牛自由采食，不用拴系。牛舍内的卧床有两列式、三列式、四列式、五列式和六列式，牛舍的跨度为 12～34m。采食通道一般在 4m 以上，无牛槽，因此便于 TMR 投料，机械化程度高。

无论哪种饲养模式都可采用 TMR 饲喂，但是散栏式牛舍利于 TMR 技术的应用。

(2)牛舍建筑　牛舍中最好有饲喂通道，便于撒料和清理，牛床距地面高度 20cm 左右。饲喂通道宽 4～4.5m，方便自走式或牵引式 TMR 搅拌车通过。如果采用饲槽饲喂，则 TMR 搅拌车撒料困难，不易清理剩料。

(3)牛场道路　对于自走式、牵引式 TMR 搅拌车，牛场道路主干道要求 6m 以上，其他饲料道也要 4m 以上，进出牛舍的道路，道路与道路交叉口、饲料车间内要有足够的转弯半径，便于 TMR 搅拌车通行、会车和转弯。

(4)饲料存储场所(图 3－6)　对于大型奶牛场，可直接将精饲料原料放入 TMR 搅拌车，因此无须将精料预先混合包装，饲料原料分仓散放即可。

图 3-6　饲料存储场所——精料库

五、设备配套

1. 动力设备

对于牵引式 TMR 搅拌车选用匹配马力拖拉机，对于固定式 TMR 搅拌车选用配套电机，一般为 400 转/min，输出转数 540 转/mim，输出轴六花键。

2. 喂料设备

不带取料装置的搅拌车需要配套喂料设备，牵引式 TMR 搅拌车可配套青贮取料机（图 3-7）装填青贮饲料，铲车（图 3-8）装填精料或短干草，多功能装载机装填草捆。对于固定式 TMR 搅拌车，为防止二次发酵和提高工作效率，青贮饲料最好选用青贮取料机（或取料耙）取料后通过运输车送到搅拌站，再将其和其他精、粗饲料用传送带或铲车喂料。

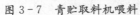

图 3-7　青贮取料机喂料

图 3-8　铲车喂料

青贮取料机比人工或铲车取料高效、规范、可减少不规则取料方式造成的青贮浪费，提高饲料利用率、取料截面整齐严密，减少青贮饲料养分流失、防止二次发酵，降低奶牛发病率等。

3. 撒料设备

固定式 TMR 搅拌车不能直接进入牛舍撒料，可用专门的撒料车、运输车或手推车运入牛舍。奶牛场使用撒料车可以大大提高 TMR 搅拌机的使用效率，也便于精细的分群饲养模式。

六、设备操作过程中应注意的问题

○ 严禁用机器载人、动物及其他物品。

○ 严禁爬到切割装置里，当需要观察搅拌机内部时使用侧面的登梯。

○ 当机器和拖拉机挂接时，不准进入机箱内。

○ 机器运转或与拖拉机动力输出轴相连时，不能进行保养或维修等工作。

○ 在所有工作结束后，要将拖拉机和搅拌车停放平稳，拉起手制动，降低后部清理板，将取料滚筒放回最低位置。

○ 当传动轴在转动时，要避免转大弯，否则将损坏传动轴。在转大弯时应先停止传动轴再转弯，这样可以延长传动轴的使用寿命。还有要注意传动轴在转动时，人不能靠近，防止被传动轴卷入，造成人身伤害。

○ 高效混合时必须给机箱内至少留有 20%的自由空间，用于饲料的循环搅拌。要避免出现“拱桥”现象，即饲料没有循环搅拌，都搭在搅龙上。这样会使搅龙的负荷增大，从而使链条容易被拉断。

○ 如果发现搅拌时间比往常要长的话，需要调整箱体内的刀片。如果动刀磨损，需要更换。如果定刀磨损，可以将其抽出来换个刀刃。要特别注意的是，换刀时，要保证拖拉机处于熄火状态，以保证人身安全。

○ 取料顺序一般有这几条原则：先长后短、先重后轻、先粗后精。实际情况可以根据混合料的要求来调整投料的顺序。

○ 卸料时要注意先开卸料皮带，后开卸料门；停止卸料时，要先关卸料门，再关卸料皮带，这样可以防止饲料堆积在卸料门口。

对于自带取料装置的搅拌车还需注意：

○ 严禁站在取料滚筒附近，料堆范围内及青贮堆的顶部。

○ 在升降大臂之前首先要确定大臂四周没有人，其次要确保截止阀是否处于打开状态。

○ 取料滚筒大臂在取料滚筒负荷增大时，会自动上升，经常这样会对机车的液压系统有一定的损坏。所以在负荷过大时，应调整大臂下降速度或减小取料滚筒的切料深度。

○ 在改变取料滚筒的转向时，应先等取料滚筒停止转动后再进行操作，否则将容易损坏液压系统。

○ 在下降取料滚筒大臂时，应在大臂与大臂限位杆即将接触时调低大臂的下降速度（可用大臂下降速度调节旋钮进行调解），这样可以避免大臂对限位杆的冲击，保证限位杆及后部清理铲不受损坏。

七、TMR 搅拌车的维护与保养

TMR 搅拌车应归属于农业机械类，农业类机械不同于其他类的机械，它是在灰尘大、气温变化大等工作环境比较恶劣的室外进行工作，并且工作的负荷和运转时间及频率也非常大，所以对该类机械的维护保养的要求就非常严格，非常重要。

现在大部分牛场仅有一台搅拌车，负担着全群的 TMR 的生产工作，没有备用机，保证搅拌车的正常、安全运转是更加重要的。

1. 班保养

“班保养”在农业机械领域被广泛应用，所谓“班保养”就是每个班次在工作开始前应对机械进行一次保养维护及检查工作，也就是每天或每 8h 进行一次保养检查工作。这样可以使机械在最安全和最佳的状态中进行工作，提高使用效率。如果驾驶员在检查保养或机器运转的过程中，发现机器有异常的响声或现象，应立即停机检查，找出故障原因，并及时解决问题使机器尽快恢复正常工作。如果用户无法判断出故障的产生原因，应及时与搅拌车厂家的售后服务部进行联系。TMR 搅拌车每天使用后必须补注黄油，有黄油嘴的地方都要补注(一般黄油嘴处都贴有黄油枪标志)。

2. 周期保养

所谓的“周期保养”就是在机械使用一段时间之后，要对某些机构进行保养维护工作。因为无论何种润滑油在特定的使用条件下都有其使用期限，一旦超过它的使用期限，它就可能会对机械造成不可挽回的损坏。

比较先进的搅拌车液压系统是由直流 12V 电源控制电磁线圈产生磁力，从而控制分配器的滑阀组，而油缸和液压马达的动作是由分配器的滑阀组控制油路的开关来完成的，这种控制方式现已被广泛应用。12V 电源控制电磁线圈所产生的磁力是有限的，而分配器的滑阀组与分配器壳体的配合间隙要求是非常精密的，通俗地说，滑阀组在分配器的壳体中，既要能自由地滑动，又要能密封住液压油，不让其泄漏。液压油是有一定的使用寿命和保质期的，一旦超出它的使用期或是保质期，液压油中就会稀释出很多杂质；液压系统在使用过程中也会有一定的磨损，产生一些细小的金属屑。它们会随着液压油的运动到达滑阀组，使配合精密的滑阀组卡滞或堵塞细小的油道，液压系统将无法正常工作，影响正常生产。这些杂质与金属屑是无法用肉眼看见的，给查找故障带来了很大的不便，因此无论液压油清洁与否，定期更换液压油是非常必要的。

TMR 搅拌车前部减速箱与取料滚筒的减速箱也要定期更换齿轮油。减速箱在长期的运转过程中，会产生一定量的磨损，在更换齿轮油时，你会发现齿轮油中含有很多的金属屑，如果不定期更换齿轮油，这些金属碎屑将残留在减速箱中，加剧减速箱的磨损，缩短其使用寿命。

TMR 搅拌车最初使用 100h 后液压油和齿轮油应全部更换，同时清理液压油滤芯，以后每工作 800h 两种油全部更换，也同时清理液压油滤芯。

3. 润滑油的选用

润滑油在机械系统中起着润滑、冷却、清洁，还包括传递动力等作用。在机械的保养过程中，润滑油的选用起着关键的作用。选择合适的润滑油十分重要，一般在 TMR 搅拌车用户使用说明书中会提供润滑油的型号供参考，也可以直接向生产厂家咨询，现在市面上的润滑油鱼龙混杂，一旦用了假冒伪劣产品会直接影响机器的使用寿命。以液压油为例，有很多种类与型号，最基本的分为：矿物油和合成油。每个液压系统都离不开橡胶密封装置，而这些橡胶密封件在生产选料的过程中又具有针对性，有的是适用于矿物液压油中，有的是适用于合成液压油中。如果选择错误或是混用，就会造成液压系统中的密封件被腐蚀，从而导致液压系统泄漏或操作失灵，甚至造成油泵、液压马达等零部件的严重磨损，在客户的生产和经济上造成很大的损失。润滑油一般要求锂基脂、高负荷、耐高温。

机械的保养和润滑油选用的重要性显而易见，按时对机械进行保养工作不但可以减少机械故障的发生，保证正常生产，还可延长机械的使用寿命，提高生产效率。

4. 其他需要定期检查的项目

(1)轮胎气压　每个月检查轮胎气压，如果需要，将其充气到牌照上所标明的气压值的大小，检查轮毂螺栓是否旋紧。

(2)电源电压　机车上的电源电压一般正常值为12V，称重系统及控制系统在电源电压为9～16V才能正常工作。

(3)皮带与带辊之间的清洁度　定期检查皮带与带辊之间的清洁度，注意清理，可以先卸下皮带左侧的液压马达，再卸下两侧固定皮带的螺栓，从右侧抽出皮带清洁内部的杂物。还要定期清理皮带下面保护罩中的杂物，防止杂物硬化，损坏皮带挡块。

(4)机器底部　当机器工作完毕时，如果已经卸空混合料，建议装载一些纤维性的饲料(麦秆或干草)，再次运转机器，以便使料箱内残留的水汽被吸收，防止对料箱底部的腐蚀。尤其是在搅拌机将要长时期闲置时，如10～20天或更长时间，这种清扫尤为必要。最好在清扫后对底部与刀片采取一些防腐蚀处理。

(5)切割装置　只要刀片出现破损，就应立即更换，防止出现机器运行不平衡。当刀锋比原来磨损超过4mm时，就应该更换。对于卧式搅拌机，如果主搅龙叶片上的定刀(左花刀和右花刀)有磨损的话，可以将主搅龙叶片上的定刀转向，使未磨损面处于工作位置。如果主搅龙动刀片的螺丝磨损较大时，必须及时更换以保证搅拌切割质量。检查动刀与机器底部的方形定刀间隙不大于1mm，任何动刀与机箱底部方形定刀的间隙大于这个距离，就意味着它们不能高效切割而且机器会出现显著的磨损。

如果TMR搅拌车一旦因保养不到位出现故障而无法使用，奶牛的产奶量将会急剧下降，也会给奶牛的身体带来一定的影响，牛场将因此而遭受严重的经济损失。因此，必须深刻认识TMR搅拌车保养的重要性，完善设备管理体制，健全规章制度，做好TMR搅拌车的保养工作。

八、TMR搅拌车常见故障的排除

1. 皮带不转

- 拆下液压马达，转动机器，检查液压马达是否正常工作。
- 检查皮带与滚筒之间是否有异物，如有异物，请将其拆下清理。
- 用万用表检查控制面板的电路是否正常工作。

❍ 检查控制皮带的电磁阀是否正常工作，如有必要，需清洗电磁阀。

2. 所有可动部件均不动作

❍ 检查控制面板上的指示灯是否发亮。

❍ 检查电源电压是否在9～16V。

❍ 检查保险丝是否正常。

❍ 检查控制面板与插头之间的连线是否正常。

❍ 检查电磁阀是否工作正常。

❍ 检查液压油泵是否已损坏。

3. 混料时间延长，拖拉机工作负荷大

❍ 检查动刀够不够锋利。

❍ 检查传动轴转速是否达到400～500转/min。

❍ 检查刀刃和机箱侧底部方形定刀的间隙是否在1mm之内。

❍ 检查是否有充裕的循环空间，如果没有，需减少搅拌量。

4. 称重不准确

❍ 检查两侧轮毂上限位螺母与箱底之间的间隙是否为4～5。

❍ 检查电源电压是否在9～16V。

❍ 用万用表检查电源线、数据线是否正常工作。

❍ 检查接线盒是否正常工作。

❍ 检查显示器是否正常工作。

❍ 检查传感器是否正常工作。

第三节　TMR 饲喂技术

一、合理分群

奶牛分群技术是实现TMR饲喂工艺的核心，分群的数目视牛群的大小和现有的设施设备而定。理论上讲，牛群划分得越细越有利于奶牛生产性能的发挥，但是在实践中必须考虑操作的便利性，牛群分得太多会增加管理及饲料配送的难度，增加奶牛频繁转群所产生的应激，划分跨度太大就会使高产牛的生产性能受到抑制，低产牛营养供过于求，造成浪费。一般来说，母牛按年龄可分为犊牛（3～6月龄）、育成牛（7～12月龄）、青年牛（13月到产前）和成母牛（第一次生产到淘汰）。成母牛的分群对于TMR的应用十分重要。

1. 成母牛分2群

将泌乳牛和干奶牛分开。适用于牛场规模300头以下奶牛生产力比较平均的小型奶牛场。因为牛群中低产牛和高产牛产奶量之间的差别一般不会超过15%。

2. 成母牛分 4 群

即高产群、中产群、低产群和干奶群。适用于 500 头左右的中型奶牛场，此类型奶牛场一般设施建设较齐全，奶牛生产性能层次也较分明。

3. 成母牛分 6 群

即新产牛群，高产成年泌乳牛群，高产头胎牛群，体况异常牛群，干奶前期和干奶后期牛群。适用于 500 头以上的大、中型奶牛场。具体分群如下：

(1)新产牛群　分娩后 1～2 周内或分娩后食欲尚未恢复的新产牛及患病牛。该群不能拥挤，饲槽应充足，以减少抢食和应激反应的发生。

(2)高产成年泌乳牛群　饲喂高营养浓度的 TMR。

(3)高产头胎牛群　该牛群胆子小，少吃多餐，采食持续时间短，在同一产奶水平下头胎牛干物质采食量比成乳牛低 15%～20%，因此需要单独的 TMR 饲料配方。

(4)体况异常牛群　由瘦牛、肥牛及因繁殖障碍导致泌乳期过长的牛组成。

(5)干奶前期牛群(干奶期 30～45 天)　依体况可饲喂两种 TMR，即干奶体况＞3.75(5 分制，1 分最瘦，5 分最肥)只饲喂维持型 TMR，体况＜3.75 则饲喂增重型 TMR。

(6)干奶后期牛群(分娩前 14～21 天)　可逐步饲喂泌乳型 TMR。

二、加料顺序

填料顺序应借鉴设备操作说明，参考基本原则，兼顾搅拌预期效果来建立合理的填料顺序。

1. 先长后短，先干后湿

(1)适用情况　当精饲料已提前混合一次性加入时；当混合精料提前填入易沉积在底部难以搅拌时；当干草没有经过粉碎或切短直接填加时。

(2)参考顺序　干草和苜蓿、精料、流动性较差的饲料(如棉子等)、湿度大的饲料(如浸水甜菜粕、啤酒糟、豆腐渣等)、青贮饲料、液体饲料(如糖蜜等)、适量的水。

2. 先精后粗，先干后湿，先轻后重

(1)适用情况　各精饲料原料分别加入，提前没有进行混合；干草等粗饲料原料提前已粉碎、切短。

(2)参考顺序　谷物、蛋白质饲料、矿物质饲料、干草(秸秆等)、青贮饲料、其他。

三、混合时间

当饲料开始装载时，可缓慢进行搅拌，在最后一种饲料装完后进行充分搅拌。生产实践中，为节省时间提高效率，一般采用边填料边搅拌，等全部原料填完，再搅拌 3～5min 为宜。当放入长的粗饲料数量较多时，应先混合 3～4min 以切短粗饲料。确保搅拌后日粮中大于 3.5cm 长纤维粗饲料(干草)占全日粮的 15%～20%。

四、质量评估

1. 干物质含量

TMR的水分包括饲料原料的水分及最终添加的水分，饲料原料的水分对制作TMR配方非常重要，因配方是以干物质为基础制作，饲料原料水分估计偏高就会使所用原料在TMR配方中使用偏低，估计偏低就会导致此种原料用量偏高，青贮及一些高水分原料必须准确测定含水量，实际生产中可采用微波炉进行测定。

配合好的TMR含水量应控制在50%～55%，水分过低会导致草料分离，奶牛会出现挑食。水分过高会降低干物质进食量。水分不足须通过加水来调节，加水量一方面通过计算确定，另一方面通过手感来判断，加水量应以精料刚能粘在饲草上为宜。

经常准确测定水分含量以减少各车（TMR搅拌车）饲料之间的差异并确保日粮的平衡。对水分含量较高的饲料原料（青贮和糟渣类饲料等），至少每周检测1次水分含量。根据测定的数据进行日粮的配制，确保日粮的稳定性。

2. 颗粒大小

TMR过细，导致奶牛产奶乳脂率降低，前胃消化迟缓、腹泻、酸中毒、蹄叶炎等疾病易发。反之，搅混时间过短，导致粗饲料过长，精、粗分离，牛偏食，易患瘤胃积食、四胃变位等疾病。应认真做好对TMR粒度的评估，保障牛群瘤胃健康。

目前主要采用四层分析筛（宾州筛，图3-9）测量饲料的颗粒大小。宾州筛也叫草料分析筛，主要用于TMR饲草料的检测，是美国宾夕法尼亚州立大学的研究者发明的一种简便的、可在牛场用来估计日粮组分粒度大小的专用筛。这一专用筛由三个叠加式的筛子和底盘组成。上面筛子的孔径是1.9cm，下面筛子的孔径是0.79cm，最下面是底盘。具体使用步骤是：奶牛未采食前从日粮中随机取样，放在上部的筛子上，然后水平摇动2min，直到只有长的颗粒留在上面的筛子上，再也没有颗粒通过筛子。这样，日粮被筛分成粗、中、细三部分，分别对这三部分称重，计算它们在日粮中所占的比例。

项目	粗（>1.9cm）	中（0.8～1.9cm）	细（<0.8cm）
全混合日粮（TMR）	10%～15%	30%～50%	40%～60%

这种专用筛可用来检查TMR搅拌设备运转是否正常，搅拌时间、上料次序等操作是否科学等问题，从而制定正确的全混日粮调制程序。而在没有宾州筛的情况下可随机从牛全混日粮中取出一些，用手捧起，用眼观察，估测其总重量及不同粒度的比例。一般以3.5cm以上的粗饲料部分超过日粮总重量的15%为宜。同时结合牛反刍及粪便观察，从而达到调控日粮适宜粒度的目的。例如随时观察牛群时至少应有50%的牛正在反刍。

3. 配方误差

每月定期对加工后的TMR采样分析。实验室测定出的各种营养成分含量，要与发料单配方理论计算的营养成分含量相对比，各营养成分理论误差应控制在

图 3-9 宾州筛

3%以内。理论营养误差计算方法:误差值=[(实验室化验值-配方理论值)÷配方理论值]×100%。饲料原料在更换批次前应认真做好采样送检工作,保证日粮平衡。

五、饲槽管理

1. 投喂量

TMR 投放须均匀,确保奶牛每天 20h 都能吃到优质草料。并且保证每次挤奶完成后能吃到新鲜的 TMR。

2. 投料次数

华北地区每年 6～9 月,每天投料 3 次,其他月份可投料 2 次,同时在投料间隔保证投料次数不低于 4 次,以达到增加采食的目的。

3. 饲槽的巡视

观察饲槽内草料,采食前与采食后的 TMR 应基本一致。饲料不能分离,特别是粗饲料与精饲料,如有分离现象说明粗饲料过长或水量添加不足。所剩料脚外观和采食前应相近。饲槽内坚决不能有发热、发霉的饲料出现。

4. 日粮剩余量的测定

每天清槽 2 次,剩料按照所投喂群舍,每天称重,以确定是否投料合理。一般剩料量控制在 3%～5%为佳,所剩料只能喂给后备牛群,根据所剩数量,顶替部分精料、干草和青贮饲料。

5. 采食空间

有颈夹的按槽位分群采食(成母牛颈夹一般是 75cm),没有颈夹的牛舍,每头奶牛的采食槽位不应低于 60cm 空间。

第四章 生鲜乳质量安全与奶牛挤奶管理

第一节 生鲜乳质量安全

一、生鲜乳的化学成分和营养价值

生鲜乳的主要成分为水、蛋白质、脂肪、乳糖和矿物质，其微量成分为维生素、酶类、激素及生长因子、有机酸、气体和体细胞等。牛奶的化学成分很复杂，至少含有100种，其主要成分含量因奶牛品种、个体、泌乳期、疾病、饲料、饲养以及挤乳等因素的不同，而有较大差别(表4-1)。牛奶中除去水分和气体后所剩余的物质称作牛奶干物质或牛奶总固形物，而非脂固形物是指除脂肪以外的固形物含量。

表4-1 牛奶中各主要成分的含量(%)

品种	非脂固形物	脂肪	蛋白质	乳糖	灰分
荷斯坦牛	8.5	3.7	3.1	4.6	0.73
娟姗牛	9.2	4.9	3.8	4.7	0.77
瑞士褐牛	9.0	4.0	3.5	4.8	0.72

(一)乳蛋白质

牛奶中蛋白质含量平均为3.4%，其中95%为乳真蛋白质，含有人体所需的各种必需氨基酸，含量丰富，比例适中，容易消化吸收，消化率达96%以上，同时，乳蛋白中的氨基酸与植物蛋白中的氨基酸具有很好的互补性。

乳蛋白质包括酪蛋白、乳白蛋白、乳球蛋白及少量脂肪球膜蛋白和酶。

1.酪蛋白

酪蛋白仅存在于牛奶中，约占牛奶总蛋白质的83%，全奶的2.5%～2.8%。酪蛋白在鲜奶中(pH 6.7)主要是与钙结合形成酪蛋白酸钙和磷酸三钙的复合体的形式存在。

酪蛋白具有酸凝固特性，其等电点pH为4.6，当pH下降到这一点时，酪蛋白将聚合成凝块而沉淀。由于酸只与酪蛋白酸钙、磷酸钙起作用，工业用干酪素即是根据这一特性而制造。

2. 白蛋白

初乳中乳白蛋白占牛奶总蛋白质的10%～12%，而常奶中仅含0.5%左右。乳白蛋白可进一步分为β-乳白蛋白、α-乳白蛋白和血清白蛋白。β-乳白蛋白的巯基是使牛奶加热后产生气味的原因，与k-酪蛋白进行相互作用将影响奶的稳定性。而α-乳白蛋白是乳糖合成酶的一种。白蛋白的颗粒较小(直径为0.005～0.015μm)，在乳汁中是以胶体状态存在。

3. 球蛋白

对犊牛具有极大的生理意义，在常乳中含量很低，仅0.1%，而初乳中含量为6%左右，个别可高达15%，是具有抗体活性的蛋白质。牛奶加热到65℃，球蛋白开始变性，75℃时则全部凝固。

乳白蛋白和乳球蛋白均分散于乳清中，所以也称为乳清蛋白。

4. 球膜蛋白

球膜蛋白是包围在脂肪球表面的一层蛋白质，与水结合紧密。球膜蛋白占牛乳蛋白质含量的5%左右。在强酸强碱或机械搅拌作用下，球膜蛋白即被破坏，这种特性在乳制品制作中具有重要作用。

5. 酶

牛奶中含有约20种酶，酶是由有机体产生的具有生物活性的蛋白质。牛奶中的酶来源于母牛的乳腺或者由微生物代谢产生。前者是牛奶中固有的正常成分，称为原生酶，后者为细菌酶。

牛奶中最重要的酶有过氧化物酶、过氧化氢酶、磷酸酯酶以及解脂酶等。

(1)过氧化物酶　过氧化物酶能把过氧化氢(H_2O_2)中的氧原子转移到其他易氧化的物质上去。如果把牛奶加热到80℃并持续数秒钟，过氧化物酶将丧失活性。利用这一性质，检验牛奶是否存在过氧化物酶，即可判断是否达到80℃以上的巴氏杀菌温度。这种试验称为斯托奇(Storch)过氧化物酶试验。

(2)过氧化氢酶　健康奶牛乳房挤出的鲜奶仅含有微量的过氧化氢酶，而当奶牛患乳腺炎时，过氧化氢酶含量增高。根据这一特性，即可判定牛奶是否来自健康奶牛。由于过氧化氢酶可将过氧化氢分解成水和游离氧，通过测定牛奶中酶释放出来的氧量，就可估计牛奶的过氧化氢酶的含量。但需注意的是很多细菌产生这种酶。常规高温短时间巴氏杀菌法(70～72℃持续15～30min)即可破坏过氧化氢酶。

6. 非蛋白含氮化合物

非蛋白含氮化合物约占乳中总含氮量的5%。奶中的非蛋白含氮化合物主要成分为游离的氨基酸、肌酸、尿素、尿酸等。

(二)乳脂肪

正常情况下，牛奶中含有2.5%～6.0%的脂(或脂类物质)。乳脂含量受奶牛品种、日粮组成及饲喂方式等的影响较大。乳脂中98%～99%为乳脂肪，此外，还含有磷脂、甘油硬脂酸酯、游离脂肪酸及脂溶性维生素等(表4-2)。

表 4-2 乳脂成分

成分	含量	在奶中的分布
三酰甘油	98%～99%	脂肪球
磷脂(卵磷脂、脑磷脂、髓鞘磷脂)	0.2%～1.0%	脂肪球膜、乳清
固醇(胆固醇、角固醇)	0.25%～0.4%	脂肪球、球膜、乳清
各种游离脂肪酸	痕量	脂肪球、乳清
蜡	痕量	脂肪球
脂溶性维生素	痕量	脂肪球

乳脂肪在奶中是以极细小的脂滴形式悬浮在水中，每毫升牛奶中含有 20～50 亿个脂肪球。每一个小脂滴都被一层磷脂包裹着，这层磷脂排斥其他小脂滴并吸附于水分子中，从而阻止小脂滴相互聚合，只要这些小脂滴的构造不被破坏，奶脂就呈乳浊状。脂肪球的大小对奶制品影响较大。脂肪球越大，越容易从牛奶中分离，黄油产量也越高。

乳脂较其他油脂容易消化，消化率可达 97%，同时，油脂加热时会发生热氧化聚合，生成对动物发育有害的物质，而乳脂加热到 200℃时也没有出现这种物质。

（三）乳糖

乳糖仅存在于哺乳动物的奶中。牛奶中乳糖含量相对较为稳定，为 3.6%～5.5%。乳糖是双糖，水解时生成一分子葡萄糖和一分子半乳糖；前者能供给人体能量，后者的一部分构成体内的糖脂、糖蛋白等的组成成分，对机体具有重要作用。此外，乳糖还能促进钙和铁的吸收。

乳糖是水溶性的，因此，在干酪生产中，大部分的乳糖溶解于乳清中，蒸发乳清可获得浓缩乳糖。乳糖不如其他糖类甜，其甜度为蔗糖的 1/6。

有一部分人，尤其是亚洲人、美洲黑人、西班牙人以及大洋洲的土著人，由于空肠后段乳糖酶活性较低，因而在进食乳糖多的鲜奶或奶制品时，常会出现诸如胃肠臌胀、腹部痉挛和水样腹泻等症状。乳糖不耐受症除与人种有关之外，与年龄也有关系，幼儿时期体内的乳糖酶活性较高，而成年后乳糖酶活性降低。另有些患者由于某种疾病引起小肠黏膜破损时，也会发生乳糖不耐受症。

牛奶中的糖类除乳糖外，还含有葡萄糖（0.004%～0.007%）、半乳糖（0.002%）、果糖以及其他微量的氨基寡糖类和数种未确定的糖类。

（四）矿物质和维生素

牛奶中含有多种人体必需的矿物质和几乎所有已知的维生素（表 4-3），尤其钙、磷含量丰富，比例较接近于人体，容易吸收。目前我国百姓的膳食结构多以谷物为主，钙的含量不足，若饮用适量的牛奶，则可使钙、磷得到补充，促进骨骼的生长发育。牛奶中还含有人体所需要的各种维生素，特别是维生素 A、维生素 B_1、维生素 B_2、维生素 B_6 等含量较多，是维生素的重要来源，这些维生素对维持人体健康有重要作用。

表 4-3 牛奶中矿物质和维生素的含量 单位：mg/100ml

矿物质		维生素	
名称	含量	名称	含量
钾	138	A	30.0
钙	125	D	0.06
氯	103	E	88.0
磷	96	K	17.0
钠	58	B_1	37.0
硫	30	B_2	180.0
镁	12	B_6	46.0
微量元素	<0.1	B_{12}	0.42
		C	1.70

此外，牛奶中还含有少量柠檬酸(0.15%～0.2%)以及二氧化碳、氮气和氧气等气体成分。

二、牛奶的物理性质

(一)色泽

新鲜的牛奶是一种乳白色、白色或稍带黄色的不透明液体。乳白色主要是奶中脂肪球、酪蛋白酸钙、磷酸钙等对光的反射和折射所产生的，而淡黄色的深浅与乳脂中的胡萝卜素，以及牛奶中叶黄素等含量有关。因此，饲喂青草和富含色素的黄玉米、胡萝卜所产的奶较喂干草、白玉米或燕麦的黄；夏季的奶较冬季的黄。此外，奶的色泽也与品种、个体胡萝卜素的储备有关。例如，娟姗牛和更赛牛的奶较荷斯坦牛的黄。

(二)气味和滋味

正常牛奶具有令人愉快的新鲜牛奶所固有的香味(来源于乳脂肪中挥发性脂肪酸)和纯净的甜味(来源于乳糖)，稍带咸味(牛奶中含氯离子，其含量仅为0.06%～0.12%)，常奶中的咸味因受乳糖、脂肪、蛋白质等所调和不易觉察。牛奶经加热香味更浓郁，但若热处理过度会产生"蒸煮味"(因β-乳球蛋白和脂肪球膜蛋白的热变性而产生巯基，甚至产生挥发性的硫化物所致)和焦糖味；同时，牛奶很容易吸收外界各种气味，如挤出的鲜奶在牛舍中放置时间过久，即带有饲料味或牛粪味；与鱼虾放在一起，则带有鱼腥味；在金属容器内贮存牛奶，则产生金属味等，故在生产上应予以注意。

(三)密度和相对密度

牛奶的密度系指在20℃时的质量与同容积水在4℃时的质量比，通常采用20℃/4℃乳稠计测定。而相对密度是指某物质的重量与同温度同容积水的重量之比，采用15℃/15℃乳稠计测定。在同温度下相对密度和密度的绝对值差异很少，因为测定的温度不同，两者之间约相差0.002，即奶的密度较相对密度小0.002。鲜奶的密度平均为1.030，而相对密度为1.032。

奶的密度与奶中的成分有关，奶中的非脂固形物含量越高密度越大，脂肪越多则密度越小。牛奶中各化学成分的密度为：

蛋白质	1.35
矿物质	3.00
脂肪	0.93
柠檬酸	1.53
乳糖	1.67

刚挤出的奶由于其中混入一部分气体，因此密度较放置2～3h的低0.001。同时，奶的密度与温度有关。温度越高其密度越小，据测定，在10～25℃，温度每±1℃则密度相差0.000 2，即温度每升高1℃或降低1℃，其牛奶密度减小或增大0.000 2。牛奶掺水会使奶的密度降低，每加入10%的水，密度约降低0.003，因而可据此判定奶中是否掺水以及大致的掺水数量。

（四）酸度

酸度是衡量牛奶新鲜度的一项重要指标。正常牛奶的pH为6.5～6.7，当pH超过6.7时，则可能是患乳腺炎奶牛的奶；pH低于6.5，则可能混有初乳或酸败的奶。牛奶的酸度常用吉尔涅尔度(°T)表示。即以酚酞为指示剂，中和100ml牛奶所消耗的0.1mol/L氢氧化钠溶液的毫升数。

牛奶酸度可分为自然酸度和发酵酸度两种。自然酸度指牛奶固有的酸度；而发酵酸度是指挤奶后，在存放过程中，由于乳酸菌等微生物繁殖而使乳糖分解产生乳酸，致使牛奶升高的酸度。这两种酸度之和称总酸度，即通常所指的酸度，也就是奶的吉尔涅尔度。正常牛奶的酸度为16～18°T。奶的酸度越高，对热的稳定性越差(表4-4)。

表4-4　奶的酸度与奶的凝固温度

奶的酸度(°T)	凝固温度	奶的酸度(°T)	凝固温度
18	煮沸时不凝固	40	加热至63℃时凝固
20	煮沸时不凝固	50	加热至40℃时凝固
26	煮沸时能凝固	60	22℃时自行凝固
28	煮沸时凝固	65	16℃时自行凝固
30	加热至77℃时凝固		

牛奶的酸度也可用乳酸百分比表示。即取10ml牛奶用蒸馏水20ml稀释，加2ml 1%乙醇酚酞指示剂，用0.1mol/L氢氧化钠溶液滴定，其计算公式为：乳酸百分率=(0.1mol/L氢氧化钠溶液毫升数×0.009)×100%/(10ml×牛奶相对密度)

酸度为16～20°T的牛奶，其乳酸百分率为0.15%～0.18%。

（五）冰点和沸点

牛奶的冰点通常为−0.565～−0.525℃，平均为−0.540℃。冰点的高低与牛奶中乳糖、无机盐类含量有关。在一般情况下，常奶中的乳糖和无机盐含量比较稳定，冰点也大致相同。如若向奶中掺水，可使冰点升高，如向牛奶中掺水1%，冰点可升高0.005 4℃，因此，测定冰点亦可检查牛奶是否掺水以及掺水量。

牛奶的沸点比水稍大，在$1.013\ 25\times10^{5}$Pa气压下为100.55℃左右。沸点受固体物质量的影响，当把牛奶浓缩至一半时，其沸点上升0.5℃。

（六）黏度和表面张力

牛奶的黏度在20℃时为1.5～2.0mPa/s。液状奶制品的黏度很重要，它给消费者的视觉以浓的感觉。牛奶的黏度与可溶性成分及悬浮成分有关，其中受酪蛋白影响最大，脂肪和白蛋白次之。初乳、末期乳的黏度均比常奶高。此外，牛奶的黏度与温度成反比。液体具有尽量缩小其表面积的倾向，在没有外力作用下，液滴常呈球状，这种现象称为表面张力。牛奶的表面张力在20℃时为40×10^{-5}～60×10^{-5} N/cm^2，比水低。初乳的表面张力较常奶低（主要原因是初乳含有较多蛋白质），病牛奶等也由于其中成分发生变化，表面张力与常奶不相同。因此，通过测定表面张力可用来检验是常奶还是异常奶。但由于牛奶表面张力的重现性较差，在生产上还未能普遍应用。

三、牛奶的污染与防止

牛奶的污染包括以下几个方面：微生物、药物等有害物残留、霉菌毒素、自然发生的过敏原、激素。

（一）微生物

牛奶在乳房内即被微生物污染，因为乳头管和乳池等管腔是与外界相通的。但这些微生物还不足以为害，每毫升只有几十或上百个（临床型乳腺炎奶则另当别论）。牛奶中的微生物（每毫升鲜奶中含有1 000～50 000个微生物，甚至更多）主要是在挤奶过程和挤奶后被污染的，并且牛奶中微生物的含量及种类取决于挤奶方式和牛舍环境卫生，尤其是挤奶桶或挤奶机、输奶管道、过滤用具、冷却器、贮奶罐等的清洁程度。手工挤奶，微生物还可从挤奶员、牛体、饲料及周围空气进入牛奶。

1. 牛奶中微生物的种类

（1）乳酸菌　在牛奶中存在的主要是乳酸杆菌和乳酸球菌。其中乳酸杆菌和许多乳酸球菌都是乳品工业中的有益菌，被用来生产各种乳制品，如嗜热链球菌和保加利亚乳酸杆菌常被用来生产酸奶。但同时也有一些乳酸菌是有害菌，如缺乳链球菌、停乳链球菌、化脓链球菌等是引起奶牛乳腺炎的主要病原菌。

（2）肠内细菌　主要为大肠菌群和沙门菌族，是一群寄生在肠道内的革兰阴性短杆菌。其中大肠杆菌广泛存在于肠道、粪便、土壤以及被污染的水和植物。大肠杆菌能发酵乳糖产生乳酸、二氧化碳和氢气，此类菌还可以分解乳蛋白产生一种不良气味和滋味。有些大肠杆菌还能引起乳腺炎。沙门菌可引起人的食物中毒。目前,生产上将大肠杆菌和沙门菌作为判定奶品是否被粪便污染的一项卫生指标。

(3)低温菌群 系指能在0～20℃生长的细菌,过去也称嗜冷菌。乳品方面主要为假单孢菌属(*Pseudomonas*)和醋酸杆菌属(*Acetobacter*)。此类菌的最低繁殖温度是−5℃,最高繁殖温度为35℃,冰箱中的牛奶变质与此类菌有关。同时,本菌群在低温状态下也能分解奶中的蛋白质、脂肪,使奶产生异味,黏质化。

(4)芽孢杆菌 可分为好气性杆菌和嫌气性梭菌。这类菌能产生芽孢,耐热性高,虽经杀菌处理,仍残留于牛奶中,造成很大危害。芽孢杆菌不但会影响奶及奶制品的质量,而且许多还是病原菌,如肉毒梭状芽孢杆菌、炭疽菌即属此类。

(5)球菌类 主要为小球菌属和葡萄球菌属。小球菌属一般是好气性的,某些菌株可凝固乳蛋白,并使其分解胨化,还可发酵各种糖类。葡萄球菌属广泛分布于人和牛的表皮、被毛、鼻腔、喉头等处,可引起奶牛乳腺炎,凝固乳蛋白,分解发酵乳糖、葡萄糖及蔗糖等,影响奶质。此外,病原葡萄球菌在奶中繁殖过程可产生肠毒素,造成人食物中毒。

此外,个别牛只奶中还可能存在诸如酵母菌、放线菌、霉菌(根霉、曲霉、青霉、串球霉等)、结核杆菌、布氏杆菌、李斯特菌等。

2. 牛奶中微生物的来源与控制

(1)乳房 即使是在理想的卫生条件下获得的乳汁,也不可能是无菌的。在乳池以及乳头导管中,经常有少量的微生物存在。微生物在导管黏液里形成微生物菌落,在挤奶时随着乳汁一起被挤出,尤其在第一把奶中微生物的数量最多,故应把前两把奶挤入专用的容器中,另行处理,而不应与大量的奶混合,以减低微生物数。挤奶过程中微生物的变化情况如表4-5所示。

表4-5 挤奶过程中微生物数量的变化

	开始挤奶	挤奶中途	挤奶最后
每毫升细菌数	1 000～10 000	480～743	220～360

同时,乳房的表面常沾着含有大量微生物的粪屑,手工挤奶时会落入奶中。所以,挤奶前,应先将牛尾以专用的尾夹固定在牛的右后腿上,然后用45～55℃的温水洗去乳房与腹部的粪屑和污物,然后用清洁的毛巾擦干。机械挤奶时,也应擦净乳头及周围的脏物。

此外,当发生乳腺炎时,其所分泌的乳汁,不仅细菌含量高,而且体细胞数也明显增加,如正常奶每毫升奶体细胞数在200 000以内,乳腺炎时可达500 000,甚至更多。

乳腺炎的发生与环境、饲养管理、挤奶设备的正确使用与保养、挤奶操作规程等因素密切相关,其中不正确的挤奶操作规程是导致乳腺炎的主要原因。因此,必须采取有效措施控制乳腺炎的发生。同时,对于患有乳腺炎的奶,应集中另行处理,不得混入正常奶中。

(2)牛体表 奶牛体的皮肤及被毛上,每克尘埃约含有50亿个微生物(细菌包括:大肠杆菌群、丁酸菌、腐败菌)。在挤奶过程,牛体的皮肤、被毛,尤其是后躯附着的微生物及粪屑、尘埃等,极易污染牛奶。牛奶被这些污物污染后,微生物数迅速增加。据研究,牛奶中的大肠杆菌主要来自牛体表。因此,经常刷拭牛体,保持清洁至关重要。此外,如若乳房上生有长而浓密的被毛,也应定期进行修剪。

(3)挤奶设备　挤奶时所用的挤奶小口桶、挤奶机、过滤布、洗乳房用布、贮奶缸等挤奶设备如若清洗不到位,消毒不严,都将成为牛奶中微生物的污染源。因此,凡与奶接触的一切容器、管道、滤布、奶槽车、奶桶、奶瓶、搅拌棒、冷却器等,在每次使用后都必须洗刷干净,严格消毒,并在第二次使用前再冲洗。

(4)挤奶台(或牛床)　挤奶台(或牛床)的地面是丁酸菌和大肠杆菌群的重要污染源。如果挤奶场所地面不洁,在套奶杯时,尤其是乳房下垂的奶牛,很容易沾上污物。

(5)空气　奶牛舍空气中的含菌量通常为 50～100 个/cm^3,卫生条件差的可达 10 000 个。空气中的微生物主要是芽孢杆菌和球菌,其次为霉菌和酵母菌等。奶牛舍通气不良或存放污物粪便、饲喂易飞扬的饲料以及刷拭等都会使空气中微生物含量大为增加,如若此时挤奶,空气中的微生物极易落入奶中造成污染。因此,挤奶时不宜刷拭、饲喂,并保持牛舍通风、清洁、干燥,采光良好。

(6)水　水是牛奶中微生物污染的重要来源。未经处理的井水、湖水、河水等常常含有大肠杆菌、粪链球菌和梭状芽孢杆菌。用这种水清洗挤奶设备,则残留水中的微生物,如革兰阴性嗜冷菌会大量繁殖,造成严重污染。因此,应经常检测水质,防止水源污染。

(7)过滤器　过滤器不洁会增加微生物的数量。每次挤奶均应使用新的过滤器。

(8)挤奶员　挤奶员必须身体健康,凡患有传染病、化脓性疾病以及下痢等疾病者均不得参加挤奶。此外,还需注意挤奶员的头发、衣服、手指等的清洁。

(9)昆虫　如蚊蝇等昆虫的传播也是污染的一个途径。因此,对蚊蝇滋生的粪堆和粪尿坑必须严加管理,及时清除,并加强灭除蚊蝇的措施。

(10)病牛　牛群的健康直接影响原料奶的安全。例如结核杆菌、布氏杆菌、炭疽杆菌及口蹄疫病毒等都可由病牛直接传入奶中。因此,应定期对牛群进行检疫,确保鲜奶质量安全。

此外,牛奶在过滤、运输、装入贮奶槽、冷却器或奶槽车等任何环节的疏忽,均会造成牛奶的污染。

目前,各国对奶中的卫生质量均进行严格控制,如:欧盟有的国家规定在生产场阶段每毫升奶的细菌数控制在 1 万以下,在乳品厂收购时一级鲜奶每毫升细菌数不超过 10 万。法国鲜奶质量标准规定,每毫升鲜奶细菌数小于 6 万个,评 3 分;6 万～30 万个和大于 30 万个分别评 2 分和 1 分,按质论价。加拿大标准规定,鲜奶每毫升细菌数不得超过 15 万个。我国也有部分省市实施鲜牛奶收购按质论价,促进生产企业提高生鲜奶卫生质量。如上海市规定:每毫升鲜奶中细菌总数小于或等于 10 万个,给予加价,加价金额由企业自行决定,但不得低于 0.04 元/kg;每毫升鲜奶中细菌总数大于10万个,小于或等于50万个,不加价;每毫升鲜奶中细菌总数大于50万个,小于或等于100万个,每千克扣款0.04元;每毫升鲜奶中细菌总数大于100万个,小于或等于200万个,每千克扣款0.08元等。

但也应该看到,我国现行鲜奶和奶制品的国家卫生质量标准偏低,亟待调整,与国际接轨。

(二)药物等有害物残留

(1)抗生素残留物

在奶牛饲料添加剂中或在治疗奶牛疾病时使用的抗生素,均会残留在牛奶、肌肉或组织器官中。含有诸如青霉素等抗生素的奶,可能会引发缺乏免疫力而得病的人发生过敏性反应,以及产生抗药性等不良影响。因而,正在使用抗生素治疗的奶牛和停药5天内所产的奶,不得混入正常奶中。同时,为了减少药物残留的潜在可能,在生产实践中应遵循以下规则:

❍ 根据奶牛年龄、疾病情况选择适宜的治疗方案,禁止滥用抗生素。

❍ 兽医应按规定标明药物的剂量、投药方式、次数以及停药时间。

❍ 对用药的奶牛进行标记,并保存其用药记录。

❍ 对用药的奶牛使用单独的挤奶机进行挤奶,并标明所用药物的名称,所挤的奶单独存放,另做处理。

❍ 加强教育,增强员工对牛奶卫生的质量意识。

❍ 停药5天后,对奶中的药物残留进行检测,达标后方可食用。

(2)农药残留　农用杀菌、杀虫、杀鼠及除草剂,以及有机氯(如六六六、DDT等)、有机磷类(如敌百虫等)农药,如若使用不当,均可通过饲料、饮水、驱虫等多种途径污染乳汁,使牛奶农药残留超标。因此,在奶牛日常生产管理中,严禁使用农药残留超标的饲草和饮水。

(3)重金属残留　加强管理,防止鲜奶中汞、镉、铅、砷、铬及锌等重金属残留超标(表4-6)。

表4-6　鲜奶中重金属残留限量标准

项　目	最高含量标准(mg/kg)	标准依据
汞	≤0.01	GB 2762—94
铅(以Pb计)	≤0.05	GB 14935—94
铬	≤0.3	GB 14961—94
锌(以Zn计)	≤10	GB 13106—91
砷(以总As计)	≤0.2	GB 4810—94

(4)其他不允许进入牛奶的化学品　如二噁英、消毒剂、洗涤剂、中和剂等。

(三)霉菌毒素

霉菌毒素是由黄曲霉菌、镰刀菌及青霉菌所产生的有毒化合物,其中黄曲霉毒素影响最大。牛奶中的黄曲霉毒素是由于奶牛食入带有黄曲霉毒素的饲料如花生、玉米、棉子以及高粱等，经消化道进入乳汁。

由于黄曲霉毒素是一种致癌物，国家标准（GB 9676－88）要求牛奶中的黄曲霉毒素 M_1 含量不得超过 0.5ng/kg。为此，要求奶牛饲料中的黄曲霉毒素含量不得超过 20ng/kg。

（四）激素

奶牛业使用激素的目的在于调节泌乳、排卵、生长等过程。目前，允许用于调节奶牛繁殖功能障碍的激素主要有：雌二醇、催产素、孕酮、促卵泡素、促黄体素、促性腺素释放激素以及孕马血清促性腺激素等，其应在兽医的指导下使用。至于用于促进奶牛泌乳的生长激素（BST）能否使用，目前在国际上还有争议，我国规定禁止使用。

（五）过敏原

牛奶中过敏原主要是酪蛋白、β-乳球蛋白以及 α-乳球蛋白。通常绝大多数人对鲜奶和奶制品不会产生过敏反应，但也有极少数对乳蛋白过敏，其过敏的症状如表 4－7。对牛奶有过敏反应的人，一般不宜喝牛奶。

表 4－7　过敏性反应的症状

部位（或器官）	症　　状
胃肠	恶心、呕吐、腹泻、不正常的痉挛
皮肤	蜂窝状麻疹、湿疹、皮炎
呼吸	哮喘：呼吸困难，肺疼痛；鼻炎：鼻孔中排出严重的水样物
其他	水肿，抗原过敏性休克等

四、牛奶质量监测

1. 感官检查

将鲜奶盛于玻璃容器中，观察其颜色是否为乳白或微淡黄色；组织状态是否均匀一致、不黏滑；有无凝块、沉淀及杂质等。然后嗅其气味，品尝其滋味是否正常。当发现牛奶在感官上有异常情况时，即应判断可能存在的原因，并确定进一步检验的方法。

2. 密度测定

用乳稠计进行测定的方法是：取 200～250ml 温度为 10～15℃混合均匀的奶样，沿筒壁小心倒入 250ml 的玻璃量筒中，应避免产生泡沫。用手持住乳稠计（15℃/15℃乳稠计）的顶端，小心将其放入奶样中心，并沉入到刻度 1.030 处，然后放手让其自由浮动，但不要与筒内壁接触，静置 2～3min，读取筒内牛奶液面与乳稠计相接触处的刻度（液面月牙形底线所示刻度）。

也可用密度乳稠计（又称 20℃/4℃乳稠计）测定奶的密度，方法同上。若使用 20℃/4℃乳稠计测定，则奶温不是 20℃时，应对奶的密度进行校正。例：奶温在 30℃时测定的密度读数为 1.030，则其实际密度为：1.030＋(30－20)×0.000 2＝

1.032。

3. 新鲜度测定

奶的新鲜度通常可用中和试验、乙醇试验以及刃天青试验来检验。在生产中，只要牛奶不超过一定酸度即可利用，因此常常只测牛奶的界限酸度。所谓"界限酸度"是指在某一用途下作为原料奶的酸度要求的最高限的数值。例如，市场原料奶的酸度一般要求不超过 20°T，对制造炼奶的原料奶则要求不超过 18°T，特别是淡炼奶的要求更为严格。界限酸度测定方法如下：

(1) 中和实验　预先在每一试管中注入 0.01mol/L 的氢氧化钠溶液 2ml(要求界限酸度18°T时，可加 1.8ml)或加入 0.02mol/L 的氢氧化钠 1ml(如果界限酸度为 18°T，则加 0.9ml)。酚酞指示剂一小滴，检查时向试管中注入 1ml 待检牛奶，充分混合后，如呈红色即说明酸度在 20°T 以下，是酸度合格奶，如为白色则是超过20°T的不合格奶。

(2) 乙醇实验　在玻璃器皿内加入 1ml 待检牛奶，然后加入等量的 68%的乙醇，充分混合后，使其在器皿中流动，如在器皿底部出现白色颗粒或絮状物即说明此乳酸度已超过 20°T，并根据絮状物的大小，尚可推知奶的酸度。同样方法利用 70%的乙醇测定，则可使酸度超过 18°T 的牛奶产生沉淀。乙醇浓度与吉尔涅尔度(°T)的对应关系为：

乙醇浓度(%)	52	60	68	70	72
牛奶酸度(°T)	25	23	20	19	18

4. 体细胞数测定

乳腺炎奶给乳品工业和人类健康造成很大危害。由于外伤或者细菌感染，使乳房发生炎症，这时所分泌的奶，其成分和性质以及体细胞数(主要由白细胞和少量脱落乳腺上皮细胞构成)发生很大变化。正常牛奶中体细胞变动范围是 5 万～20 万个/ml，如果体细胞数超过 50 万个/ml 的乳汁即判定为乳腺炎奶。因此借助体细胞记数仪可检出乳腺炎奶，而且操作简便，检出率高。

5. 乳成分检测

检测的奶成分包括：乳脂率、非脂固形物、乳蛋白质及乳糖等。目前，一般较大乳产品厂多采用乳成分分析仪检测。如丹麦福斯电子公司的 Milko－Scan 系列产品或部分国产品牌。

6. 掺假检验

(1)掺水检验　牛奶掺水后除密度下降外，脂肪、总固形物、非脂固形物等均相应减少。当牛奶的密度降至 1.028 以下时，则有掺水的可疑。如果同时出现脂肪、非脂固形物含量也低时，特别是非脂固形物降到 8%以下时，进一步证明牛奶中掺有水。此外，也可用二苯胺测定法检验牛奶是否掺水。其原理是，生水中的硝酸盐与二苯胺反应出现蓝色。

操作步骤：取奶样约 30ml，注入 100ml 烧杯内，加入 20%二氯化钙溶液 1ml，加热使蛋白质凝固，吸取上面澄清乳清供测定用。取二苯胺硫酸溶液 2ml，置于白瓷蒸发皿内，加入 5～10 滴乳清液，观察颜色反应。

此法检验的是掺入生水，如果掺入的是自来水，则硝酸含量不一定很高，应用其他方法。

(2)掺碱检验　为了掩盖牛奶酸败，不法奶农常常掺入碳酸钠和碳酸氢钠进行中和。其检验一般可采用玫瑰红酸法。即取 5ml 样品置于试管中，加入 0.5ml 玫瑰红酸酒精溶液(0.1g 玫瑰红酸，用 100ml 95%乙醇溶解后的溶液)，如果是新鲜奶时呈现橙黄色，若出现蔷薇色，则为掺碱的奶。

(3)掺豆浆检验　取样品 2ml，加入乙醇、乙醚(1∶1)混合液 3ml，25%的氢氧化钠溶液 5ml，混合摇匀，静置 5～10min，上清液如呈黄色，则表明奶中掺有豆浆，如呈白色则正常。

(4)掺米汤检验　取 5ml 样品，于试管中稍稍煮沸，加入数滴碘液(2g 碘及 4mg 碘化钾溶于 100ml 蒸馏水中)，如有蓝色或青蓝色沉淀物出现，则可判定有米汤掺入。

(5)掺尿素检测　牛奶中掺尿素的检测方法很多，有格里斯试剂法、钠氏试剂法、二乙酰一肟定性法、定量检测法。现介绍二乙酰一肟定性检测法。

取 10ml 样品置于样品瓶中，加入 25ml 95%的乙醇进行沉淀，静置 30min。过滤沉淀液，并将滤液前 25ml 倒掉。取滤液 4ml 于 20ml 试管中，加入0.2ml 0.2%氨基硫脲、0.8ml 3%二乙酰一肟，混匀。放入沸水中水浴 12min。立即观察结果。未变色者为没有加尿素，呈现微红色者为加尿素，而且颜色愈深表明尿素添加量愈多。

(6)掺食盐检验　取 5ml 0.1mol/L 的硝酸银于试管中，加 2～3 滴 10%的铬酸钾(K_2CrO_4)溶液混匀呈红色；取 10ml 样品加入试管中，充分摇匀。如红色消失变为黄色，说明奶中含氯量在 0.14%以上(正常奶中氯含量为 0.09%～0.12%)，认定掺有食盐。但乳腺炎的奶也出现此现象，应注意鉴别。

第二节　奶牛挤奶管理

一、乳房结构

奶牛的乳房附着于后躯腹下，重量 11～50kg，分为前、后、左、右 4 个乳区。每个乳区都是一个独立的功能单位，其分泌的乳汁通过各自的乳头排出。通常，后面 2 个乳区比前面两个乳区发育更为充分，泌乳量更多(后面 2 个乳区约占 60%，而前面 2 个乳区仅占 40%)。

乳房的外部是皮肤及皮下组织，乳房内部由腺体组织、结缔组织、血管、淋巴、神经及导管所组成。乳房内部纵向中央由一条悬韧带将乳房分为左右两部，在每部中间横向又有一条结缔组织，将乳房分为前后两部。

(1) 乳腺泡及导管系统　乳汁是由乳腺分泌的，构成乳腺的最小单位为乳腺泡。乳腺泡是由单层上皮分泌细胞组成并呈中空球状结构，其外部被毛细血管和肌上皮细胞围绕着，分泌出的乳汁聚积在乳腺泡腔内。

乳房由几十亿个乳腺泡组成，10～100 个乳腺泡又构成一个乳腺小叶。乳腺小叶内所有乳腺泡分泌的乳汁均通过一个共同的细小乳导管排出，多个细小乳导管相汇合即形成中等乳导管，再汇合成粗大的乳导管，最后汇合入乳池。

乳头的底部为乳头管，乳汁就是通过乳头管排出体外，乳头的长度一般为 8～12cm。乳头外面是一层光滑的皮肤并分布有丰富的血管和神经，乳头末端是由环状而富有弹性的平滑肌或称作乳头括约肌构成，起关闭乳头通道的作用。

挤奶的难易和快慢与乳头括约肌的松紧有关，乳头括约肌松的奶牛挤奶较快，但常出现漏奶，并较易患乳腺炎。

(2) 血液循环系统　乳腺周围的毛细血管十分发达，每一腺泡都被稠密的毛细血管包围着，生成乳汁所需的大量营养物质即由这些毛细血管运送至乳腺组织。据测定，每生成 1L 乳汁需 400～500L 的血液流经乳房。此外由血液带入乳房的激素也可调节乳房的发育、牛奶合成以及干奶期分泌细胞的再生。

(3) 淋巴系统　淋巴液是一种透明的液体，其有助于保持进出乳房液体的平衡，并可抵抗微生物感染。在围产期，有时从乳房毛细血管滤出的淋巴液数量超过流回血液的量，造成淋巴液在乳房中聚集，出现乳房水肿。有 18%～28%的奶牛在围产期出现严重乳房水肿，反复发生可导致乳房下垂和结缔组织增生。

(4) 神经系统　乳房的神经支配由传入感觉神经纤维和传出交感神经纤维所组成。在乳房和乳头皮肤中存在机械和温度等外感受器，而乳腺内的腺泡、血管、乳导管等则具有丰富的化学、压力等内感受器，所有这些神经纤维和各种感受器，保证了对泌乳和排乳的反射性调节。

(5) 支撑系统　乳房的支撑系统主要是中央悬韧带及外侧悬韧带。此外，皮肤对支撑和稳定乳房也有一定的作用。

乳房中央悬韧带是使乳房紧贴腹壁的弹性结缔组织，从奶牛后部观察可看到左右乳区之间有一沟痕，这就是中央悬韧带所处的位置。由弹性组织构成的中央悬韧带可缓冲乳房震荡，避免乳房损伤，并调整因奶牛年龄增长或泌乳期引起的乳房体积和重量的变化，这一悬韧带的损伤或软弱将导致乳房下垂和挤奶困难，并增加乳房损伤的概率。在奶牛育种中，应注意选择具有悬韧带强健的奶牛，以减少乳房下垂的发病率。

与中央悬韧带相比，外侧悬韧带是弹性不大的结缔组织，它起始于髋关节的肌腱，沿乳房两侧壁向下延伸至乳房底部的中线，并与中央悬韧带融合。

二、泌乳

(1)泌乳的启动　泌乳是指乳腺组织的分泌细胞，从血液摄取营养物质生成乳汁后，分泌进入腺泡腔内的生理过程。泌乳的启动与奶牛体内催乳素、生长激素和肾上腺皮质激素的协调作用有关，而催乳素在奶牛泌乳启动中起了主要作用。

催乳素在妊娠期间被胎盘和卵巢分泌的雌激素和孕酮所抑制，在妊娠末期或临分娩时，由于孕酮含量的显著降低，结果催乳素迅速释放，对乳的生成产生强烈的促进作用，于是启动泌乳。

(2)泌乳的维持　奶牛自开始泌乳至停止泌乳的持续时间，依牛种或品种的不同，其长短有差异，但均能维持一段较长时间，在奶牛可达 10 个月或更长，而且一个泌乳期中产奶量也呈规律性变化：一般在产后 20～60 天达到高峰期，维持一段时间后再逐渐下降，直至干奶。泌乳的维持既需要依赖内源性激素的作用，也要有充足的营养、合适的环境以及科学的管理(包括合理的挤奶方法和次数)作保障。

关于激素对维持泌乳的作用已有大量研究，而垂体功能的完整对维持泌乳十分重要。在奶牛的泌乳试验中发现，仅用催乳素或促肾上腺皮质激素均不足以维持泌乳，当与生长激素配合使用时，可获得最佳效果。

(3)排乳　排乳即指乳腺中的乳汁排出体外的过程。乳汁生成后，由腺泡上皮细胞分泌到腺泡中，当腺泡腔和细小乳导管充盈时，依靠腺泡周围的肌上皮细胞和导管系统的平滑肌反射性收缩，将乳汁周期性地转移到乳导管和乳池内。在哺乳或挤奶时，通过神经激素反射的活化作用，使乳汁从乳导管和乳池中排出。

排乳是一个复杂的生理过程，它受神经和内分泌的调节。当乳房受到犊牛吮乳、按摩、挤奶等刺激时，乳头皮肤末梢神经感受器冲动传至垂体后叶，引起神经垂体释放催产素进入血液，经 20～60s，催产素即可经血液循环到达乳房，并使腺泡和细小乳导管周围的肌上皮细胞收缩，乳房内压上升而迫使乳汁通过各级乳导管流入乳池。

由于血液中催产素的浓度在维持 6～8min 后急剧下降，因此，每次挤奶速度要快，在做完挤奶准备工作的 1min 之内进行挤奶，这一环节的拖延将使产奶量下降。虽然可能有第二次排乳反射，但其效果通常较第一次弱。

对释放催产素的一个强烈刺激是将犊牛引至它母亲的面前。其他的刺激包括挤奶员的来临、挤奶设备的形状和声音、洗涤乳房、旁边奶牛的挤奶过程以及饲喂精饲料等。

在挤乳时如发生疼痛、兴奋、恐惧、反常环境条件或突然更换挤奶员等均会抑制排乳反射，这时，肾上腺髓质释放肾上腺素。肾上腺素能引起乳房的血管和毛细管收缩，使乳房的血流量减少，从而导致流入乳房的催产素不足。此外，肾上腺素还有抑制肌上皮细胞收缩的作用。因此，在挤奶时若发生排乳抑制，会严重影响产奶量。

三、挤奶

挤奶技术是发挥奶牛产奶性能的关键之一，同时，挤奶技术还与牛奶卫生以及乳腺炎的发病率直接相关。目前，挤奶方式有 2 种，即手工挤奶和机械挤奶。

(一)手工挤奶

1. 准备工作

❍ 经常修剪乳房上过长的毛。

❍ 对挤奶过程中所需的用具及设备，在挤奶前均需洗净、消毒，并集中一处备用。

❍ 挤奶前挤奶员要修剪指甲，穿戴好工作衣帽，洗净双手，并备好挤奶桶、滤奶杯(盛放第 1～3 把奶)、乳腺炎诊断盘及诊断液、药浴杯及药液、干净的毛巾、温水、盛脏毛巾的桶等。

❍ 挤奶时要给奶牛安排舒适安静的环境，温和地对待奶牛。

❍ 将每个乳区的第 1～2 把奶挤入带面网的滤奶杯中，检查牛奶中是否有凝块、絮状物或水样奶、血奶，观察并触摸乳房是否有发热、硬块或肿胀及疼痛反应，以判断是否患有乳腺炎。注意，不允许将第 1～2 把奶挤在牛床上或挤奶员手上，以防交叉感染。

❍ 用含有消毒剂、温度为 50℃左右的温水，依序擦洗乳头孔、乳头、乳房底部中沟、左右乳区等部位。先用较湿的毛巾擦洗，之后再用干毛巾自下而上擦拭乳房的每一部位。水和毛巾应经常更换，应做到一头牛一桶水一条湿毛巾和一条干毛巾，若水和毛巾用的时间较长，大量的细菌相互传播，极易产生交叉感染。同时，毛巾使用后要注意清洗、消毒和烘干。

2. 挤奶方法

手工挤奶有拳握法和滑下法 2 种，一般以采用拳握法为宜，即用拇指和食指箍紧乳头基部，以防乳汁逆向倒流，然后用中指、无名指及小指顺序挤压，使乳头乳池内压增加，牛奶从乳头乳池中挤出。这种方法挤奶可以保持奶牛的乳头不变形、不损伤，挤奶速度快，省力且方便。

拳握法应尽量用力均匀，挤乳速度以每分钟 80～120 次为宜，每分钟挤奶量为 1～2kg。

挤完奶后即刻用消毒液浸泡乳头，因为在挤奶后需 15～20min，乳头括约肌才能完全闭合，浸乳头是降低乳腺炎发病率的有效措施之一。

对于乳头短小的奶牛，可采用滑下法，即用拇指和食指握住乳头顶部，向下滑动，将奶挤出。由于此种方法须用润滑剂，既不卫生又易造成乳头变长及乳头皮肤破裂，因此，除了乳头特别短小者，其他奶牛禁止使用。

3. 挤奶注意事项

❍ 挤奶前必须洗手或将手浸入消毒液中，以保持手的干净，防止交叉感染。同时，在挤奶时严格遵循先挤健康牛后挤病牛，先挤高产牛后挤低产牛的原则。

❍ 挤奶时环境要安静，禁止喧哗、嘈杂和特殊音响等，勿接待参观，以防奶牛受惊，影响产奶量。

❍ 挤奶要一鼓作气，迅速将奶挤净，因排乳反射的持续时间仅 6～8min，排乳反射一旦消失，小导管的奶就非挤奶的力量所能挤出，这样就很难将奶挤净。

❍ 严格遵守挤奶时间和顺序，不可随意打乱或改变。因改变时间和顺序，会打乱挤奶的条件反射，这不仅造成挤奶困难，而且还会影响产奶量。

初乳和部分末乳以及含抗生素的牛奶，均应放入事先准备好的小桶中另做处理。

❍ 对患乳腺炎的奶牛应安排专门的桶具。

(二)机器挤奶

机械挤奶是奶牛场的主要生产环节。挤奶如用手工来完成,其劳动量将占奶牛场全部工作量的60%以上,挤奶如用机械来完成,则其劳动量可缩减75%以上。同时,还可以提高牛奶的卫生质量。目前,规模较大的奶牛场,基本实现了挤奶机械化。

1.机器挤奶的原理

按照挤奶机的工作过程,可分为二节拍和三节拍两种。

二节拍式挤奶机工作时有吸吮和按摩两个节拍,其工作原理为:在真空泵和脉动器的作用下,使乳头交替地受真空(吸吮相)和大气压(按摩相)的作用,即当乳头杯外壳与橡胶管之间的空气被抽走时,脉冲室呈真空状态,橡胶内套管被打开,乳头末端的真空状态迫使乳汁从乳池中排出;当空气进入脉冲室时,乳头末端下的橡胶内套管缩紧(橡胶内套管的内压低于脉冲室内压之故),在这一间歇时间,乳头管关闭并停止排乳。二节拍挤奶的优点是挤奶速度快,缺点是乳头在挤奶时经常处于真空负压作用下,难以得到应有的休息。

三节拍式挤奶机工作时,在吸吮和按摩两个节拍之后,增加了一个休息节拍。三节拍式挤奶机的优点是比较符合犊牛的自然吸奶过程,乳头可以得到休息。缺点是挤奶速度较慢。

2.挤奶系统

(1)真空泵和真空度　挤奶机的真空泵为旋转式。选择真空泵容量时,除了要考虑挤奶时所需的抽气量外,还要考虑管道漏气,奶头杯脱落,奶头杯滑动,集乳器小孔进气,并保证在挤奶过程中乳头底部真空度的稳定等。

真空是指压力低于正常大气压。当真空泵打开时,挤奶机管道及乳头杯内的空气即被抽出,引起内部压力下降,这时管道内的压力(负压)与管道外的压力差称真空度。几乎所有的挤奶机都是在40~50kPa的真空条件下工作。真空度太高会引起奶头孔翻转,开口处变硬;真空度太低则影响挤奶速度,增加奶杯脱落的频率。

(2)管道　管道要求内壁光滑、易于清洗、耐腐蚀(酸和碱),耐压(70~200kPa),常用钢管(SGP管)制作。管道一般设计成环状通道,且设在靠牛头一侧,以便于奶、气流更为畅通和均衡,更符合奶牛的生理特性和挤奶要求。同时,管道应有0.5%的坡度(挤奶台为1.25%),以利于牛奶快速输送到集乳容器中。

(3)真空调节器　在挤奶过程由于管道漏气,奶头杯脱落,奶头杯滑动,集乳器小孔进气等使真空度出现波动,真空调节器的作用就是保证挤奶系统中真空度的稳定。当管内压力低于预定值时,真空调节器便会自动增压,使管内真空维持在一定的范围。真空调节器有重力式、弹簧式和膜片式3种,其中膜片式的准确性和灵敏度最高。

不论哪种真空调节器,在大量吸入空气的同时,也随之吸入了灰尘和水分,影响真空调节器的灵敏度。因此,真空调节器至少每月清洗1次。

(4)脉动器　脉动器的功能是使乳头杯的橡胶内套与金属外套之间的脉动室

交替地通入大气和抽真空，使挤奶机得以完成吸吮和按摩（或吸吮、按摩和休息）动作，正常二节拍的脉动频率为每分钟 50～60 次，吸吮和按摩的节拍比为（60～70）：（40～30），而三节拍的吸吮、按摩和休息比例为 60 ：30 ：10。

此外，脉动器有“同步”或“交替”两种规格。同步式脉动器指所有 4 个奶头杯的脉动室，在同一个时间内处在相同的状态（即吸吮相或按摩相）；而交替式脉动器指在同一时间内，4 个脉动室中的两个处在吸吮相，另两个则处在按摩相。交替式脉动器中牛奶的流动更有规律，真空度的变化也较小，但其真空度变化的总次数是同步式脉动器的两倍。

（5）奶衬　奶衬的质量直接影响使用寿命、挤奶质量、卫生。选用奶衬时必须要与不锈钢奶头杯相配套。同时，奶衬材料（天然橡胶或合成橡胶或硅胶）在使用过程中会老化，失去弹性，形成裂缝（有的缝隙十分细微，难以察觉）或破裂，细菌藏匿于此不易清洗与消毒，导致疾病传染和影响正常的挤奶功能。因此按产品的使用寿命及时调换奶衬是挤奶器管理中极为重要的环节之一。

3. 挤奶机的类型

目前，挤奶机有提桶式、移动式、管道式。

（1）提桶式　真空装置固定在牛舍内，挤奶和可携带的奶桶组合在一起，可依次移往奶牛位挤奶，挤出的牛奶直接流入奶桶，桶中奶再入集奶容器，适用于拴系式奶牛。每牛的挤奶时间为 6～8min，每人最多可管理 1 套挤奶器，每小时可挤 15～20 头奶牛。

（2）移动式（挤奶机）　移动式挤奶机是专为中小型奶牛场设计的，它是最简单的一种挤奶装置，由带挤奶桶的挤奶器和真空泵机组等组成，可在奶舍或草场上使用，由电动机或燃油驱动。每小时可挤 15 头奶牛，有 1～2 套挤奶杯组。

（3）管道式　真空装置和牛奶输送管道固定在牛舍内，挤奶器无挤奶桶，挤下的牛奶可直接通过牛奶计量器和牛奶管道进入自动制冷罐，不与外界空气接触，并可配置自动化的洗涤装置，每次挤奶后整个挤奶系统自动进行清洗消毒，因而，牛奶卫生质量较好。管道式挤奶机每人可管理两套挤奶器，若每天 3 次挤奶，每人可挤 35～45 头奶牛。目前，我国许多奶牛场采用管道式挤奶系统。

（4）挤奶厅（台）　挤奶厅（台）也属于管道式中的一种。其特点是真空装置和挤奶器都固定在专用的挤奶厅内，奶牛通过专用的通道进入挤奶厅内挤奶，挤下的牛奶通过牛奶管道输送到自动制冷罐冷却贮存。挤奶厅的建筑形式有坑道式、平面式和转盘式等数种。据报道，在专门的挤奶厅内挤奶，每人可管理 20 套挤奶器，每小时可挤 70～80 头奶牛。

挤奶厅的挤奶装置主要有：挤奶台、固定位置的挤奶器、牛奶计量器、牛奶和真空输送管道、洗涤系统、乳房自动清洗设备（可选）、自动脱落装置（可选），奶牛出入启闭装置（可选）等。挤奶台根据奶牛在挤奶台上的排列形式，又可分并列式、鱼骨式、串联式、转盘式等。

上述 4 种类型挤奶机各有其适用的条件，在选购时要根据牛群的规模和当地实际情况而定。如仅 10～30 头泌乳牛，或中小型奶牛场的产房，则宜选用移动式挤奶机；30～200头泌乳牛可选用管道式；200头以上，最好采用挤奶厅挤奶。同时，在选用厂家和品牌时，务必注意维修的条件和易损件供应渠道，如果当地缺少维修条件，易损件难买或价格昂贵，挤奶器一旦出故障，就会影响正常生产。目前市场流通的品牌主要有瑞典、荷兰、美国、俄罗斯、日本、加拿大、德国以及国产的各类挤奶器，其各有优劣。

4. 机械挤奶技术

❍ 做好挤奶前的卫生，包括牛只、牛床及挤奶员的卫生，其准备工作与手工挤奶相似。

❍ 打开挤奶机电源开关，并检查真空度、脉动频率是否符合要求。

❍ 检查前3把奶并废弃，与手工挤奶相似。

❍ 对各乳头进行药浴，乳头与消毒液接触的时间至少需30s，以减少乳腺炎的发病率。

❍ 用纸巾擦干乳头上的药液残留物。如若乳头较脏，则用含有消毒剂的温水(50℃左右)清洗乳头(一头奶牛一条纸巾)，然后废弃前3把奶，并药浴乳头。

❍ 在擦干乳头的同时，应对乳头进行水平方向的按摩，按摩时间为20s(4只乳头×5s)，以建立排乳反射。

❍ 挤奶准备结束后，在45s内将奶头杯套在乳头上，开始挤奶。其方法为：手持挤奶器，慢慢靠近乳房底部，接通真空，用拇指和中指拿着乳头杯，用食指接触乳头，将第一个乳杯迅速套入最远的乳头上，这时奶管应保持S形的弯度，以减少空气进入乳头杯，并快速套上其余3个奶头杯。

❍ 挤奶过程要注意检查奶头杯，并注意调整挤奶头杯的位置，正确的奶头杯放置是：各奶头杯均匀布局，略向前向下倾斜。奶杯若安装不当常会造成滑落和奶流受阻(奶头杯向乳头基部爬升，乳腺池和乳池间内部嫩肉被吸下，使乳管的通道堵塞)，这些因素均可引发乳腺炎。同时，在挤奶过程，要检查每个乳头奶的流速，并注意防止挤奶机产生不正常的噪声。

❍ 大多数奶牛在4～5min内完成排乳(前两个乳区较后两个乳区更早结束)，当下奶最慢乳区的乳汁挤完后，关闭挤乳器真空2～3s后(让空气进入乳头和挤奶杯内套之间)，卸下奶头杯，如果奶头杯吸附乳头较紧，则可用手指轻轻压一下内套的口，放入少量空气，便可卸下。注意避免在真空状态下卸奶头杯，否则会使乳头损伤，并导致乳腺炎。同时，在关闭真空之前要注意检查乳房中的乳汁是否挤净，乳房中过多的余奶不仅影响产奶量，而且也容易发生乳腺炎。

❍ 挤奶后即可用乳头消毒液浸浴乳头。药浴杯应保持清洁卫生，并在每次挤奶后进行清洗。

5. 机械挤奶注意事项

(1)严格执行操作规程　按厂家提供的说明，结合自身的实际条件，制定挤奶操作规程。如操作程序，检修维修制度，洗涤、消毒、易损件的更换等，并配备一套行之有效的检查和奖惩制度。能否严格按规程进行操作，直接关系到挤奶机的寿命、牛奶的产量和质量、牛群的健康以及生产费用等。

(2)操作人员技术过硬 ①维修工除了自身的专业技术以外,要学会挤奶,掌握奶牛的有关知识,并懂得奶牛饲养,否则,奶牛就无法与挤奶员配合。②挤奶员必须掌握奶牛的行为科学,泌乳生理,奶牛特性和奶牛的饲养,还必须掌握手工挤奶技术,以便在应激情况下,能妥当处理奶牛。③机械挤奶的全部操作人员,必须进行理论和操作技术的培训后上岗。挤奶操作技术性强,操作不当,直接影响产奶量和牛群健康。

(3)挤喂结合 在实行机械挤奶的情况下,饲养员如果不熟悉奶牛产奶量的高低,就无法根据产奶量进行科学饲喂,导致高产牛因营养不足,影响产奶量,而低产牛却营养过剩,造成饲料浪费,奶牛肥胖,影响繁殖性能等。因此,挤和喂的环节必须结合好。

(4)不宜采用机械挤奶的母牛 产犊后 5～7 天以内的母牛,或患乳腺炎的母牛,应采用手工挤奶。

四、挤奶次数和间隔

泌乳期间,乳汁的分泌是不间断的,随着乳汁在腺泡和腺管内的不断聚积,内压上升将减慢泌乳速率。因此,适当增加挤奶次数可提高产奶量。据报道,3 次挤奶产奶量较 2 次提高 16%～20%,而 4 次挤奶又比 3 次多 10%～12%。尽管如此,在生产上还得同时兼顾劳动强度、饲料消耗(奶牛 3 次挤奶的干物质采食量较 2 次多 5%～6%)及牛群健康。通常在劳动力低廉的国家多实行日挤奶 3 次,而在劳动力费用较高的欧美国家,则实行日挤奶 2 次。采用 3 次挤奶,挤奶间隔以 8h±1h 为宜,而 2 次挤奶,挤奶间隔则为 12h±1h。同时,每天的挤奶时间确定后,奶牛就建立了排乳的条件反射,因此必须严格遵守,不轻易改变,否则也将影响产奶量。

五、挤奶设备的清洗和消毒

(一)管道污物的一般性质

(1)脂肪 鲜奶中的脂肪处于正常乳化状态时,在水中呈扩散状态,通常用冷水洗涤即可将其除去。可一旦乳化状态被破坏,水溶性污物上即形成不溶性的薄膜,此时就必须用强碱高温处理(皂化),或者用高于脂肪熔点以上的温度(29～36℃)予以清除。

(2)蛋白质 乳蛋白在热和酸的作用下极易变性。变性的蛋白质在水中均不能扩散与溶解,也难溶于弱酸性溶液中,但却易溶于弱碱性溶液。因此,在碱性溶液中添加弥散性湿润剂,或者加入如聚磷酸盐等分散剂,就容易将变性蛋白质清除。

(3)乳糖 乳糖易溶于水中,易于洗涤。

(4)矿物质 残留在输奶管道中的矿物质主要为磷酸钙。磷酸钙不溶于碱,但易溶于 pH 低于 5 的酸性溶液,尤其在 pH 小于 3 时能迅速溶解。

(5)乳膜 乳膜是鲜奶在挤奶设备和管道表面附着干燥后形成的,是挤奶机及其管道中极其常见的污物。乳膜附着后(内部尚未干燥)即刻用水(35～50℃)冲洗,通常能将其大部分清洗干净。

(6)乳垢　一旦乳膜洗涤不完全,其残留的乳膜经长期蓄积就形成厚膜状或鱼鳞状的污垢,这种污垢就称为乳垢。乳垢不溶于碱性溶液,需用酸性洗涤剂去除。如若管道中的乳垢没能清除干净,将影响鲜奶的香味,并成为细菌的培养基和污染源。

(二)挤奶设备的洗涤和消毒程序

目前,挤奶设备洗涤的基本方法还是"酸—碱"交替方式。即通过碱性洗涤剂除去挤奶设备和管道中残留的蛋白质和脂肪,残余的乳垢使用酸性洗涤剂进行洗净。其洗涤程序为:

(1)预冲洗　挤奶结束后,即刻用温水冲洗挤奶杯组和管道,以除去所有残留的奶,如若冲洗时间过晚(在挤奶后 30～60min),则附着在管道表面的乳成分极易干固,以致难以用水洗净。

预冲洗的水温以 35～45℃为宜(符合饮用水卫生标准)。水温不宜过高,否则,易使蛋白质变性,黏成一块;而水温过低,脂肪凝固,不易洗净。预清洗时间为 3～5min,以冲洗后水变清为止。

(2)碱洗　常用的碱性洗涤剂的有效成分主要为:氢氧化钠、碳酸钠、磷酸钠和多价磷酸根碱性物质等。

1)洗涤时间　每次挤奶完毕经预冲洗后立即进行循环碱洗,时间为 8～10min,对于连续挤奶的挤奶台,每日至少碱洗 2 次。

2)洗涤温度　在管道循环洗涤时,开始水温要求达 70～90℃,清洗循环后水温应不低于 40℃。提高洗涤温度,有利于降低污物与管道表面之间的结合力,增大可溶性物质的溶解度,加快化学反应速度,同时,温度较高,洗涤液的黏度降低,搅动作用增大。据报道,在 40～80℃,温度每上升 10℃,洗涤时间可缩短 1/2。

3)洗涤剂浓度　碱性洗涤剂的浓度与水的 pH、硬度以及碱洗时间、温度有关,按厂商提供的浓度要求进行配制。

4)洗涤流速　管道式挤奶机洗涤液的流速要求在 1.5m/s 以上,一般可采用清洗喷射器使管道内的洗涤液产生浪涌作用,达到所要求的洗涤流速。

(3)酸洗　挤奶设备或管道内的乳垢、乳石等含钙量多的污物附着时,必须用酸性洗涤剂进行洗涤,酸洗可根据需要每周进行 1～7 次。常用的酸性洗涤剂的有效成分主要有:磷酸或有机酸(乙酸、柠檬酸等)。

1)洗涤温度　洗涤温度 35～45℃。

2)洗涤时间　洗涤时间循环酸洗 3～5min。

3)洗涤剂浓度　酸性洗涤剂浓度同样与清洗时间等因素有关,按厂商提供的浓度要求进行配制。

(4)水洗　用温水漂洗,一方面洗去设备和管道中残留的洗涤剂,另一方面有助于设备和管道的迅速干燥。

(5)消毒　在每次挤奶之前,用含有效氯浓度为 200mg/kg(食品级)的自来水进行清洗、消毒,以最大限度减少设备和管道中的细菌数量。

六、生鲜乳的初步处理

从奶牛场生产出来的鲜奶，在供应市场或做进一步加工之前，都需进行初步处理，以保证牛奶在运往乳品厂之前不变质。鲜奶的初步处理主要包括奶的过滤与净化、冷却与贮存等项内容。

(1)过滤　规模化机器挤奶的奶牛场，大多通过过滤器或是在输奶管道上隔段加装过滤筒对奶进行压滤。压滤时，过滤器进口与出口的压力差不宜超过68.600Pa，否则过大的压力会使杂质越过过滤层。同时过滤筒应按时更换和消毒。

凡是将牛奶从一个地方送到另一个地方，由一个容器移入另一个容器时，均应进行过滤，以保证牛奶的卫生。

(2)净化　牛奶虽经过滤，但奶中细小的杂质及细菌仍不能除去，乳品厂多采用净乳机净化。以提高净乳质量，同时又大大提高了奶的处理效率。

牛奶经过净化后，应及时加工，否则，由于残留在奶内的微生物繁殖，会造成奶的酸败。如要短期贮存，必须及时冷却至2～4℃，以保持奶的新鲜度。

(3)冷却与贮存　刚挤出的牛奶接近牛的体温，很适宜于细菌的繁殖。由于细菌的繁殖是以倍数式进行的，如若在适宜的条件下，细菌每10～20min分裂繁殖一代，3h后，1个细菌就可增殖到约30万个之多。

虽然刚挤出的鲜奶存在一种天然的抗菌物质，它可抑制微生物繁殖，但这种抗菌性不强，且作用时间受奶温及细菌的污染程度影响(表4－9、表4－10)。

表4－9　奶温与抗菌特性作用时间的关系

奶温(℃)	抗菌特性作用时间(h)
37	≤2
30	≤3
25	≤6
10	≤24
5	≤36
0	≤48
－10	≤240
－25	≤720

注：引自华南农业大学主编《养牛学》，中国农业出版社，1993年。

表 4-10 抗菌特性与细菌污染程度的关系

奶温(℃)	抗菌特性的作用时间(h)	
	挤奶时严格遵守卫生制度	挤奶时未严格遵守卫生制度
37	3.0	2.0
30	5.0	2.3
16	12.7	7.6
13	36.0	19.6

注:引自华南农业大学主编《养牛学》,中国农业出版社,1993 年。

因此,过滤后的牛奶应立即进行冷却。冷却一方面延长了奶中抗菌特性的作用时间,另一方面低温又可有效抑制微生物的繁殖速度,延长保存时间(表 4-11、表 4-12、表 4-13)。

表 4-11 牛奶保存温度与细菌数的关系 (细菌数)千个/ml

温度(℃)	鲜奶	24h	48h	72h	96h
4.5	4	4	4～5	8	19
10	4	13	127	5 725	39 490
20	4	1 587	33 011	326 650	962 785

注:在牛体干净、牛舍清洁,设备消毒情况下,20 份样品平均值。
[引自欧共体(现为欧盟)奶类项目技术援助专家组编《奶牛生产学》,中国农业大学出版社,1993 年。]

表 4-12 牛奶保存温度与细菌数的关系 单位:(细菌数)千个/ml

温度(℃)	鲜奶	24h	48h	72h	96h
4.5	136	281	538	749	852
10	136	1 170	13 662	22 568	41207
20	136	2 463	639 884	2 407 083	5 346 666

注:在牛体、牛台及其设备不很干净的情况下,20 份样品平均值。
[引自欧共体(现欧盟)奶类项目技术援助专家组编《奶牛生产学》,中国农业大学出版社,1993 年。]

表 4-13 奶的保存时间和冷却保存温度的关系

奶的保存时间(h)	奶应冷却保存的温度(℃)
6～12	10～8
12～18	8～6
18～24	6～5
24～36	5～4
36—48	2～1

(4)运输 奶的运输是乳品生产中的一个重要环节,运输不当,容易发生酸败,使生产蒙受损失。尽量缩短运输时间,以免鲜奶变质。

第五章　奶牛生产性能测定及其应用

第一节　奶牛生产性能测定

一、奶牛生产性能测定及其概述

DHI (dairy herd improvement)是奶牛牛群改良的英文缩写，又称为奶牛生产性能测定。它是牛群遗传改良的基础，是改善牛群产奶性能，增加社会经济效益的根本措施。奶牛群体改良的核心工作，是对牛群中部分个体进行生产性能指标(泌乳量、乳脂率、乳蛋白率和体细胞数等)测定，DHI 的数据主要作为种用奶牛个体遗传素质评定的基础，同时也作为牛群生产分析的依据。因此，人们将这一体系简称为 DHI。

通过奶牛生产性能测定，一方面可以为奶牛遗传评定提供基础数据，另一方面可以为奶牛饲养管理提供分析报告，通过改善饲养管理最终提高牛群遗传品质，真正实现 DHI 所秉承的“能度量，才能管理；能管理，才能提高”的现代奶牛养殖理念。世界上拥有高质量荷斯坦奶牛群的国家，如美国、加拿大、荷兰等国早已实施奶牛群体改良计划，这些国家发达的奶业现状也足以证明实施 DHI(奶牛生产性能测定)是发展高效奶牛业的关键。

奶牛生产技术先进的国家早在 20 世纪五六十年前就开始进行 DHI 工作，使用生产性能测定体系，使奶牛群的遗传水平和泌乳能力持续提高。如今，DHI 在国外已是一项非常成熟的奶业服务技术。他们评价 DHI 是“实现牛群改良唯一有效的方法”。因此，世界各国都纷纷采用这种方案，参加生产性能测定的奶牛数越来越多。

二、奶牛生产性能测定的意义及其经济效益

1. 奶牛生产性能测定的意义

(1)完善奶牛生产记录体系　奶牛生产性能测定工作，一是为奶牛场提供完整的生产性能记录体系，对牛场进行科学管理提供可靠依据，通过生产性能测定才能

准确地了解牛群的实际情况，针对具体问题制定切实有效的管理措施，进一步提高牛群的生产水平。二是生产性能测定提供了一个有效的量化管理牛群工具，这种量化能够针对每一个体牛只。未建立奶牛生产性能测定的牛场，管理牛群只能凭经验和感觉，这样不仅会出现偏差，而且会导致奶牛群体质量滑坡现象，所造成的经济损失则无法估算。此外，特别是没有生产性能和系谱记录的奶牛养殖户，通过生产性能测定可以逐渐完善奶牛生产记录，为下一步牛群管理再上新台阶打下良好的基础。

(2)提高原料奶质量　原料奶的质量是保证乳制品质量的第一关，只有高质量的原料奶才能生产出高质量的乳制品，并带来高的经济效益。原料奶质量的好坏主要反映在卫生和乳成分两个方面。在生产性能测定过程中，通过调控奶牛的营养水平，可以科学有效地控制牛奶乳脂率和乳蛋白率，生产出乳成分含量高的牛奶；体细胞数超过标准不仅影响牛奶的质量、风味，还直接影响奶牛的健康。生产中通过有效防控奶牛隐性乳腺炎和有效治疗奶牛临床乳腺炎来降低牛奶中体细胞(somatic cell count，SCC)含量以提高牛奶质量。

一个高产牛群的产奶量达到一定水平以后，若要再提高单产就要付出更高的成本，而且牛群对饲料、管理、保健等要求也越来越苛刻。如果以提高原料奶质量为前提，稳定奶产量为基础，牛奶收购以质论价的情况下，也会为奶牛场增加十分可观的收入，而且这个途径比单纯追求高产量更容易实现。在生产性能测定中，每月均会精确测定个体牛只的乳脂率、乳蛋白率、体细胞数、乳糖、干物质等指标，从而为提高牛奶质量提供了科学依据和大量的数据基础。

(3)指导牛场兽医防治　奶牛机体任何部位发生病变或生理不适首先会以产奶量降低的形式表现出来，而生产性能测定则对奶牛个体进行适时监控，因此可以大大提高奶牛场生产管理水平、提高兽医工作效率和质量。

通过奶牛生产性能测定报告一是掌握奶牛产奶水平的变化，准确把握奶牛健康状况；二是分析乳成分的变化，判断奶牛是否患酮病、慢性瘤胃酸中毒等代谢病；三是通过所测量体细胞数(SCC)的变化，可以及早发现乳房损伤或感染，特别是能及早发现隐性乳腺炎并为制订乳腺炎防治计划提供科学依据，从而有效减少牛只淘汰，降低治疗费用。除此以外，产后体细胞数高的牛只，也可能存在卵巢囊肿、子宫内膜炎等繁殖疾病，该技术的应用使这样的牛只得到提前治疗，因此，可以大大提高牛群受胎率。

(4)改进日粮配方提高饲料利用率　根据生产性能测定报告对乳成分的实时监测，通过其含量的变化在一定程度上可以反映出奶牛的营养和代谢状况，以便科学地分析饲料主要营养物供给量是否合适，以此指导牛场调配最佳日粮组合确保奶牛营养均衡。生产性能测定报告还提供反映乳脂率与乳蛋白率之间关系的指标——脂蛋白比。正常情况下，荷斯坦牛的脂蛋白比应在1.12～1.30，比值高可能是日粮中添加了脂肪或日粮中蛋白质不足，比值低可能是日粮中谷物类精料太多或缺乏纤维素，应及时对日粮进行适当调整。通过生产性能测定报告提供的个体牛只牛奶尿素氮水平能准确反映出奶牛瘤胃中蛋白代谢的有效性，根据牛奶尿素氮的高低改进饲料配方,提高饲料蛋白质利用效率,降低饲养成本。

(5)推进牛群遗传改良 生产性能测定数据是进行种公牛个体遗传评定的重要依据,只有准确可靠的生产性能测定记录才能保证不断选育出遗传素质高的优秀种公牛用于牛群遗传改良。对于奶牛场而言,可以参照生产性能测定准确而全面的记录数据,根据奶牛个体(或群体)经济性状的表现,本着"保留优点、改进缺陷"的原则,实现对个体牛进行科学的选种选配,提高其后代的质量,继而提高整体牛群的遗传水平,由此将大大提高育种工作的成效。例如针对乳脂率、乳蛋白率高,但产奶量低的母牛,可选用产奶性能好的种公牛;而乳脂率低的母牛,可选用乳脂率高的种公牛;乳蛋白低的母牛,选用乳蛋白高的种公牛等。

(6)科学制订管理计划 为保持和提高牛群的整体生产水平,降低饲养成本,提高经济效益,需要对牛群进行分群管理和及时淘汰,全面连续的生产性能测定记录易于管理人员掌握牛群的动态信息。而生产性能测定报告不仅可以适时反映奶牛个体的生产表现,还可以追溯牛只的历史表现,我们可依据牛只生产表现及所处生理阶段实现科学的分群饲养管理;同时依据投入及产出回报,实现科学淘汰牛只;还可根据牛群生产性能情况编制各月生产计划,并制定相应的管理措施。

2. DHI 测定的作用及其经济效益

DHI 主要为牛场提供牛群饲养管理和经营方面的服务:一是测定牛群的产奶性能,包括每头牛的产奶量、乳脂率、乳蛋白率等;二是收集牛群饲养管理与经营方面的资料,如系谱资料、产犊日期、干奶日期、淘汰日期和牛群的年龄结构等,并将这些资料信息进行系统加工处理,所得结果再返回牛场指导生产、改进管理,提高牛群经营效益。

DHI 所收集和提供的是奶牛业(群)最基础的指标数据,具有广泛的应用价值,所服务对象除了牛场以外,还有政府机构、奶牛业(及乳品加工业),以及那些利用该数据进行遗传评估、指导有关推广项目实施的研究机构、奶牛组织和奶牛顾问。因此,DHI 客观上为奶牛协会和育种中心的工作提供基础和依据,对政府机构和奶牛业领域的伙伴以及其他需要这些信息的人提供了帮助。

三、奶牛生产性能测定的现状和发展趋势

目前,荷兰、加拿大等国有 70%的牛群参加生产性能测定;以色列则达到 90%,其奶牛平均单产达 10.5t;美国在 19 世纪开始实施生产性能测定,取得了举世瞩目的成绩,1960～1980 年的 20 年间,奶牛头数减少了 38% (67 万头),但因单产由 3 178kg 提高到 5 575 kg,总产量不仅没有减少反而提高了 4.6%,达到了 5 830万吨,个体母牛最高产奶量为 25 300kg,最高年产乳脂量 1 041kg,最优牛群年产奶量平均达 12 382kg,牛奶的有效成分也不断提高,既节约了大量饲料,又提高了劳动生产率,奶牛业的效益成倍增长,美国牛奶产量增加速度和增加量与 DHI 管理牛群比较,后者明显高于前者。

早在 1992 年,天津便在我国开展奶牛生产性能测定工作,该工作的开展是基于中日技术合作天津奶业发展项目。1995 年在中国—加拿大奶牛育种综合项目

的支持下，奶牛生产性能测定工作在全国范围内迅速开展，先后在上海、北京、西安和杭州等地建立了首批奶牛生产性能测定中心；1999 年中国奶业协会成立了“全国生产性能测定工作委员会”；2006 年农业部畜禽良种补贴项目对全国 8 个省市 9 万头奶牛开展生产性能测定补贴试点工作，同年，中国奶业协会组织开发《中国荷斯坦牛生产性能测定信息处理系统 CNDHI》；2007 年中国奶业协会组织制定了《中国荷斯坦牛生产性能测定》行业标准，并同全国畜牧总站联合出版了 DHI 测定科普手册；自 2008 年始农业部对参加生产性能测定的 25 万头奶牛进行补贴，并且全国畜牧总站向全国现有奶牛生产性能测定中心统一配发标准样校正仪器。

至 2011 年年底，全国已建成 23 个省级奶牛生产性能测定中心，DHI 测定范围已覆盖二十多个省份(区、市)，农业部对全国奶牛生产性能测定年补贴资金已超过 2 000 万元。同时，中国奶业协会公布至“十一五”末全国参加生产性能测定的规模牛场已超过 1 054 个，总测定规模达到 46.7 万头，获得数据量超过 326.1 万条。从这些数据看，尽管我国奶牛生产性能测定起步较晚，但这项技术的应用正在全国迅速推广，也被越来越多的奶农所接受、认可和信赖，并成为牛场生产中最重要、有效、不可缺少的管理工具。

四、奶牛生产性能测定的原理及其应用范畴

1. 奶牛生产性能测定的原理

乳成分分析仪依据红外原理做乳成分分析(乳脂率、乳蛋白率及乳尿素氮等)，体细胞数是将奶样细胞核染色后，通过电子自动计数器测定得到的结果。

DHI 是一项基础性工作，它通过软件系统将奶牛的相关信息及牛奶样品的测定数据综合分析得出奶牛生产性能测定报告，将该报告及时反馈给测定场(户)，用于追踪牛只表现、选种选配、牛只淘汰、饲料配方平衡、乳腺炎管理、兽医参考、个体与牛群间比较等。

2. DHI 报告应用范畴

通过对泌乳奶牛进行定期取样化验和更新奶牛档案，然后综合分析得出奶牛生产性能测定技术报告。该报告的应用范畴主要包括以下几点：一为奶牛场提供完整的生产性能记录数据，为牛场的科学管理提供可靠依据。只有通过生产性能测定才能准确地了解牛群的实际情况，并针对具体问题制定相应的解决办法，以便对牛场生产进行有效管理，进而提高牛群的生产水平。二提高原料奶质量。生产性能测定技术的应用可以科学地调控奶牛营养水平，有效地控制牛奶乳脂率和乳蛋白率，产出高质量的原料奶；通过有效降低牛奶体细胞数(SCC)能提高牛奶的质量。三为牛场兽医提供信息。奶牛机体任何部位发生病变或生理不适，首先会以产奶量降低的形式表现出来，而生产性能测定则对奶牛个体进行适时监控，该信息可以大大提高兽医工作效率和质量。四反映牛群日粮是否合理。通过生产性能测定报告中乳成分含量的变化，可以科学地分析饲料主要营养物供给量是否合适，以此指导调配日粮，确定日粮精、粗比例。五推进牛群遗传改良。生产性能测定数据是进行种公牛个体遗传评定的重要依据，只有准确可靠的生产性能测定记录，才能

保证不断选育出遗传素质高的优秀种公牛用于牛群遗传改良。六科学制订管理计划。我们可以依据奶牛生产表现及所处生理阶段实现科学的分群饲养管理；同时依据投入产出回报，实现科学淘汰奶牛；还可根据牛群生产性能情况编制各月生产计划，并制定相应的管理措施。

五、DHI 测定工作存在的问题及解决途径

在国外，奶牛生产性能测定技术诞生于 1907 年，发展至今已有 100 余年的历史，该技术已经逐渐演变为综合的牛场管理体系，可以实时为奶农提供全面的牛场生产管理信息。从养殖企业主体提出申请、乳样采集、样品测定，到出具技术报告和饲养管理建议等一系列流程非常完善。在国内，奶牛生产性能测定工作开展仅仅 10 余年，受养殖观念、行业发展水平、DHI 技术知识的普及范围小等因素的影响，奶牛生产性能测定工作在实际操作过程中不免存在一些问题和不完善之处。主要包括以下几点：

1. 数据采集不齐全

奶牛生产性能测定首先需要收集待测奶牛的系谱、胎次、产犊日期、干奶日期、淘汰日期等牛群的基础数据，而目前待测奶牛场特别是小区普遍存在资料不全或者完全没有记录，另外有少数牧场只有奶牛本身的出生日期，父母牛号不全或者编制不规范等这些情况会直接造成 DHI 技术报告存在指导偏差。

2. 宣传不到位，人员培训不够，操作不规范

尽管 DHI 推广已经多年，但大多数人对 DHI 认识仍然停留在表面，对 DHI 技术的应用严重缺乏积极主动性。至今，在全国范围内主动要求参测的牛场寥寥无几，通过做工作参测的小区或者牛场经营者对 DHI 测定报告和分析解读报告重视不够。

3. 服务不到位

由于各省奶牛生产性能测定中心所配备人员素质参差不齐，不能够针对牛场和小区报告中反映的问题进行深入细致的调查、研究，致使生产性能技术报告缺乏指导意义，而针对问题所提供的解决措施改进的效果不明显，或根本就没有改进。

对于奶牛生产性能测定目前存在的问题：首先，奶牛生产性能测定中心要充分利用媒体做好 DHI 技术宣传工作，特别是对一些目标人群和养殖小区。其次，加大培训力度，利用各级畜牧技术推广机构、项目、奶牛产业技术体系和网络等在参测牛场（小区）所在市县举办各类有关 DHI 技术培训班，聘请有丰富理论和实践经验的专家为小区和牛场的管理人员及技术负责人授课，提高养殖企业、农户和从业人员对 DHI 的认知度及参测的自觉性。制定 DHI 测试分析报告的数据结果分析智能表，细化智能表中造成各项指标变动原因的分析应有多种，同时针对每种原因要有对应的解决办法和措施。可以将此表作为培训的教材，针对县、乡级基层畜牧技术人员和规模牛场的技术人员专门进行强化培训，提高其技术水平和解决实际问题的能力。第三，建立 DHI 测定示范牛场，抓点带面，全面推广成功经验。DHI 中心可选择 5～10 个测试牛场作为试点，深入进去，抓出典范、抓出经验，将成功的

经验制定成规范，全面推广。第四，不断加强DHI测定部门技术人员的业务学习，进一步提升他们的业务能力和技术水平。报告分析要有重点，针对性强，抓住牛场当前所面临的主要矛盾，解决关键问题。同时做好全方位的技术服务，针对问题牛场要实地考察，针对问题专门解决，彻底改善目前服务不到位的现状。

第二节　如何开展奶牛生产性能测定工作

自1992年我国试探性开展奶牛生产性能工作以来，各地一些大的奶牛养殖企业逐步推广、示范，特别是从2008年国家全面实施补贴以来，奶牛生产性能测定规模快速增加。我国奶牛群的遗传水平和泌乳能力也得到了持续提高。DHI测定工作已成为奶牛群改良科学化和规范化的标志。

目前，我国DHI测定工作仍然处于起步和完善阶段，主要采取企业自愿，费用全免或象征性收取费用的形式来组织实施。而国外奶业发达国家的DHI中心都逐步转换为第三方检测机构，向需要DHI技术数据的政府机构、科研院校、规模牛场等进行有偿服务。随着我国奶业规模化、产业化的发展，特别是将来国家专项补贴资金取消后，我国DHI实施有偿测定与服务将是必然的趋势。

一、DHI基础知识

1. DHI工作内容

- 制定技术和管理规范。
- 建立DHI管理组织体系。
- 建立监测员制度。
- 建立DHI实验室。
- 建立DHI数据收集、传输系统。
- 建立奶牛育种数据管理、统计处理中心。
- 实施DHI报告和牛场咨询服务制度。

2. DHI相关知识

(1)奶样要求　一天二次或三次挤奶量按一定比例混合而成。如：一天三次挤奶则早、中、晚3次比例为4∶3∶3或3∶3∶3，摄取比例因挤奶间隔不同而做调整。

(2)奶样总量　40～50 ml。

(3)奶样存放条件　含防腐剂的奶样在冷藏(2～7℃)状态下安全存放7天。若无冷藏条件，加了防腐剂的奶样在室温18℃下能安全存放4天。

(4)样品防腐剂　一般为重铬酸钾，加入量是0.03g(40～50 ml的奶样)。

(5)奶样测试温度　40℃。

(6)测试所需设备　乳成分分析仪、体细胞计数仪、流量计、恒温水浴箱、采样瓶、奶样运输车和相关化学试剂。

(7)测试仪器校正

1)DHI 测试仪校正　每使用 3 个月校正一次。

2)成分分析仪校正　每一个月校正一次。

3)体细胞计数仪校正　每一季度校正一次。

4)流量计的校正　每使用 6 个月校正一次。

5)流量计使用　计量过程中必须垂直（±5℃）悬挂，否则计量不准，分流也不准确。

3. DHI 操作过程

采样→测试→数据分析→DHI 报告→牧场

↑运输（整个过程需 3～7 天时间）　　↑反馈

二、我国 DHI 测定工作的组织形式

近年来，中国奶业协会在农业部畜牧业司和全国畜牧总站的指导下，与各地生产性能测定中心紧密合作，对大量测定数据进行了整理分析，及时为行政管理部门和广大的奶牛养殖者提供了系统、准确和有效的信息服务。

2005 年，在农业部主管部门的高度重视和支持下，中国奶业协会设立了中国奶牛数据处理中心。该数据处理中心在协会的领导下，积极配合业务主管部门组织全国奶牛联合育种和中国荷斯坦奶牛品种改良、良种登记、种公牛后裔测定及公牛遗传评定等工作；组织进行奶业市场的调查研究，掌握市场动态，搜集、传递信息；开展技术咨询、组织技术培训和科普宣传等，努力为行政主管部门、科研院所、奶农及相关企事业单位，提供全面系统、准确快捷的奶业数据信息服务，更好地为全国开展奶牛生产性能测定提供技术信息平台。

DHI 是一项应用现代科学技术为基层奶牛场服务的工作，需要得到奶牛场领导的支持和参与。参加测定的牛场指派一名技术人员，经过培训作为鉴定员，负责本场牛群情况调查、现场采样、计算机使用，应用“奶牛泌乳能力信息管理系统（牛场部分）”处理与奶牛泌乳能力有关的各种数据。

三、省级 DHI 测定中心的工作职责

截至 2012 年全国已建立 23 个 DHI 测定中心，DHI 测定服务已覆盖全国 1 000多个规模化奶牛场，每年可完成近 50 万头奶牛生产性能评定工作。根据全国畜牧总站及中国奶业协会的要求，分布于全国不同地区的 23 家 DHI 测定中心主要负责：

- 为本区域内奶牛场提供 DHI 测定服务。
- 将本区域内奶牛群体的生产性能测定数据及时上报至中国奶牛数据中心，为全国奶牛群体遗传改良提供数据支持。
- 解读 DHI 测定报告，并根据报告所反映的奶牛饲养管理中存在的问题，提

出改善措施。

❍ 为奶牛场和奶农提供技术培训，使 DHI 技术充分应用于奶牛生产管理，提高牛奶生产的产量和质量。

❍ 定期回访 DHI 参测奶牛场，及时解决取样、运输过程中存在的问题，确保样品具有代表性。

❍ 定期对仪器进行校准，仪器使用严格按照操作规程执行，确保测试结果的准确性。

❍ 及时反馈测试报告，确保服务质量。

四、DHI 测定工作的申请和受理

通常情况下，相关行政区域内规模以上牛场有参加 DHI 测定意愿时，首先，向所在地省级 DHI 测定中心提出测定申请，各省级 DHI 测定中心接到相关养殖企业和小区测定申请后的 3 个工作日内，会派相关技术人员到目标养殖场进行初步考察，包括养殖规模、牛群现状、牛只系谱记录、技术力量和牛群繁殖状况等内容，之后 3 个工作日内会给出相应的处理意见。如果接受申请，测定中心则向牧场(养殖小区)发放奶样采集设备和相关技术资料等，并收取一定的奶样采集设备押金。如果牧场系谱、牛群资料不健全或者不完整，测定中心将协助相关技术人员尽快完善资料后再接受申请，开始 DHI 测定工作。而对于规模比较小、分散的养殖户暂时不建议参测 DHI 工作，但可以有偿为其测定奶样并出具相应的报告。

奶牛生产性能测定中心从其成员牛场中收集的资料分成两大类：一类是奶牛群的基础资料信息，如系谱；奶牛群的生产情况，如产犊、干奶、淘汰等。另一类是产奶资料，即产奶量与奶样测定所得。这些资料的主要收集方法是：每月由牛场提供一次牛群个体牛连续早中晚的混合样及当天的产奶明细送育种站奶牛生产性能测定中心检测。同时，通过互联网向奶牛生产性能测定中心报送前述第一类资料信息。

奶牛生产性能测定中心所测定的指标主要包括乳脂率、乳蛋白率、乳糖和体细胞数(SCC)。DHI 专用软件根据每头牛的产奶量可以计算其总产奶量。根据产奶量、乳脂量、乳蛋白量还可以进一步计算出每一头牛的育种值。无论哪一种资料信息，都被 DHI 存储在计算机内，由计算机进行分类、整理、传递并被长久地保留下来。

五、DHI 测定的技术流程

生产性能测定流程主要包括牧场的初期工作和实验室分析以及数据处理三部分。具体流程参照图 5－1：

(1)测定牛群要求　参加生产性能测定的牛场，应具有一定生产规模，采用机械挤奶，并配有流量计或带搅拌和计量功能的采样装置。生产性能测定采样前必须搅拌，因为乳脂比重较小，一般分布在牛奶的上层，不经过搅拌采集的奶样会导致测出的乳成分偏高或偏低，最终导致生产性能测定报告不准确。

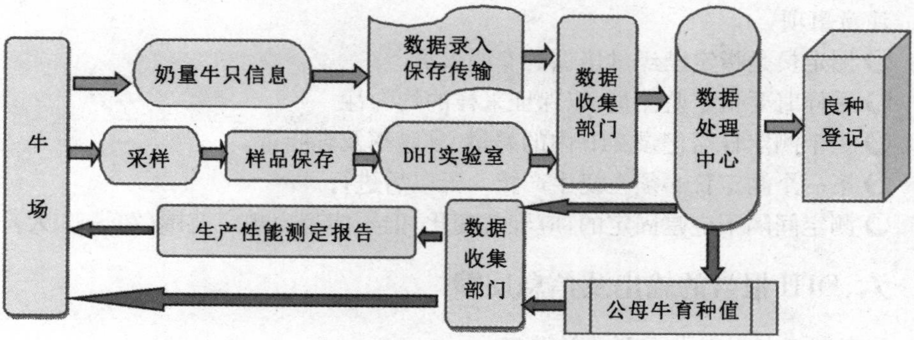

图 5-1 奶牛生产性能测定信息流程图

(2)测定奶牛条件 测定奶牛应是产后第 6 天至干奶前 6 天的泌乳牛。牛场、小区或农户应具备完好的牛标志(牛籍图和耳号)、系谱和繁殖记录,并保存有牛的出生日期、父号、母号、外祖父号、外祖母号、近期分娩日期和留犊情况(若留养的还需填写犊牛号、性别、出生重)等信息(表),在测定前需随样品同时送达测定中心。牛编号规则详见附录 1。

同时,生产性能测定实验室在接收样品时,应检查采样记录表和各类资料表格是否齐全、样品有无损坏、采样记录表编号与样品箱(筐)是否一致。如有关资料不全、样品腐坏、采集奶样含有杂质、打翻现象超过 10%的,生产性能测定实验室将通知重新采样。

表 5-1 进入 DHI 系统的奶牛所需提供资料

牛号	出生日期	父号	母号	本胎产犊日	胎次	奶量	母犊号	母犊父号

(3)DHI 样品的采集及其送样方式 对每头泌乳牛一年测定 10 次,测试奶牛为产后 6 天至干奶前 6 天这一阶段的泌乳牛,因为奶牛基本上一年一胎,连续泌乳 10 个月,最后两个月是干奶期。每头牛每个泌乳月测定一次,两次测定间隔一般为 26~33 天。每次测定需对所有泌乳牛逐头取奶样,每头牛的采样量为 40ml,一天三次挤奶一般按 4∶3∶3(早∶中∶晚)比例取样,两次挤奶早、晚按 6∶4 的比例取样。测试中心配有专用取样瓶,瓶上有三次取样刻度标记,具体采样操作规范见附录 2。

为防止奶样腐败变质,在每份样品中需加入 0.03~0.06g 重铬酸钾,在 15℃ 的条件下可保持 4 天,在 2~7℃冷藏条件下可保持一周。采样结束后,样品应尽快安全送达测定实验室,运输途中需尽量保持低温,不能过度摇晃。

测定日需记录的内容:

❍ 每头母牛的泌乳量。
❍ 可能影响奶量或奶样的因素。
❍ 母牛产犊、干奶、死亡或出售的日期。
❍ 新加入牛群的泌乳牛的牛号。
❍ 配种记录,与配公牛和刚产的犊牛编号。

注意事项：

❍ 测定员是指定已经过培训的专业人员。

❍ 采样时要指定监测员，以保证采样的均匀性。

❍ 一个测定日需记录 24h 内的奶量、乳脂率及乳脂量。

❍ 第一个测定日必须在奶牛产犊 6 天以后进行。

❍ 测定间隔不应是固定的，应经常变化，但不能超出规定范围（26～33 天）。

六、DHI 报告的输出及信息反馈

1. 数据分析时对异常记录的处理

❍ 如果漏测一次，可根据两次测定结果用类推法计算结果来代替，如测定中断 60 天以上，测定结果不予承认。

❍ 如泌乳期长于 305 天，则取 305 天的测定结果。

❍ 当一头母牛在测定日处于疾病受伤或发情时，如果其测定日奶产量与前一个测定日相比下降幅度低于一定界限时，该测定日记录将标以异常记录，并将其异常情况记录备案。

❍ 一头母牛在预产期前 30 天以上分娩视为早产，则应在其产奶记录上标以异常。

❍ 如果妊娠母牛在泌乳期内流产，且妊娠天数少于 152 天，则其当前泌乳期产奶性能测定应继续进行，直至干奶。若流产母牛的配种期不清，而当前泌乳期的泌乳天数低于 200 天时，则产奶性能测定应继续进行。除了以上两种情况外，流产母牛的当前泌乳期记录将被中止，而开始新的泌乳期。

❍ 如果一头母牛在未干奶的情况下产犊，则将其记录在产犊前一天终止，新的泌乳期记录从产犊日开始。

❍ 如果母牛在产前泌乳，从开始泌乳到产犊这段时间的奶量不能包括在泌乳记录中。

2. DHI 报告的输出

测定和计算后的数据交由 DHI 测定数据处理中心，对数据进行分析处理形成报告，最后将有关信息反馈回牧场。

DHI 报告提供奶牛当月测定日的所有相关信息，有当天产奶量、乳脂率、乳蛋白率、体细胞数、奶损失、305 天预计产奶量和累计产奶量，有高峰天数，高峰产奶量和上月信息追踪等。DHI 其他的报告有：

❍ 泌乳能力测定月报。

❍ 牛群平均成绩一览表。

❍ 305 天奶量分布表，预计产奶量和累计产奶量。

❍ 本月完成一个胎次牛的一览表。

❍ 体细胞分布一览表。

❍ 奶损失报表。

❍ 上月信息追踪报表。

报告类型:产奶报告、牛群管理报告、干奶报告等。一般从采样到测定报告反馈,整个过程需 3～7 天。

第三节　DHI 报告的解读

随着奶业的发展和科技的进步,奶牛生产性能测定技术在追踪牛只表现、观察牛群表现、牛只淘汰、选种、选配、牛群之间相互比较、乳腺炎管理、饲粮配方平衡、兽医参考、牛只买卖、开发新目标等方面的应用越来越广泛,也更加精益求精,特别是在解决奶牛场的实际问题和牛群改良中起着越来越重要的作用。如何能充分利用奶牛生产性能测定记录,使其最大限度地提高奶牛群的经济效益,是很多奶牛场非常关心的问题,也是当前急需解决的问题。下面从表面数据和深层数据着手,介绍如何高效率地使用奶牛生产性能测定记录。

一、DHI 为奶牛场服务原则及 DHI 报告的应用

1. DHI 为牛场服务原则

- 了解牛场需求和服务期望。
- 及时准确提供服务。
- 注重服务质量,翔实有效。
- 把抱怨转变为满意。
- 经常评价牛场满意程度。
- 把优质服务的承诺变为实际行动。

2. DHI 报告的分析与应用

- 看变化(平均数及标准差)。
- 找原因(各种原因)。
- 通过分析一一对应。
- 主要内因。
- 改进提高。
- 总结成败。

二、奶牛生产性能测定(DHI)报告的各项指标

(1)日产奶量　是指泌乳牛测试日当天的总产奶量。日产奶量能反映牛只、牛群当前实际产奶水平,单位为 kg。

(2)乳脂率　是指牛奶所含脂肪的百分比,单位为%。

(3)乳蛋白率　是指牛奶所含蛋白质的百分比,单位为%。

(4)乳糖　是指牛奶乳糖含量的百分比,单位为%。

(5)全乳固体　是指测定日奶样中干物质含量的百分比,单位为%。

(6)分娩日期　用于计算与之相关的指标。

(7)泌乳天数　是指计算从分娩第一天到本次采样的时间,并反映奶牛所处的泌乳阶段。

(8)胎次　是指母牛已产犊的次数,用于计算 305 天预计产奶量。

(9)校正奶量　是根据实际泌乳天数和乳脂率校正为泌乳天数 150 天、乳脂率 3.5%的日产奶量,用于不同泌乳阶段、不同胎次的牛之间产奶性能的比较,单位为 kg。

(10)前次奶量　是指上次测定日产奶量,和当月测定结果进行比较,用于说明牛只生产性能是否稳定,单位为 kg。

(11)泌乳持续力　当个体牛只本次测定日奶量与上次测定日奶量综合考虑时,形成一个新数据,称之为泌乳持续力,该数据可用于比较个体的生产持续能力。

(12)脂蛋白比　是衡量测定日奶样的乳脂率与乳蛋白率的比值。

(13)前次体细胞数　是指上次测定日测得的体细胞数,与本次体细胞数相比较后,反映奶牛场采取的预防管理措施是否得当,治疗手段是否有效。

(14)体细胞数(SCC)　是记录每毫升牛奶中体细胞数量,体细胞包括嗜中性白细胞、淋巴细胞、巨噬细胞及乳腺组织脱落的上皮细胞等,单位为 1 000 个/ml。

(15)体细胞分　将体细胞数线性化而产生的数据。利用体细胞分评估奶损失比较直观明了。

(16)牛奶损失　是指因乳房受细菌感染而造成的牛奶损失,单位为 kg(据统计奶损失约占总经济损失的 64%)。

(17)奶款差　等于奶损失乘以当前奶价,即损失掉的那部分牛奶的价格。单位为元。

(18)经济损失　因乳腺炎所造成的总损失,其中包括奶损失和乳腺炎引起的其他损失,即奶款差除以 64%,单位为元。

(19)总产奶量　是从分娩之日起到本次测定日时,牛只的泌乳总量;对于已完成胎次泌乳的奶牛而言则代表胎次产奶量。单位为 kg。

(20)总乳脂量　是计算从分娩之日起到本次测定日时,牛只的乳脂总产量,单位为 kg。

(21)总蛋白量　是计算从分娩之日起到本次测定日时,牛只的乳蛋白总产量,单位为 kg。

(22)高峰奶量　是指泌乳奶牛本胎次测定中,最高的日产奶量。

(23)高峰日　是指在泌乳奶牛本胎次的测定中,奶量最高时的泌乳天数。

(24)90 天产奶量　是指泌乳 90 天的总产奶量。

(25)305 天预计产奶量　泌乳天数不足 305 天的,则为预计产奶量;如果达到或者超过 305 天奶量的,为实际产奶量,单位为 kg。

(26)预产期　是根据配种日期与妊娠检查推算的日期。

(27)繁殖状况　是指奶牛所处的生理状况(配种、怀孕、产犊、空怀)。

(28)群内级别指数(WHI)　指个体牛或每一胎次牛在整个牛群中的生产性能等级评分,是牛只之间生产性能的相互比较,反映牛生产潜能的高低。

(29)成年当量　是指各胎次产量校正到第五胎时的305天产奶量。一般在第五胎时,母牛的身体各部位发育成熟,生产性能达到最高峰。利用成年当量可以比较不同胎次的母牛在整个泌乳期间生产性能的高低。

根据不同牛场的要求,生产性能测定数据分析中心可提供不同类型的报告,如牛群生产性能测定月报告、平均成绩报告、各胎次牛305天产奶量分布,以及实际胎次与理想胎次对比报告、胎次分布统计报告、体细胞分布报告、体细胞变化报告、各泌乳阶段生产性能报告、泌乳曲线报告等。

三、奶牛生产性能测定(DHI)报告解读及其使用

(一)表面数据

表面数据就是可以从奶牛生产性能测定记录中直接看到的数据,包括个体数据和整体数据。主要有分娩日期、胎次、泌乳天数、测定奶量、校正奶量、上次奶量、乳蛋白率、乳脂率、脂蛋比、体细胞数、持续力、高峰奶量、产奶峰值日、305天奶量、繁殖状况、预产日等。

从表面数据中的整体数据我们可以大致了解一个奶牛场奶牛的繁殖状况、营养状况及乳房健康状况。

1.繁殖状况紧密相关的是牛场的平均泌乳天数(DIM)

如果牛群为全年均衡产犊,那么DIM应该在150～170天,也就是说产犊间隔在360～400天。如果DIM高于正常数值许多,表明存在繁殖问题。主要从以下两方面找原因:受胎率和始配天数。奶牛乏情是制约始配天数的主要原因,奶牛乏情包括:泌乳性乏情、营养性乏情、衰老性乏情、繁殖疾病导致的乏情等因素。所以我们要根据牛场的实际情况进行合理的分析处理。

2.与营养状况有关的数据

包括乳蛋白率、乳脂率、脂蛋比、高峰奶量、产奶峰值日、测定奶量和上次奶量、持续力等。

(1)峰值日及高峰奶量　奶牛峰值日即奶牛出现产奶峰值的时间,它提供了营养的指示。平均产奶峰值日应出现于产后70天之前,如果出现于70天之后,则说明牛场有潜在的奶量损失。此时应主要从以下几方面找原因:干奶和产犊时的体况,干奶牛的营养,产后护理,干奶牛日粮配方向产奶牛日粮配方过渡的时间以及泌乳早期日粮是否营养丰富等。

高峰产奶量是指个体牛在整个胎次中产量最高的日产奶量,通常,高峰产奶量高的牛其单产也高。头胎牛高峰期产奶量应为成年牛的75%或者更高,若比例小于75%,说明没有达到应有的泌乳高峰;相反,则为头胎牛泌乳潜力得到充分发挥或成母牛的潜力没有得到充分发挥。高峰产奶量可以带动305天产奶量,正常情况下,高峰产奶量每增加1kg,胎次奶量可增加200～250kg或更高。要提高高峰产奶量,尽早达到产奶高峰,应该从干奶期甚至上一胎泌乳中、后期加强饲养管理。高峰期后,每月产奶量应为上月的90%～95%。

表 3-1 奶牛单产与高峰日产奶量的关系

单产水平(kg)	高峰日产奶量(kg)
5 440～6 350	26.5
6 350～7 260	30.3
7 260～8 730	34.3
8 160～9 070	38.2
9 070～9 980	42.0
9 980～10 890	46.1
10 890～11 800	50.1

一般奶牛在产奶后 6～8 周达到泌乳高峰，理想产奶高峰日应为产后 4～6 周。若每月测奶一次，其高峰日一般出现在第二个测试日，即高峰日应低于平均值 70 天。如果产后 6 周内达到了产奶高峰，但持续力较差，达到高峰后很快又下降，说明产后日粮组成有问题；如果达到产奶高峰很晚，如大于 70 天，有潜在的奶损失，说明干奶期饲养、分娩时体况、产犊管理、干奶牛饲料配方向产奶牛饲料配方过渡的时间、泌乳早期日粮等存在问题，应及时检查以上情况，便于日后做出调整，防止问题的再次出现。

1)影响高峰产奶量的因素

❍ 获得高峰产奶量的前提，膘情从前一胎产奶后期开始恢复，在分娩时理想体况评分应为 3.5 分。

❍ 育成牛应发育良好，分娩时体重 500～550kg。

❍ 围产期奶牛的护理将影响其高峰产奶能力的发挥，应保持产犊环境干净，避免器官感染。

❍ 泌乳早期营养直接影响能否达到高峰产奶量。日粮改变应逐渐进行，如将干奶牛日粮配方改为产奶牛日粮配方时，1～2 周的调整期是很必要的。

❍ 遗传性能也关系到奶牛高峰产奶量的高低。

❍ 避免产奶高峰发生乳腺炎。

❍ 若奶牛产后受到应激，将不能达到理想的峰值水平，干奶牛营养不当、产犊环境不洁及助产太多等因素会引起并发症。

❍ 劣质挤奶设备的使用，或挤奶设备维护不当或不正确的挤奶程序等均能降低高峰产奶量。

❍ 干奶期是调整牛膘情的最后机会。在这一时期瘤胃修复泌乳期高精料日粮引起的损伤，乳房也修复由于上次泌乳所引起的损伤。

2)峰值比　一胎牛高峰奶量和其他胎次牛高峰奶量的比值称为峰值比，峰值比正常变化为 0.76～0.79。

①如果峰值小于 0.75。公牛品质，育成牛转群年龄大小(营养方面)是值得考虑的因素。

②如果峰值大于0.80。头胎牛表现好。(遗传)

——干奶牛的膘情是否适当。(体况评分)

——干奶牛的营养配方是否适当。(营养从干奶到产奶过渡)

——老牛群中是否存在泌乳早期乳腺炎。

(2)脂蛋白比与脂蛋白差 正常情况下,荷斯坦牛的乳脂与乳蛋白的比值应在1.12~1.13。这一比值可用于检查个体牛、饲喂不同的组别和不同泌乳阶段牛的状况,一般高产牛比值偏小,特别是处于泌乳30~60天的牛;如3%的乳脂和2.9%的乳蛋白,比值仅为1.03;高脂低蛋白会引起比值太大,可能是日粮中添加了脂肪,或日粮中蛋白质不足,或不可降解的蛋白质不足;若产后120天以内牛群平均脂蛋比太高,可能的原因是日粮蛋白中过瘤胃蛋白不足;若蛋白大于脂肪,脂蛋白比太低,可能存在如下问题:日粮组成中有太多的谷物精料,或日粮中缺乏粗纤维。

奶牛在泌乳早期的乳脂率与乳蛋白率之差小于0.4%时,就意味着奶牛在快速利用体脂,应检查奶牛是否发生了酮病,也可能是过渡期中毒(指发生于产后40天以内);而泌乳中后期时,则可能发生了典型性酸中毒。

1)乳脂率和乳蛋白率用于衡量营养状况和体况评分。

❍ 如果乳脂率低可能是瘤胃功能不佳,代谢紊乱,日粮组成或者精粗料物理性加工等存在问题。

❍ 如果产后100天内蛋白率不高于3%(北美洲荷斯坦牛的乳脂率3.65%,乳蛋白为3.15%),原因可能是干奶牛日粮配方不合理,产犊时膘情太差,RDP和UDP的比例不平衡,日粮中可溶性蛋白或非蛋白氮含量高,泌乳早期碳水化合物缺乏等。

❍ 如果有8%~10%的牛乳脂率比群体平均乳脂率低1%,同样也可能发生了瘤胃酸中毒。

❍ 如泌乳早期乳脂率较高,则意味着奶牛在快速利用体脂,此时应检查奶牛是否发生酮病。

❍ 如果乳蛋白率小于3.15%,则可能的原因是日粮中可发酵的碳水化合物比例较低(非结构性碳水化合物<35%),影响了微生物蛋白质的合成;蛋白质缺少或氨基酸不平衡;热应激或通风不良;干物质采食量不足;能量不足。

2) 低乳脂率可采取措施

❍ 减少精料喂量,精料不要磨得太碎。

❍ 饲喂精料前先喂1~2h长度适中的干草。

❍ 添加缓冲液。

❍ 饲料中NDF应大于28%,ADF不小于18%。

❍ 精、粗比例≤40/60等。

❍ 粗料尺寸太小(TMR),10%~15%的粗料应>15cm。

❍ 粗料干物质含量变化不要太大,每周测试粗料水分。

3)低乳蛋白可以采取的措施

❍ 日粮中可发酵的碳水化合物比例较低，影响微生物蛋白质的合成，可使用脂肪和油类作为能量来源。

❍ 增加蛋白质供给或保证氨基酸摄入平衡。

❍ 减少热应激或增加通风量。

❍ 增加干物质摄入量。

4)如何应用牛奶中尿素氮(MUN) 早在10年前，国外奶业发达国家DHI系统就将MUN列入其中，因为饲料成本占了养牛成本的60%，而蛋白质饲料是饲料中最贵的一种，因而测定MUN能反映出奶牛瘤胃中蛋白代谢的有效性。因此，测定MUN有以下四点优势：

❍ 平衡日粮，最大效率地利用蛋白质而降低成本。

❍ 过高的MUN会降低奶牛的繁殖率。

❍ 保持能、氮平衡，发挥奶牛潜能。

❍ 利用MUN的测定值选择价廉物美的蛋白料。

注：奶牛MUN的正常值是10～18mg/dl。

(3)体细胞数(SCC) 体细胞数是乳房健康的指示性指标，通常由巨噬细胞、淋巴细胞和多形核嗜中性白细胞等组成。当乳腺被感染或受机械损伤后，体细胞数就会上升，其中多形核嗜中性白细胞(PMN)所占比例会高达95%以上。因此，测量牛奶中SCC的变化有助于及早发现乳房损伤，预防治疗乳腺炎，同时还可增加产奶能力。因为乳房的健康与否直接关系到牛只生产奶能力、牛奶质量和使用年限等，故SCC既是用来衡量乳房是否健康的标志，也是奶牛健康管理水平的标志。体细胞数、体细胞评分反映了该牛只、牛群的健康状况。

❍ 监控乳房健康状况。

❍ 及时发现隐性乳腺炎。

❍ 提高产奶量。

奶牛理想的SCC为：第一胎≤15万个/ml；第二胎≤25万个/ml；第三胎≤30万个/ml。

影响体细胞数变化的因素有：病原微生物对乳腺组织的感染、分群或饲养模式突变产生的应激、环境、气候、遗传、胎次等，其中致病菌对体细胞的影响最大，乳腺炎导致的损失64%来自牛奶损失。

表5-2 体细胞评分与胎次奶损失

体细胞计分	体细胞值 ×1 000	体细胞中间值 ×1 000	第一胎奶损失 (kg)	二胎以上奶损失 (kg)
1	1.8～3.4	2	0	0
2	35～68	50	0	0
3	69～136	100	90	180
4	137～273	200	180	360
5	274～546	400	270	540

续表

体细胞计分	体细胞值 ×1 000	体细胞中间值 ×1 000	第一胎奶损失 (kg)	二胎以上奶损失 (kg)
6	547～1 092	800	360	720
7	1 093～2 185	1 600	450	900
8	2 186～4 271	3 200	540	1 080
9	>4 271	6 400	630	1 260

从上表可以看出SCC对奶损失具有重要意义。若一个牧场有泌乳牛300头，SCC平均40万个/ml，一年光产量损失的费用达4.5万元(指头胎牛占25%，2.2元/kg)，这还不包括因乳腺炎造成的其他损失。

乳腺炎造成的其他损失为36%：乳房永久性破坏(泌乳组织由瘢痕组织取代)，牛传染，特别是健康的头胎牛过早干奶、淘汰，兽医、兽药费，抗生素残留奶，生奶质量下降。

表5-3　体细胞数与奶损失

体细胞数(*X*)	奶损失(ml)
X<15万	MLOSS=0
15万≤*X*<25万	MLOSS=1.5×产奶量/98.5
25万≤*X*<40万	MLOSS=3.5×产奶量/96.5
40万≤*X*<110万	MLOSS=7.5×产奶量/92.5
110万≤*X*<300万	MLOSS=12.5×产奶量/87.5
X>300万	MLOSS=17.5×产奶量/82.5

表5-4　SCC与胎次相关的奶量损失表

一胎牛SCC引起的潜在的305天奶量损失	
SCC(万个/ml)	损失奶量(kg)
<15	0
15.1～30	180
30.1～50	270
50.1～100	360
>100	454

表5-5　隐性乳腺炎与体细胞的关系(BMT法)

体细胞计数(万个)	0～25	26～50	51～150	151～
乳腺炎诊断	－	±	＋	＋＋
反应物状态	流动	微细颗粒流动	呈絮状、胶凝物流动差	明显胶凝状、流动极差
反应物颜色	黄色	黄色带绿	绿色	深绿色

1)对高体细胞数牛只的处理

泌乳早期＋高体细胞数＋高奶损失

隔离(最后挤奶或分群)

CMT

如果是临床性乳腺炎——隔2h挤奶一次

如果CMT是阳性

——乳腺注射抗生素

——生产的奶单独处理

——观察反应情况,如果反应不明显,改变药物

泌乳晚期＋高体细胞数＋高奶损失

隔离(最后挤奶或分群)

CMT

如果CMT是阳性

——乳腺注射抗生素

——生产的奶单独处理

——观察反应情况,如果反应不明显,改变药物

细菌培养

集中加强干奶治疗

——至少5天乳腺和肌内注射抗生素

泌乳晚期＋高奶损失

隔离(最后挤奶或分群)

集中加强干奶治疗

——至少5天乳腺和肌内注射抗生素

2)SCC对牛奶成分(%)的影响

表5-6 高SCC对牛奶成分(%)的影响

乳成分	正常SCC的乳	高SCC的乳
非脂干物质	8.9	8.8
乳糖	4.9	4.4
乳脂	3.5	3.2
总蛋白	3.61	3.56
总酪蛋白	2.8	2.3
乳清蛋白	0.8	1.3
乳铁蛋白	0.02	0.07

续表

乳成分	正常 SCC 的乳	高 SCC 的乳
免疫球蛋白	0.1	0.6
钠	0.057	0.105
氯	0.091	0.147
钾	0.173	0.157
钙	0.12	0.04

注:资料来源于陆静等《上海奶牛》,1998(2):21—23。

从上表可以看出,SCC 高会对牛奶成分产生影响,从而影响生奶质量以及乳制品风味,当然在按质论价时也会降低奶农的收益。

3)SCC 与泌乳天数的关系

❍ 正常情况时,SCC 在泌乳早期较低,而后逐渐上升。

❍ 泌乳早期 SCC 偏高,预示干奶牛的治疗、挤奶程序、挤奶设备等环节出现问题。应及时调整和改善这些环节的状况,SCC 就会相应下降。

❍ 中期 SCC 高,可能是乳头浸泡液无效、挤奶设备功能不完善、环境肮脏、饲喂不当等,应进行隐性乳腺炎检测,以便及早治疗和预防。

❍ 在泌乳后期 SCC 偏高,则应及早进行干奶和用药物治疗。

4)奶牛 SCC 与生产管理　由于 SCC 能反映出乳房的健康状况,则通过阅读 DHI 月、季、年度报告总结,了解其中的 SCC 变化趋势,分析和评估牧场管理措施和乳腺炎防治计划以达到降低 SCC 的有效性。

前次体细胞数与本次的对比:

❍ 反映管理变化和治疗效果。

❍ 若各胎次牛 SCC 都在下降则表明措施正确。

❍ 若两次测定 SCC 持续很高,则预示传染性乳腺炎,可以显示是什么种类的细菌引起的乳腺炎,如葡萄球菌或链球菌等,由于挤奶而发生传染,治愈时间一般较长。

❍ SCC 或高或低,多为环境性乳腺炎,一般与卫生问题相关,如乳头浸泡效果不好,挤奶设备消毒不好等。此种情况治愈时间较短,且易于治愈。

5)改善高体细胞数的方向及方法　如何降低牛群体细胞数,应参考各牛场的实际情况,拟定改善对策,原则如下:

❍ 丢弃肉眼可见的不正常的奶。

❍ 彻底治疗已感染并有症状的牛只。

❍ 对治疗无效的牛,强迫干奶治疗。

❍ 淘汰久治不愈,患有乳腺炎的牛只。

6)降低体细胞的具体措施　改善饲养管理及环境的缺陷,维护环境的干净、干燥。

- 按照正确的挤奶程序进行操作，维护挤奶器具的性能与质量。
- 挤奶后及时进行药浴，饲喂，诱其站立，避免乳头感染，保持牛体干净。
- 治疗干奶牛的全部乳区。
- 及时合理治疗泌乳期的临床性乳腺炎。
- 淘汰慢性感染牛。
- 保存好SCC原始记录和治疗记录，定期进行检查。
- 定期监测乳房健康，制订维护乳房健康的计划。
- 定期回顾乳腺炎的防治计划。
- 保证日粮的营养平衡，特别是补充微量元素和矿物质如：硒、维生素E等。
- 严格防治苍蝇等寄生性节肢昆虫。
- 落实各部门在防治乳腺炎过程中的责任。

奶牛个体SCC直接反映了奶牛乳房的健康情况，同时也能反映防治措施是否有效。需要指出的一点是，SCC的高低反映了乳房受感染的程度，并不是超过某一特定值后就表示该牛一定患了乳腺炎而需治疗。

（二）深层数据

深层数据就是在奶牛生产性能测定记录中不能直接看到，要经过电脑（Excel、Access等程序）计算分析才可以得到的数据，主要指整体数据。这里的整体不是简单地以所有测定牛为一个群体，而是将整个群体按一定要求，如胎次、泌乳天数等分成若干个小群体，然后对每个整体进行横向和纵向的比较分析，最后找出问题所在或得出一定的结论。

深层数据的分析不仅可以发现更多的问题，而且使问题更加明确化、具体化，解决起来更加有针对性。下面我们从峰值比和持续力两方面着手，简单地介绍深层数据的分析。

（1）峰值比　一胎牛的平均高峰奶量与多胎牛的平均高峰奶量的比值为峰值比，峰值比正常变化在0.76～0.79。

- 如果峰值比小于0.75：要关注公牛品质，育成牛转群年龄大小（营养方面）。
- 如果峰值比大于0.80：头胎牛表现好。（遗传）

——干奶牛的膘情是否适当。（体况评分）

——干奶牛的饲料配方是否适当。（营养从干奶到产奶过渡）

——老牛群中是否存在泌乳早期乳腺炎。

表5-7　峰值日与泌乳持续力之间的关系

峰值日（X）	百分比	牛群状况	解决措施
$X\leqslant 40$天	≥90%	牛体况及营养等正常	维持现状
	≤90%	牛有足够的体膘使之达到产奶高峰，营养不足无法支持应有产奶水平	恰当调节饲料配方

续表

峰值日	百分比	牛群状况	解决措施
$40 \leqslant X \leqslant 60$	≥90%	奶牛体况、营养等正常	维持现状
	≤90%	产奶高峰前该奶牛体况及营养正常,但产奶高峰后奶牛受到应激,产奶量急剧下降	是否酸中毒,日粮配合是否合理,干物质采食量及能量是否足够等
$X \geqslant 60$ 天	≥90%	不适应干奶期日粮,胃口差导致峰值日延长;峰值日后营养合理	注意干奶牛日粮结构
	≤90%	不适应干奶期日粮,胃口差导致峰值日延长;峰值日后营养不合理	养好干奶牛,调整日粮结构

注:由于 DHI 采样为每月一次,故 DHI 报告中峰值日 70 天以内。

(2)不同胎次不同泌乳时期的持续力　泌乳持续力是反映泌乳高峰过后,产奶持续能力的指标。

持续力的计算公式:

简单公式:

持续力=测定日奶量/前次测定日奶量×100%

精确公式:

持续力=[(前次产奶量-本次产奶量)/前次产奶量]×100×(30/测定间隔)-100

标准化成 30 天的产奶持续力:

泌乳持续力用于比较个体牛的生产持续能力。泌乳持续力随胎次和泌乳阶段而变化,一般头胎牛的泌乳持续性比其他胎次好。

影响泌乳持续力两大因素:遗传、营养。

表 5-8　正常的泌乳持续性

持续力 \ 泌乳天数	0～65	65～200	200 以上
一胎	106%	96%	92%
二胎	106%	92%	86%

注:正常情况下奶牛在高峰日后,产量逐渐下降速度为每日 0.07kg。

根据上表的标准,我们可以很容易地分析出不同胎次不同泌乳天数的持续力是否正常。如果持续力超过正常指标很多,可能因为前期的营养不足,而后又给予了充足的营养;如果持续力太低,则说明目前的营养不能满足需要,或配方变化太快,或乳房受感染,或挤奶设备有问题。

若泌乳持续力高,这可能预示着前期的生产性能表现不充分,应补足前期的营养不良。若泌乳持续力低,表明目前饲料配方可能不能满足奶牛产奶需要,或者乳房受感染、挤奶程序、挤奶设备等其他方面存在问题。

高产奶性能＝高的高峰产奶量 ＋ 好的泌乳持续力

四、DHI 报告的讲解与使用

1. DHI 报告知识的讲解与培训

奶牛生产性能测定报告可以为奶牛场饲养管理提供决策依据，为奶牛育种繁殖工作提供完整而准确的资料，是提高奶牛群管理水平和原料奶质量水平的有效工具，也已成为奶牛场生产管理的重要组成部分。自 1995 年"中加奶牛综合育种项目"在北京奶牛中心开展 DHI 测定工作以来，参加 DHI 测定的众多良种场奶牛单产不断攀新高，牛群健康不断改善，2003 年成母牛年平均单产就达到了万千克，2004 年被中国奶协评为全国奶牛养殖示范场，无论是遗传基础还是生产管理，在行业内均处于国内领先地位。能取得这样的成绩，其重要原因之一就是良种场一直坚持牛群 DHI 测定并合理运用 DHI 报告来指导牛场的生产管理。十余年来良种场的相关技术人员在实践中不断摸索和总结，对在高产奶牛群中如何分析和应用 DHI 报告积累了大量经验。

如何在奶牛养殖优势区域内实现 DHI 知识和报告使用的广泛普及，已经成为当前制约 DHI 测定工作的一个最大障碍。根据中国奶牛协会和全国畜牧总站的要求，各省级 DHI 测定中心有义务、有责任对辖区范围内奶牛养殖小区和牧场不断进行 DHI 知识的宣传和普及，特别是对于 DHI 报告的解读、有效利用等问题。

2. DHI 报告的使用

对大型牛场而言，可以根据 DHI 记录来评估生产管理的好坏，来考核员工的工作效率，例如配种人员由牛群一年的产犊情况来评定，即泌乳天数；牛群饲养员通过考核全年奶牛泌乳曲线来评定，即峰值奶量和测定奶量；挤奶员可用体细胞计数和牛群乳房健康比例来衡量。

DHI 报告的有效利用：

- 利用网络实现数据共享使 DHI 报告变活。
- 不同角度对报告层层分析，使问题突出化。
- 针对分析结果，改变管理，提高牛群生产水平。
- 着眼于几个最关键最突出的问题，不要一下子面面俱到。
- 针对报告反映出来的问题，采取相应的管理措施。
- 群体及个体兼顾。

第四节　DHI 与奶牛群体遗传改良

奶牛的育种技术是独具特色的，人们既不能像作物那样通过各种手段不断地培育奶牛新品种，也不能像猪禽等那样建立杂交配套繁育体系。奶牛群体的育种工作只能对现有品种——荷斯坦奶牛（占世界奶牛存栏 90%以上）通过长期、系统地实施科学的选育技术，使奶牛群得到整体的遗传改良。数十年来，世界各国的奶牛科学家应用遗传学理论和方法，经过长期的实践，总结出一套奶牛群体的遗传改良技术体系，包括 4 项工作：

❍ 严格、系统、规范的奶牛个体生产性能测定(DHI)。

❍ 通过定期的良种登记，培育和选育高产奶牛育种核心群。

❍ 通过公牛的后裔测定和相应的遗传评定技术选育优秀种公牛。

❍ 利用人工授精技术，将优秀种公牛的优良遗传物质推广到整个牛群，以期改进全群的生产性能。

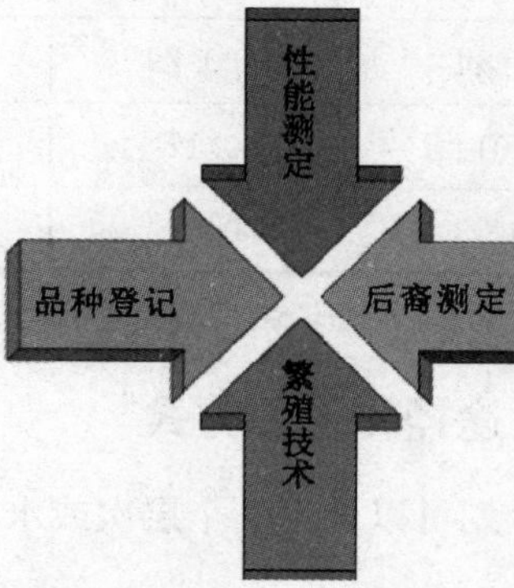

图 5-2　奶牛群体遗传改良

一、DHI 数据对现代奶牛育种的重要意义

DHI 是牛群遗传改良的基础，是改善牛群素质的根本途径。首先 DHI 的实施利于奶牛遗传评估体系的开展，公牛的后裔测定，为计算种公牛的育种值提供了所需的基础数据；其次奶牛生产性能与奶牛体型外貌部分性状间存在正相关，因此通过阅读 DHI 报告，了解本牧场的实际情况，在选种选配时选择适当种公牛来改良牧场奶牛的生产性能与相应的体型外貌。

表 5-9　体型性状和生产性状之间的遗传相关

性状	产奶量	乳脂量	乳蛋白量
整体评分	0.16	0.33	0.27
体 高	0.06	0.13	0.13
体 深	0.15	0.26	0.23
体 强 度	0.02	0.13	0.10
乳 用 性	0.59	0.68	0.67
蹄 角 度	0.10	0.18	0.17
后肢侧视	0.09	−0.01	0.05

续表

性状	产奶量	乳脂量	乳蛋白量
尻角度	0.18	0.01	0.11
髋宽	0.11	0.12	0.11
前房附着	−0.31	−0.12	−0.21
后房附着	0.19	0.28	0.32
后房宽度	0.31	0.33	0.40
乳房深度	−0.44	−0.29	−0.38
乳房悬垂	0.01	0.17	0.15
乳头后望	−0.03	0.01	−0.01

注：资料来源于 Misztal et al，1992. J. Dairy Sci. 75。

二、奶牛群体遗传改良途径和主要方式

目前中国奶牛遗传改良计划可以分为3个层次或水平：

1. 品种遗传水平改良

指用荷斯坦公牛对我国土种黄牛进行改良，进行级进杂交，最终目标是将中国黄牛改良成荷斯坦奶牛，时间跨度10～15年。对原有荷斯坦牛群，则进行本品种繁育，目标是保持荷斯坦的“纯种”水平。这些改良工作的目标只是停留在品种的平均水平，仅仅注重荷斯坦奶牛“血液”的百分比和纯种化。这种手段已被证明是增加荷斯坦奶牛数量的经济而有效的方法。然而，这种基于少量遗传信息和仅将公牛作为繁殖工具之用的做法是非常不科学的，并不能带来持续性的遗传改良。在中国许多地方，仍旧使用该法去生产更多的奶牛。此法虽使中国奶牛数量由1978年的500 000头增加到1996年的大约4 500 000头，但是实际上在这段时间内(将近30年)我国奶牛群体的遗传水平并没有实质性提高。值得一提的是，所谓的品种水平也是过去几十年的旧品种水平，业已发生了退化，而不是国外的现代品种水平。

2. 家系遗传水平改良

在美国和加拿大，有20%～25%的牛群采用非验证年轻公牛精液繁殖。这些年轻公牛拥有非常好的系谱，但是后裔测定结果还没有出来。使用这一方法的优点是可以提前4～5年，但是风险也不小。在过去10～15年，中国开始从加拿大和美国引进非验证年轻公牛。黑龙江、北京、陕西和上海等种公牛站进口了上百头年轻公牛。它们是北美明星公牛家系的儿子，具有很好的系谱，其父母均经过严格遗传评估。由于不知道年轻公牛个体的具体基因型和育种值，所以用家系平均数作为估计值。实际上，明星公牛的儿子自己成为顶尖公牛的机会很小，因为儿子们的遗传水平也呈正态分布。不过，这些年轻公牛比较经济合算，其平均遗传水平又比

中国本土生产的荷斯坦公牛要高出不少。另外，它们也比那些仅仅依靠品种作为选择标准、系谱不清、父母未经遗传评估的公牛可靠得多。所以，这些公牛现已成为现阶段中国奶牛遗传改良的主力军并为中国奶牛群带来了巨大的遗传改良效益。

如果一头母牛是美国名牛黑星的孙女，单凭这一点就价值不菲，但它的遗传水平却是很不稳定的。因为并不知道它父亲的真正遗传水平，这要通过她它父亲的所有女儿的产奶量和体型外貌来评估。这头女儿可以预测的育种值仅为黑星本身育种值的1/4，效率很低。当前，几乎所有的公牛站都从美国和加拿大进口年轻公牛以出售精液，或者直接销售进口年轻公牛精液，确实经济实惠。它们实际上都处于家系遗传改良水平。

3.个体遗传水平改良

指使用验证公牛对牛群进行改良。因为此时这些优秀公牛和母牛个体的遗传潜力已经十分清楚，奶农可以针对自己每头母牛的具体条件选择不同公牛，对该母牛扬优剔劣（如产奶量低、乳蛋白量差、乳房结构和肢蹄结构有缺陷等），培育下一代更为优秀和理想的儿子和女儿。国外现已能够做到用计算机选配，为母牛挑选最佳配偶公牛。即将母牛有关数据输入计算机育种系统并给出育种目标参数，计算机再根据用户指令在其庞大的公牛资料库中遴选出一组与该母牛最适配的公牛。奶农最后从中挑选中意的公牛为该母牛配种，这是电子化的选种选配。显然，只有在这个水平上，我们才能真正将优秀个体的基因在群体中扩散，像发达国家一样，使群体获得最大限度的改良。计算女儿（或儿子）育种值（BV）的简单公式可表述如下：

女儿（或儿子）育种值＝0.5父亲育种值＋0.5母亲育种值　(a)

传递优良基因最有效的方法是广泛利用验证公牛精液通过人工授精（AI）配种。过去，中国没有使用此法主要是验证公牛精液太贵，每支平均为120元，这对大部分中国农民来讲价格确实太高。在一些地区，每支在5元以下的精液仍被使用，很明显其结果会很差。不过，现在情况已有所变化，一些奶农已开始认识到为了得到较好的经济回报而使用较贵但质量高的精液是值得的（每支120元能很容易地通过增加女儿奶产量来多获得1 600～2 400元利润）。

使用验证公牛精液可知道公式(a)的公牛部分。但是，中国大部分母牛的育种值却无法估算，因为这些母牛并没有进行系统性的登记、检测或记录以及遗传评估。中国要完全地使奶牛遗传基因改良达到个体水平，还有待时日。只有满足这两个条件：①验证公牛精液广泛使用；②建立国家奶牛遗传登记/评估系统，才有可能保证中国奶牛群遗传育种改良可持续发展。

三、我国奶牛群体遗传改良的经验与启示

❍ 世界奶牛科学家经过数十年研究与实践，创建了一套行之有效的奶牛群体遗传改良技术体系。发达国家牛群遗传改良的技术路线非常明晰，各国所采取的基本模式是：奶牛生产性能测定（DHI）＋良种登记＋种公牛遗传评定和后裔测定

十人工授精。

❍ 系统长期的遗传改良工作是奶牛业发展的根本动力，如不加强育成品种的选育工作，就会受到自然选择的影响而出现品种退化。奶牛育种功在当代，利在千秋。奶牛业发达国家由于实施了牛群改良计划，生产水平均大幅度提高，是应用现代育种理论和手段对现有品种进行群体遗传改良最成功的范例。

❍ 公牛的培育和遗传评定是奶牛育种的核心工作，利用优秀种公牛生产精液进行人工授精是加速奶牛遗传改良的最有效途径，现代生物技术(遗传标记辅助选择 MAS、数量性状基因定位 QTL、胚胎移植核心群育种 MOET、克隆)只是育种的辅助手段。政府应把有限的资金用在建立高产奶牛育种核心群培育优秀种公牛和实施人工授精(AI)上。

❍ 北美等发达国家验证优秀公牛的冷冻精液凝聚着 50 年来遗传改良的优秀基因，是集工业、奶农、政府以及研究机构共同努力所创造的奶牛育种的高科技产品。“他山之石，可以攻玉”，我们可以借鉴他们先进的奶牛群体遗传改良技术并直接应用高科技的遗传物质结晶——优秀种公牛的冻精，实现我们快速扩繁良种奶牛的目的。

❍ 奶牛群体改良必须树立全国一盘棋的思想，由国家奶牛育种委员会制定统一的育种目标，因为公牛的选择指数一旦确定就必须长期坚持，只有坚持几个世代的选择，才能获得最大的遗传改进量，看到奶牛群体的遗传进展。同时要迅速构建信息管理平台，负责全国奶牛生产记录的贮存、处理、种牛的遗传评估和提供生产性能报告等。

❍ 奶牛群体改良是一项长期的、耗资巨大的系统工程，在开展这项工作的初级阶段，必须在政府的组织和资金支持下，待时机成熟后再交行业协会或大的育种公司。奶牛良种是发展奶牛业的基础，必须对奶牛育种给予高度重视，不能片面追求数量。

四、DHI 测定报告与选种选配

合理应用 DHI 报告进行选种选配，可以加快奶牛育种进度，充分挖掘奶牛高产稳产潜能，提高奶牛场经济效益。良种场技术人员运用 Excel 自行编制奶牛育种信息程序，将所有 DHI 报告信息每月及时输入计算，运用该程序可得到任一牛只的历次 305 天产量、胎次平均 SCC、平均乳脂率、平均乳蛋白率等生产性能信息，再结合母牛体型外貌评分，找出优秀和缺陷性状，确定改良目标。根据该牛的改良目标，使用同质选配或异质选配，最后制订出适合高产牛特点的选种选配计划。在确定改良目标时，还要考虑当前市场的需要，侧重高产量、高蛋白、低 SCC 的育种方向。良种场奶牛经过数年来的育种改良，现在全群平均乳脂率在 3.8%以上，平均乳蛋白率在 3.2%以上，平均 SCC 在 30 万个以下，在乳品厂享有极高的声誉，同时也给良种场带来了巨大的经济效益和社会效益。

五、良种奶牛品种登记和线性评定

加快奶牛群体遗传改良进程，除了要做好、做扎实奶牛生产性能测定工作外，最重要的两项工作就是奶牛的良种登记和线性评定工作。良种登记和线性评定是快速建立高产奶牛群体，加快群体遗传改良是最直接，也是最有效的途径。

良种奶牛品种登记，是将符合品种标准的牛登记在专门的登记簿中或特定的计算机数据管理系统中。品种登记是奶牛品种改良的一项基础性工作，其目的是保证荷斯坦奶牛品种的一致性和稳定性，促使生产者饲养优良奶牛品种和保存基本育种资料和生产性能记录，以作为品种遗传改良工作的依据。国内外的奶牛群体遗传改良实践证明，经过登记的牛群质量提高速度远高于非登记牛群，因此，系统规范的品种登记工作已成为奶业生产特别是实施奶牛群体遗传改良方案中不可缺少的一项基础工作。

线性鉴定又称奶牛外貌评分，是针对奶牛体型外貌进行数量化处理的一种鉴定方法，是对每个性状，按生物学特性的变异范围，定出性状的最大值和最小值，然后以线性的尺度进行评分。奶牛体型线性外貌鉴定主要适用于母牛。一般在 1～4 个泌乳期之间进行评定，每个泌乳期在泌乳 60～150 天时，各评定一次。为了提高评定的准确性，最理想的鉴定个体应处于头胎分娩后 90～150 天。我们大家都知道外貌是奶牛生产性能的表征，不同生产性能的牛都具有与其相适应的外貌。产奶性能高的奶牛不但有良好的泌乳系统，也应具有优良的体型外貌。而在实践养殖过程中我们也更有深刻的体会，外貌的作用不仅如此，还与奶牛健康、经济类型及种用价值等密切相关，它的一些缺陷不但影响本身，还会遗传给后代，一旦遗传下去，带来的损失无法挽回。通过对体形外貌评定（奶牛线性评定）以及选种选配技术的学习，为奶牛养殖场科学地制订选种选配计划，推进良繁体系的建设，充分发挥种公牛（奶牛冻精）和母牛的遗传潜力，为进一步挖掘其生产潜能提供可靠的保障和有力的依据。

第六章 奶牛高效繁殖技术

第一节 奶牛的繁殖生理特点

一、奶牛的发情

(一)母牛的生殖器官图解

母牛的生殖器官由卵巢、输卵管、子宫、阴道、尿生殖前庭和阴唇组成，如图6－1所示。卵巢的功能是分泌激素和产生卵子，输卵管是卵子受精及受精卵进入子宫的管道，子宫是精子向输卵管运行的渠道，也是胚胎发育和胚盘附着的地点，由1个子宫体和2个子宫角组成。母牛生殖器官的健康是保持母牛繁殖率的基础。

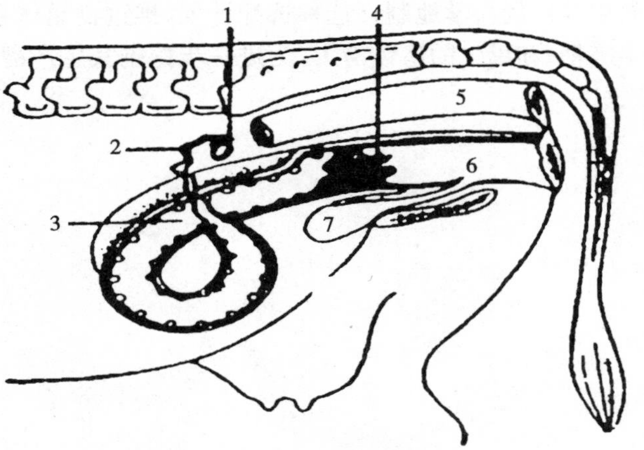

图6－1 母牛的生殖器官

1.卵巢 2.输卵管 3.子宫角 4.子宫颈 5.直肠 6.阴道 7.膀胱

(二)母牛的性成熟和发情周期

多数荷斯坦母牛的性成熟在8～14月龄，体成熟则在15～22月龄。一般来讲，都是15月龄配种，或体重达到350kg配种(体重可估计)。母牛初次发情时，开始建立该牛的繁殖档案。

发情周期通常是指从一次发情的开始到下一次发情开始的间隔时间，一般为18～24天，平均为21天，存在个体差异。根据母牛的性欲表现和相应的机体及生殖器官变化，可将发情周期分为发情前期、发情期、发情后期和间情期四个阶段。

奶牛的发情期，因为品种、年龄、季节、环境的不同也不一样，发情期短则6h，长达30h，平均为18h，90%的母牛发情期持续10～24h。准确掌握奶牛的发情期对适时配种、提高受胎率是很关键的。由于有的奶牛发情期较短，生产实践中应注意观察，避免漏配。

（三）母牛的发情鉴定

奶牛是四季发情的家畜，发情鉴定的目的是及时发现母牛发情，合理安排配种时间，防止误配、漏配，提高受胎率。鉴定发情的方法主要有两种：观察法和直肠检查法。

1. 观察法

（1）看神色　牛发情时精神兴奋不安，不喜躺卧，散放时，时常游走，哞叫，抬尾，食欲减退，排便次数增多。

（2）看爬跨　在散放牛群中，发情牛常爬跨其他母牛或接受其他牛的爬跨。有较多的母牛跟随，嗅闻其外阴部（发情牛不嗅闻其他牛的外阴部）。

（3）看外阴　牛发情开始时，阴门稍出现肿胀，表皮的细小皱纹消失展平，随着发情的进展，进一步表现肿胀、潮红、湿润，原有的大皱纹也消失展平，发情表现结束后，外阴部的红肿现象仍未消失，至排卵后才恢复正常。

（4）看黏液　牛发情时阴门会排出黏液，开始时量少，稀薄、透明；继而量多，黏性增强；发情高潮过后，流出的透明黏液中夹有不均匀的乳白丝状物，黏性减退，牵拉之后成丝；最后黏液变为乳白色，好像炼乳一样，量少。

有经验的配种员在观察到母牛上述四方面的表现后，可以综合判定其发情的程度，来决定配种的合适时机。

2. 直肠检查法

直肠检查法可更为直接地检查卵泡的发育情况，判定适配时机，在生产实践中多用于配种时再确定一下卵泡情况。直肠检查法的方法是把手臂伸入母牛直肠，隔着直肠壁触摸卵巢上卵泡发育的情况。母牛在发情时，可以触摸到突出于卵巢表面并有波动的卵泡；排卵后，会摸到一个不光滑的小凹陷，以后此处会形成黄体。

（四）合适的配种时间

牛的排卵时间有滞后性，一般发生在发情表现结束后10～12h。卵子保持受精能力的时间是12～18h，精子在母牛生殖道中保持受精能力的时间是24～48h，综合以上几点，输精时间应选择在排卵前6～24h。在实践中要得到高的受胎率就必须正确判断母牛的排卵时间。一般根据发情表现、流出黏液的性质和卵泡发育情况来确定配种时间。

❍ 当发情母牛安静接受其他牛爬跨时，输精时间就此时向后推迟12～18h，在发情末期，母牛拒绝爬跨，此时正是配种适期。

❍ 流出的黏液由稀薄透明转为黏稠浑浊且黏度增大(用拇指与食指夹住并牵拉黏液5～7次不断)时即可配种。

❍ 直肠检查,卵泡在1.5cm以上,波动明显时,也是配种的合适时间。

如果对母牛的发情和排卵时间掌握正确,输精一次即可,否则就需要两次输精,即上午发现发情,下午和翌日上午各输精一次,下午发现发情,翌日上午和下午各输精一次,两次输精时间相隔8～10h。只要正确掌握母牛的排卵时间,一次输精的效果不比两次输精差。

输精时间与受胎率的关系如图6-2所示。

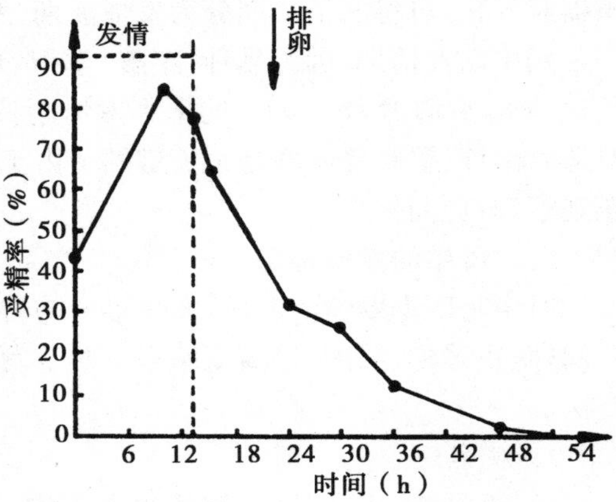

图6-2 输精时间与受精率关系

(五)常见的异常发情

1. 隐性发情

又称暗发情或者安静发情,多见于产后母牛、高产母牛和年老体弱母牛,表现为性兴奋缺乏,性欲不明显或发情持续时间短。主要原因是生殖激素分泌不足、营养不良或泌乳量过高造成的。此外,寒冷冬季或雨季长,舍饲的母牛缺乏运动和光照,都会增加隐性发情牛的比例。

2. 假发情

母牛只有外部发情表现,而无卵泡发育和排卵。假发情有两种,一种是母牛在怀孕3个月以后,出现爬跨其他的牛或接受其他牛的爬跨,但阴道黏膜苍白干燥,无发情分泌物。直肠检查时能摸到子宫增大和有胎儿等特征,有人把它称为“妊娠过半”或“胎喜”,这种母牛不能进行配种,否则,会造成妊娠母牛流产;另一种是患有卵巢机能失调或子宫内膜炎的母牛,也常出现假发情,其特点是卵巢内没有卵泡发育生长,即或有卵泡生长也不可能成熟排卵。

3. 常发情

有的母牛发情持续时间特别长,2～3天发情不止。主要原因是生殖激素分泌紊乱,卵泡发育不规律所造成。发情一般有两种情况:

(1)卵泡囊肿　这种母牛卵泡迟迟不排卵,持续增生、肿大,甚至造成整个卵巢囊肿,由于大量分泌雌激素,而使母牛持续发情。

(2)卵泡交替发育　一侧卵泡开始发育,产生的雌激素促使母牛发情,同时在另一侧卵巢又有卵泡开始发育,由于前后两个卵泡交替产生雌激素,使母牛延续发情。

4. 不发情

即母牛无发情的表现,也不排卵,这种现象多发生在季节寒冷、营养不良、患卵巢或子宫疾病的母牛。产奶量高,处在泌乳高峰期的母牛常产后久不发情,这是由于卵巢萎缩、持久黄体或卵巢处于静止状态等原因所致。

二、几种重要生殖激素及其应用

激素是由体内一部分细胞产生的化学物质，它们被释放到细胞外，通过血液循环或扩散转运到靶细胞而发挥调节作用。一般把直接作用于生殖活动与生殖机能关系密切的激素称为生殖激素。

(1)促性腺激素释放激素(GnRH)　可刺激垂体合成和释放促黄体素和促卵泡素，促进卵泡生长成熟、卵泡内膜粒膜增生并产生雌激素，刺激母畜排卵。输精时注射 GnRH 类似物 LRH－A_3 0.2～0.24mg 可诱发排卵，提高情期受胎率；一次肌内注射 0.25～1mg 可治疗卵巢静止、卵巢囊肿。

(2)催产素(OXT)　大剂量催产素具有溶黄体作用；小剂量催产素可增强宫缩，缩短产程，起到催产、促使死胎排出、治疗胎衣不下、子宫蓄脓和放乳不良等。人工授精前 1～2min，肌内注射或子宫内注入 5～10 单位催产素，可提高配种受胎率；一次肌内注射 80 单位，可促进胎衣排出；临产母牛，先注射地塞米松，48h 后按每千克体重静脉注射 5～7μg 催产素，可诱发 4h 后分娩。

(3)促卵泡素(FSH)　与促黄体素配合，可促使卵泡发育、成熟、排卵和卵泡内膜细胞增生并分泌雌激素。在奶牛繁殖上，可促使母牛提早发情配种，诱导泌乳期乏情母牛发情；连续使用促卵泡素，配合促黄体素可进行超排处理；治疗卵巢机能不全、卵泡发育停滞等卵巢疾病。

(4) 促黄体素(LH)　诱发排卵，促进黄体形成。在奶牛繁殖上，可诱导排卵，预防流产，治疗排卵延迟、不排卵、卵泡囊肿等卵巢疾病，一次肌内注射 100～200 单位，可治疗卵泡囊肿。

(5)孕马血清促性腺激素(PMSG)　类似 FSH 和 LH 的双重活性，可促进母畜卵泡发育及排卵。在生产中一般用作促卵泡素的代用品，用于治疗卵巢静止、卵泡发育停滞等。母牛肌内注射 PMSG 1 000～2 000 单位，3～5 天后可出现发情，另可促进黄体消散，治疗持久黄体。

(6)人绒毛膜促性腺激素(HCG)　类似 LH 的作用，FSH 作用很少，促进卵泡发育、成熟、排卵、黄体形成，同时可促进子宫生长。奶牛繁殖上，可增强超排和同期排卵效果，治疗排卵延迟、不排卵和卵泡囊肿。

(7)孕酮(P_4)　少量孕酮可与雌激素协同作用促使母畜发情，大量孕酮则抑制发情；维持妊娠。在奶牛繁殖上，用以诱导同期发情和超数排卵；还可防止功能性流产，治疗卵泡囊肿。

(8)雌激素(E_2)　是雌性动物正常发育和维持其正常机能的主要激素。可使雌性动物出现性欲及性兴奋，发情时，可使生殖道充血，子宫腺体分泌加强，子宫收缩增强，子宫颈开张。在奶牛繁殖上，可用于催情，增强同期发情效果；排除子宫内存留物，治疗胎衣不下和慢性子宫内膜炎。

(9)前列腺素(PG)　天然前列腺素分为 3 类 9 型，与繁殖关系密切的有 $PGF_{2}\alpha$，可溶解黄体，有促进排卵作用。在奶牛繁殖上，$PGF_{2}\alpha$ 一般用于调节发情周期，进行同期发情；用于人工引产(死胎、木乃伊胎)；治疗持久黄体、黄体囊肿、胎衣不下和子宫炎等繁殖障碍。

三、奶牛的产犊间隔

奶牛的产犊间隔是指奶牛 2 次分娩之间的间隔天数，又称为胎间距。奶牛的适宜产犊间隔应该是 365 天，也就是说，奶牛在产后 85 天内配种妊娠，再经 280 天的妊娠期，即可以达到理想的一年产一犊。

奶牛的产犊间隔与产奶量有着密切的关系，直接影响着奶牛场的经济效益。据统计，头均年产奶量为 3 000～4 000kg 的奶牛场，如果产犊间隔延长 1 个月，产奶量就减少 300～400kg，相当于每 10 头牛中就有 1 头牛空怀 1 年。假如产犊间隔为 12 个月的母牛，终生平均可产 4.9 个胎次，而如果产犊间隔延长为 15 个月，则终生平均胎次仅为 3.8 个，一生减少了 1 个胎次，也就是减少了 1 个泌乳期的产奶量。

因此，准确把握母牛产后第一次配种时间非常重要。配种过早，子宫还没有完全恢复，不易受孕；配种过晚，延长了产犊间隔时间，降低了奶牛的经济利用效率。母牛产后一般在 30～72 天发情，对体质优良或产量较低、子宫复原早的母牛可在产后 40～60 天配种；对于高产奶牛可适当延长产后配种时间，但也不能超过 120 天。实践证明，产后 60～80 天妊娠的母牛，平均产奶量最高。

第二节　奶牛的繁殖技术

一、奶牛的人工授精与妊娠诊断

（一）输精方法

目前大多采用直肠把握输精法，也叫深部输精法。该方法具有用具简单，操作安全，输精部位深，受胎率高的优点。

1. 输精器材

（1）金属细管输精器　有简易式、自锁式、卡簧式和凯苏式等多种形式的牛用金属输精器，有适用于 0.25ml和 0.5ml 细管的两种规格。

（2）细管输精器外套　是一种塑料套管，其前端有光滑半圆形的头部和梯形圆孔，可与各种细管输精器

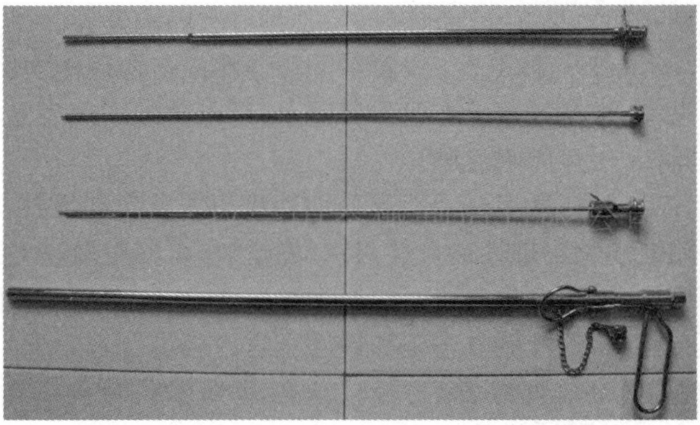

图 6－3　各种牛用金属细管输精器

配合使用,在输精时起保护作用。

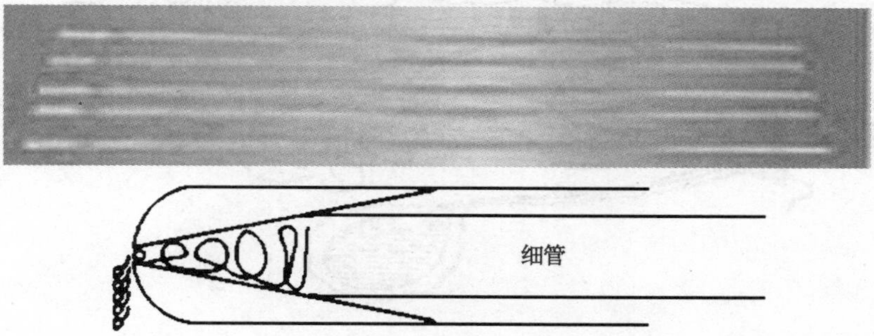

图 6-4　细管输精器外套

2. 输精前的准备

(1)输精器的准备　金属输精器可高温干燥消毒,现在市售的细管输精器外套一般为单根无菌包装,可直接使用,方便卫生。在同时给多头牛配种时,应确保一头牛一支输精器外套,金属输精器可用乙醇棉球擦拭晾干后重复使用。

(2)母牛的准备　将接受输精的母牛固定在六柱栏内,尾巴固定于一侧,用0.1%新洁而灭溶液清洗消毒外阴部。

(3)输精操作人员的准备　输精员要身着工作服,指甲需剪短磨光,戴一次性直肠检查手套。

(4)精液的准备　输精前应先进行精子活力检查,合乎输精标准才能应用。

3. 输精

在输精实践中会遇到许多问题,必须正确掌握直肠把握输精法。

(1)掏粪　术者左手戴一次性直肠检查手套,手及手臂处涂以润滑剂(石蜡油或劣质食用油),轻柔插入母牛直肠,分次掏出母牛蓄粪,然后消毒外阴部。应避免空气进入直肠而引起直肠膨胀,如果直肠进气,可准备一个气球充气器,反方向使用可抽出直肠内气体;或者等待片刻,等牛自行排空直肠内气体后再进行操作。

(2)直肠探查　左手进入直肠,触摸子宫、卵巢、子宫颈的位置,触摸卵泡大小,再次判断是否为适宜输精时间。

(3)输精　左手手心向右下握住子宫颈,无名指平行握在子宫颈外口周围,把子宫颈握在手中,握得太靠前会使颈口游离下垂,造成输精器不易插入颈口,如图6-5所示,右手持输精器,以35～45°向上进入分开的阴门前庭段后,略向前下方进入子宫颈外口,输精器通过子宫颈管内的硬皱襞时,会有明显的感觉。输精器一旦越过子宫颈皱襞,立即感到畅通无阻,即抵达子宫体处,手指能很清楚地触摸到输精器的前段。确认输精器已进入子宫体后,应向后抽退一点,以避免子宫壁堵塞住输精器尖端出口,然后缓慢地将精液注入,再轻轻地抽出输精器。整个输精操作过程动作要谨慎、轻柔,防止损伤子宫颈和子宫体。若母牛努责过甚,可采用喂给饲草、捏腰、遮盖眼睛、按摩阴蒂等方法使之缓解。

(二) 保存冷冻精液的注意事项

❍ 精液贮存在液氮罐内,液氮罐应放置在干燥、凉爽、通风和安全的专用室

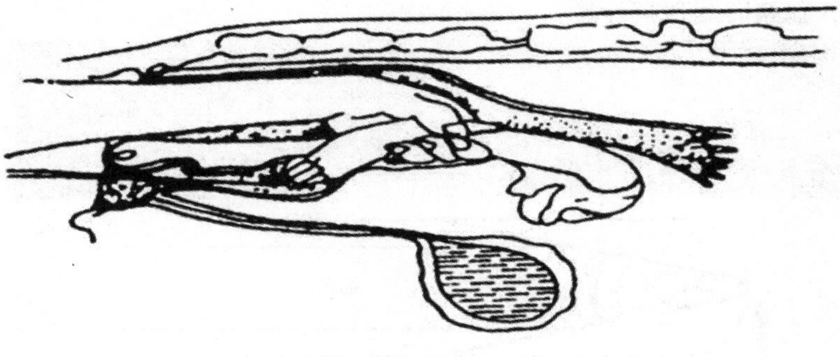

错误的操作手势

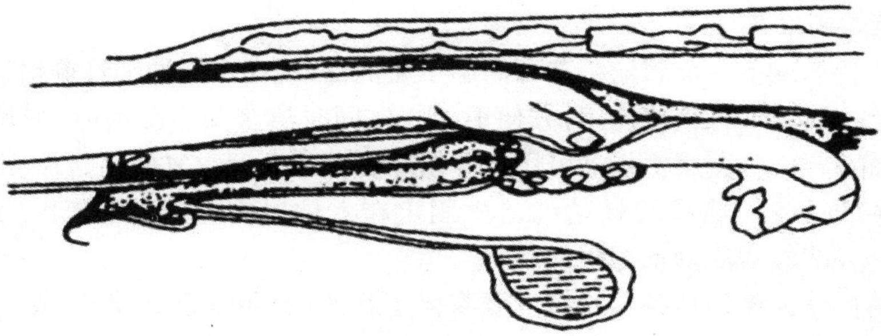

正确的操作手势

图 6－5　直肠把握输精

内，要经常检查盖子是否泄漏氮液。

○ 专人负责定期添加液氮，应有液氮添加记录表，注明每次液氮添加量和日期。

○ 冷冻精液的包装上须标明公牛品种、牛号、精液的生产日期、精子活率及数量，再按照公牛品种及牛号将冷冻精液分装在液氮罐提筒内，浸入固定的液氮罐内贮存。

○ 正确放置提筒，不使细管冻精暴露在液氮面之上，且液氮容量一般不能少于容器的 2/3。

（三）冷冻精液的解冻

○ 根据母牛繁殖记录与系谱，确定可用的冻精牛号，找到该公牛冻精的提筒。

○ 提筒不得提出液氮罐口，应置于罐颈之下，用电筒照看清楚之后用镊子夹取精液细管。如果寻找冻精超过 10s，应将提筒放回液氮内，然后再提起寻找，防止冻精活率下降。

○ 细管精液取出后，先停留 5s 左右，让液氮充分挥发，然后投入事先准备好的 38～40℃温水中，晃动 15s 左右，待精液完全溶化后，用干脱脂棉或卫生纸擦干，灭菌小剪剪去细管的封口端，装入细管输精器中进行输精。

○ 细管精液品质检查，可按批抽样评定。精液质量指标：活力≥0.35，直线运动精子密度≥1 000 万个，顶体完整率≥40％，畸形精子率≤20％，非病原细菌数≤1 000 个/ml。

❍ 精液解冻后必须保持所要求的温度，严防在操作过程中温度出现波动；冷冻精液解冻后不宜存放时间过长，应在 1h 内输精。

二、妊娠诊断

母牛配种后应尽早进行妊娠诊断，以利于保胎，减少空怀，提高母牛繁殖率和经济效益。实践中常采用直肠检查法和超声波妊娠诊断法来诊断是否妊娠。

（一）直肠检查法

直肠检查法是一种最基本、最可行的办法，其优点在于：怀孕＞20 天即可作出初诊，40 天就能确诊。并且在妊娠的各个阶段均可采用，能判断奶牛是否怀孕及怀孕的大体月份、一些生殖器官疾病及胎儿的存活情况。

直肠检查判定母畜是否怀孕的主要依据是怀孕后生殖器官的一些变化，这些变化因怀孕时间的不同而有所侧重。在怀孕初期，以子宫角形状、质地及卵巢的变化为主；在胎泡形成后，则以胎泡的发育为主，当胎泡下沉不易触摸时，以卵巢位置及子宫动脉的妊娠脉搏为主。

配种后 19～22 天，子宫勃起反应不明显。在上次发情时卵巢上的排卵处有发育成熟的黄体，黄体柔软，卵巢较他侧卵巢大，疑为妊娠。如果子宫勃起反应明显，无明显的黄体，卵巢上有大于 1cm 的卵泡，或卵巢局部有凹陷，质地较软，可能是刚排过卵。这两种情况均表现未孕。

妊娠 30 天，孕侧卵巢有发育完善的妊娠黄体，黄体肩端丰满，顶端突起，卵巢体积较对侧卵巢大 1 倍；两侧子宫角不对称，孕角较空角稍增大，质地变软，有液体波动的感觉，孕角最膨大处子宫壁较薄，空角较硬而有弹性，弯曲明显，角间沟清楚。用手指轻握孕角从一端向另一端轻轻滑动，可感到胎膜囊由指间滑动，或用拇指及食指轻轻提起子宫角，然后稍微放松，可以感到子宫壁内先有一层薄膜滑开，这就是尚未附植的胚囊。据测定，妊娠 28 天，羊膜囊直径为 2cm，35 天为 3cm，40 天以前羊膜囊为球形，这时的直肠检查一定要小心，动作要轻柔，并避免长时间触摸，以免引起流产。

妊娠 60 天，由于胎水增加，孕角增大且向背侧突出，孕角比空角约粗 1 倍，且较长，两者悬殊明显。孕角内有波动感，用手指按压有弹性。角间沟不甚清楚，但仍能分辨，可以摸到全部子宫。

妊娠 90 天，孕角如排球大小，波动明显，有时可以触及漂浮在子宫腔内如硬块的胎儿，角间沟已摸不清楚。这时子宫开始沉入腹腔，子宫颈移至耻骨前缘，初产牛子宫下沉时间较晚。

妊娠 120 天，子宫全部沉入腹腔，子宫颈越过耻骨前缘，触摸不清子宫的轮廓形状，只能触摸到子宫背侧及该处明显突出的子叶，形如蚕豆或小黄豆，偶尔能摸到胎儿。子宫动脉的妊娠脉搏明显可感。

妊娠 150 天，全部子宫沉入腹腔底部，由于胎儿迅速发育增大，能够清楚地触及胎儿。子叶逐渐增大，大如胡桃、鸡蛋；子宫动脉变粗，妊娠脉搏十分明显，空角侧子宫动脉尚无或稍有妊娠脉搏。

妊娠 180 天至足月，胎儿增大，位置移至骨盆前，能触摸到胎儿的各部分，并能感到胎动，两侧子宫动脉均有明显的妊娠脉搏。

直肠检查法虽然有其优点，但其准确性依个人的经验而异，主观性较强，初学者不易掌握，且在妊娠早期容易伤害胚胎，引起流产。

（二）超声波妊娠诊断法

超声波妊娠诊断法是将超声波的物理性和动物体组织结构的声学特点密切结合的一种物理学检查法。随着科技的进步，使用兽用 B 超仪进行超声波检查已逐渐被广泛应用于母牛的早期妊娠诊断。此法可在配种后 30 天左右，探测出比较准确的结果。兽用 B 超仪除了可进行妊娠诊断，在奶牛的发情鉴定、繁殖疾病的检查等方面也得到了广泛的应用。

兽用 B 超仪可直观地在屏幕上显示妊娠特征，空怀 B 超图像显示子宫体呈实质均质结构，轮廓清晰，内部呈均匀的等强度回声，子宫壁很薄。而妊娠奶牛的子宫壁增厚，配种后 20 天可探查到暗区即胚囊，22～24 天可探查到子宫内少量胎水确定妊娠，27～30 天可探查到胚斑及胎心搏动，胚斑为中低灰度回声，边界清晰。30～40 天时，B 超诊断的主要依据是声像图中见到胚囊或同时见到胚囊和胚斑(B 超影像由杨开红等提供)。在临床上不主张以单纯的胚囊出现作为怀孕的唯一指标，以防作出假怀孕判断。

应用 B 超仪对奶牛进行早期妊娠诊断，其优点是可直观显示胚囊、胚斑、胎心搏动等怀孕特征，阳性准确率较高。但是在临床实际操作中，有时受到操作者的操作技能、熟练程度及仪器等因素的影响也会造成假阴性结果。如胎龄过小时，胚囊未充分扩展，不易被扫查到，往往认为未怀孕。而经验不足者，探查到膀胱、积液的子宫或大卵泡时，有可能误认为胚囊而作出怀孕的结论。

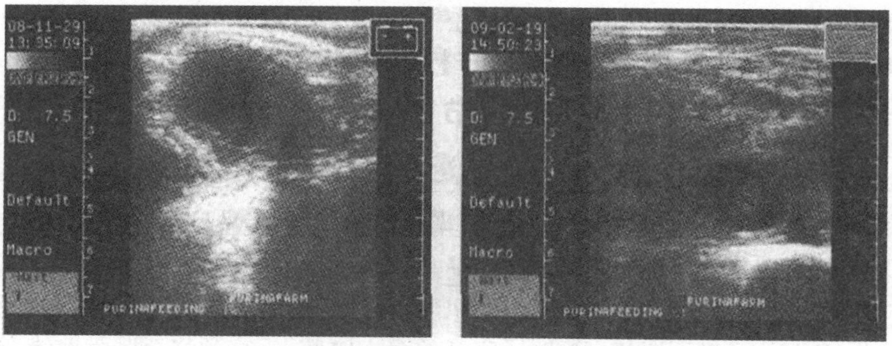

图 6-6-1　奶牛配种 28 天妊娠影像图。左图显示子宫内球形的液体孕囊，胎体反射不是很清楚；右图显示 28 天时典型的孕囊及孕囊中的白色胎体反射，据此能确定该牛已妊娠

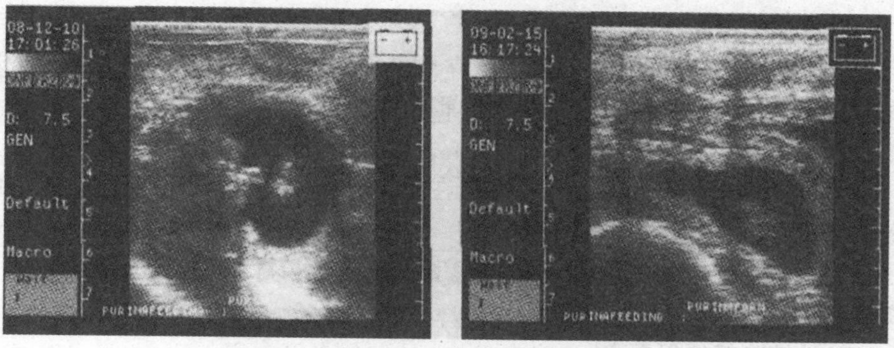

图 6－6－2　奶牛妊娠 30 天时的影像图。左图显示孕囊、胎体及胎体和胎盘的连接；右图显示孕囊和其中的胎体，这时孕囊体积增大，胎体反射明显，能找到明显胎体

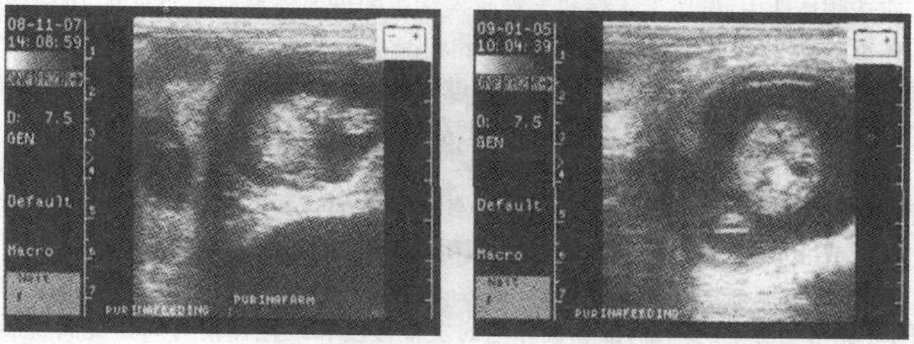

图 6－6－3　奶牛妊娠 40 天时的影像图。这时胎体反射开始增强，出现比较亮的骨骼的强回声影像图，左图中显示骨骼的强回声光团和胎心搏动，右图显示胎儿的横切面强回声图

三、奶牛性控冻精的应用

对于奶牛养殖者来说，母牛的经济效益显著高于公牛（不包括种公牛），多产母犊，少产公犊或不产公犊是所有奶牛饲养者的一个共同愿望。另外，连续生母犊，对加快牛群繁殖速度、缩短世代间隔、加速改良步伐有非常重要的现实意义。因此，近年来奶牛性别控制冻精技术得到快速发展，目前在中国业已进入商业化生产。

（一）什么是奶牛性控冻精

奶牛性控冻精是指将奶牛种公牛所产生的精液，通过人为方法将 X、Y 精子进行科学分离，从而有目的地控制后代出生性别的冷冻精液。X、Y 精子分离技术的原理是根据 X 和 Y 精子 DNA 含量存在差异，X 染色体 DNA 含量大于 Y 染色体 DNA 含量 3.8%，经荧光染料染色后，通过流式细胞分离仪将所有活力正常的 X 精子和 Y 精子有效分离，而活力差、畸形、死亡的精子在分离过程中都被剔除。然后，通过平衡、稀释、精子分装机装管，最后冷冻制成性控冻精。

（二）性控冻精的特点

由于流式细胞分离仪的工作原理，精子在分离过程中在体外滞留的时间相对常规冻精要长，耗能要多，因此性控冻精具有以下特点：

❍ 性控冻精所含X精子解冻后在体外存活的时间较常规冻精短。

❍ 解冻后精子的活力高。性控冻精在分离过程中，经过优胜劣汰后保留了活力最高、受胎能力最强的X精子。

❍ 性控冻精细管分装精子的密度显著低于非性控冻精（性控冻精：200万个/0.25ml，常规冻精：1 000万个/0.25ml）。

（三）性控冻精使用要点

（1）母牛的选择　首先是品种的选择，应选择中、高产奶牛及其后代作为使用对象；其次是年龄和胎次，首选育成牛和生产3胎内经产母牛；最后是营养和健康，应选膘情适中、健康无疾病和无繁殖疾病史的母牛。育成牛要求在16～18月龄，体重达到350kg以上，体格健康，营养状况良好且生殖系统发育正常，均为高产奶牛的后代。对于经产母牛要求身体健康，无生殖疾病、难孕史、胎衣不下病史和其他相关疾病，产后50天以上，发情正常的高产奶牛。

（2）准确的发情观察　只有准确观察到奶牛的发情时间才能为性控冻精的适时配种提供有效的帮助。牛的发情活动具有一定的规律性，大多数发情集中在傍晚、夜间或凌晨，若想观测到90%的发情牛，必须注重傍晚和凌晨的观察。

（3）准确的配种时间判断　与普通人工授精一样，奶牛在发情后，卵泡发育质量的好坏是受胎率的基础，故掌握卵泡的发育程度和最佳输精时间是提高受胎率的关键。在实际配种过程中，往往都是将直肠检查卵泡和外部症状观测结合起来判断配种时间。普通人工授精一般要求在发情结束后10～12h进行配种，此时奶牛表现安静，外阴肿胀开始消失，阴门流出半透明的牵缕性黏液。而性控冻精输精时间则要求比常规冻精输精退后3～4h，在直肠检查熟练或B超仪检测卵泡发育条件下，可尽量控制在排卵前6h之内，越近越好。

（4）性控冻精抽检　性控冻精抽检品质指标包括活力、密度、畸形率、顶体完整率、细菌数等，其中活力与密度是主要指标，参见GB 4143—2008。一般要求装管精子数不少于200万/支（0.25ml剂型）；活力＞0.35；性控比率（X精子）不低于90%。

（5）解冻后立刻输精　初步研究表明，奶牛X性控冻精体外存活时间为5～12h，比同种普通精子的存活时间短2～10h。因此，普通人工授精中，冻精解冻后可在体外保温存留1h，但性控冻精必须将液氮罐拿到现场，做到解冻后立即输精，缩短精子在外存留时间。

（6）输精部位选择　输精部位要求在排卵侧子宫角，采用子宫体深部输精，保证有足够精子到达与卵子授精部位。

（7）复配和跟踪观察　配种后8h进行第二次直肠检查，确定是否排卵；对于没有排卵的牛，仔细做直肠检查判断卵泡的性质，在推断排卵时间后要适时输精，可在配种后适当使用促排卵激素，如LHA－3、HCG、LH等，以促进卵泡的进一步成熟和排卵，缩短输精后精卵结合时间。

配种后在下个情期继续观察是否有发情症状表现，如果受配母牛连续两个情期以上没有发情，应在配种后两个月直肠检查确定是否妊娠。

(8)加强参配母牛群的饲养管理　在使用性控冻精配种过程中应该严格按照高产奶牛饲养管理规范进行饲养和管理，这是提高性控冻精情期受胎率的基础，应引起重视；同时，必须注意这期间的微量元素和维生素的供给，保证奶牛营养全面均衡。

(9)其他

❍ 注射疫苗后的 30 天，不宜使用性控冻精进行配种。

❍ 及时观察返情状况，如果一头牛两个情期输性控冻精未孕，应该改用常规冻精输精，查找未孕原因并及时治疗。

❍ 做好配种与产犊记录。繁育员应详细填写性控冻精配种繁殖记录。内容包括：母牛号、年龄、体况、胎次、发情时间；与配公牛号、输精时间、输精位置、产犊情况、产后子宫治疗处理等，并有繁育员签字。记录详细，真实可靠。

❍ 配种技术人员应有较高的实际操作经验和责任心，细心观察，踏实工作，一丝不苟，精益求精。只有技术与责任心完美结合，才会收到满意的效果和经济回报。

(四)性控冻精应用存在的问题与效益分析

2004 年以来，我国陆续引进多个精子分离专用系统，开始了奶牛性别控制冷冻精液的商业化生产，按照目前国内拥有的设备生产能力测算，每年大约可以向市场提供性控 X 冻精 60 万支。经过 7 年的生产应用实践，获得了一批又一批的奶牛性别控制母犊；但遗憾的是奶牛性控冻精市场并未出现供不应求的现象，性控冻精的推广应用中还存在一系列问题。

一是性控精液生产的成本高，导致出售价格居高不下，使推广应用的速度和范围受到制约。目前市场上性控冻精销售价格一般在 150～300 元/支，按照这一价格分析，采用性控技术获得一头母牛犊的平均成本应不高于 700 元，采用常规冻精虽然精液成本较低，但 2 头母牛才能产出 1 头母犊，其综合经济效益则要比使用性控冻精低几千元。

二是国内实践表明，通过性控冻精进行人工授精，产母犊率平均在 90%以上，情期受胎率平均 50%左右，其中初配的育成牛情期一次输精受胎率高达 60%～80%，与使用普通精液相比差异不显著，而经产牛情期一次输精为 33%左右。一个相对稳定的牛群每年转入泌乳牛群的育成牛只占 25%左右，而经产牛占到了 75%，因此，只有提高经产牛受胎率，性控冻精才会给牛场带来显著的经济效益。

但是，如果能改进性控冻精的生产工艺，降低生产成本，增加性控冻精单位剂量中的有效精子数，提高性控冻精受胎率，并加强技术人员的培训，性控冻精的应用必然会大有前景。常规冻精得到一头母牛犊，需要 4 支精液，花费 2 年时间；而采用性控冻精只需要 2 支精液，花费 1 年时间。常规生产情况下，一头母牛一生只能产 6～7 胎，平均得到 3～4 头母牛；采用性控精液配种，一头奶牛一生则可以产

6头以上母牛。如选用北美优秀荷斯坦种公牛性控精液来改良我国现有奶牛，则可提高后代产奶量1 500～2 500kg，一头良种奶牛可直接为奶牛养殖户带来8 000元甚至更高的收入。

四、胚胎移植技术

目前采用的奶牛育种方案是人工授精育种体系，即“AI育种体系”，该育种方案可以在种公牛和种子母牛的选择上实现一个较高的选择强度，在牛群的产奶性状和次级性状上获得较大的选择精确性，但由于大规模后裔测定耗费大量人力、物力和财力，育种成本高，种牛群世代间隔长，遗传进展受到限制。随着胚胎移植等繁殖新技术的发展，越来越多的国家开始实施“MOET核心群育种方案”，即采用MOET(multiple ovulation and embryo transfer)技术，在一个群体内，集中一定数量的优秀母牛，形成一个相对的闭锁群体，群体内完全通过胚胎移植等技术进行繁殖，高强度地利用最优秀的公牛和母牛，可有效缩短世代间隔。另外，胚胎移植技术也可用于良种奶牛的快速扩繁。现简要介绍一下胚胎移植技术的主要程序，包括供体与受体同期发情处理、供体超排与授精、采集胚胎、检胚和移植等。详细内容参见《奶牛胚胎移植技术规程》(中华人民共和国农业行业标准：NY/T 1445—2007)。

(一)同期发情

同期发情又称同步发情，就是利用某些激素制剂人为控制并调整一群母畜发情周期的进程，使之在预定时间内集中发情。同期发情的关键是人为控制卵巢黄体寿命，同时终止黄体期，使经处理的牛卵巢同时进入卵泡期，从而使之同时发情。

1. 同期发情的意义

控制母牛同期发情，可使母牛配种、妊娠、分娩及犊牛的培育在时间上相对集中，便于胚胎移植的规模进行。同期发情不但用于周期性发情的母牛，而且也能使乏情状态的母牛出现性周期活动。例如，卵巢静止的母牛经过孕激素处理后，很多表现发情；因持久黄体存在而长期不发情的母牛，用前列腺素处理后，由于黄体消散，生殖机能随之得以恢复。因此，可以提高奶牛群的繁殖率。

2. 母牛同期发情处理方法

用于母牛同期发情处理的药物种类很多，方法也有多种，目前使用较多的是孕激素阴道栓塞法以及前列腺素法。

(1)孕激素阴道栓塞法　将含孕激素的栓塞物放在子宫颈外口处，其中激素即渗出。处理结束时，将其取出即可，或同时注射孕马血清促性腺激素。

(2)前列腺素法　前列腺素一般采用肌内注射方式给药。前列腺素处理法只有当母牛在发情周期第五至第十八天(有功能黄体时期)才能产生催情反应。对于周期第五天以前的黄体，前列腺素并无溶解作用。因此，用前列腺素处理后，总有一部分牛无反应，对于这些牛需进行二次处理。如果要使一群母牛有最大限度的同期发情率，采用前列腺素二次处理法，即第一次注射药物后10～12天，对全群牛进行第二次注射，可显著提高母牛的同期发情率。

用前列腺素处理后，一般第三至第五天母牛出现发情，比孕激素处理晚1天。因为从投药到黄体消退需要将近1天。

（二）超数排卵

超数排卵简称超排，就是在母牛发情周期的适当时间注射促性腺激素，使卵巢产生比自然生理条件下更多的卵泡并排卵。

1. 超排的意义

只有能够得到足量的胚胎才能充分发挥胚胎移植的实际作用，提高应用效果。所以，对供体母牛进行超排处理已成为胚胎移植技术程序中不可或缺的环节。牛一个发情周期一般只有一个卵泡发育成熟并排卵，受精后只产一犊。超排处理后，卵巢上同时可有多个卵泡发育，一次可生产几个甚至几十个胚胎，充分发挥了良种母牛的繁殖潜力。

2. 超排方法

（1）用于超排的药物　用于超排的药物大体可分为两类：一类促进卵泡生长发育，另一类促进排卵。前者主要有促卵泡素和孕马血清促性腺激素，后者主要有促黄体素和人绒毛膜促性腺激素。

（2）处理方法　超排处理一般方法为在预计发情到来之前4天，即发情周期的第十六天注射促卵泡激素或孕马血清，在出现发情的当天注射促黄体激素或人绒毛膜促性腺激素。两天后肌内注射前列腺素或其类似物以消除黄体，之后2～3天即会发情。

为了使排出的卵子有较多的受精机会，一般在发情后授精2～3次，每次间隔8～12h。

（三）胚胎移植

胚胎移植又称受精卵移植，就是将一头母牛（供体）的受精卵移植到另一头母牛（受体）的子宫内，使之正常发育，俗称“借腹怀胎”。

1. 胚胎移植的操作原则

❍ 胚胎移植前后所处环境的一致性，即胚胎移植后的生活环境和胚胎的发育阶段相适应，包括生理和解剖位置。

❍ 胚胎收集和移植的期限（胚胎的日龄）不能超过周期黄体的寿命，最迟要在周期黄体退化之前数日进行移植。通常是在供体发情配种后3～8天内收集和移植胚胎。牛的非手术采胚一般在输精后6～7天进行。

❍ 在全部操作过程中，胚胎不应受到任何不良因素（物理、化学、微生物）的影响而危及生命力。移植的胚胎必须经鉴定并确认是发育正常者。

2. 胚胎移植的基本步骤

（1）采集胚胎（冲胚）　冲胚一般在输精后6～7天进行，采用二路式导管冲卵器。二路式冲卵器是由带气囊的导管与单路管组成，导管中一路用于气囊充气，另一路用于注入和回收冲卵液。

非手术法回收胚胎步骤：①腰荐或第一、第二尾椎间隙用2%的普鲁卡因或利多卡因5～10ml进行硬膜外腔麻醉，防止子宫颈紧缩及母牛努责不安。②洗净外阴部并用乙醇消毒。③用扩张棒扩张子宫颈，用黏液抽吸棒抽吸子宫颈黏液。④直肠把握法，将导管经子宫颈导入子宫角，导管中插1根金属通杆以增加硬度，使之易于通过子宫颈。为防止导管在阴道内被污染，可用外套膜（有商品出售）套在导管外，当导管进入子宫颈后，扯去套膜。将导管插入一侧子宫角后，从充气管向气囊充气，使气囊胀起并触及子宫角内壁，以防止冲卵液倒流。然后抽出通杆，经单路管向子宫角注入冲卵液，每次15～50ml，冲洗5～6次，并将冲卵液收集在带漏网的集卵杯内。为充分回收冲卵液，可在直肠内轻轻按摩子宫角。

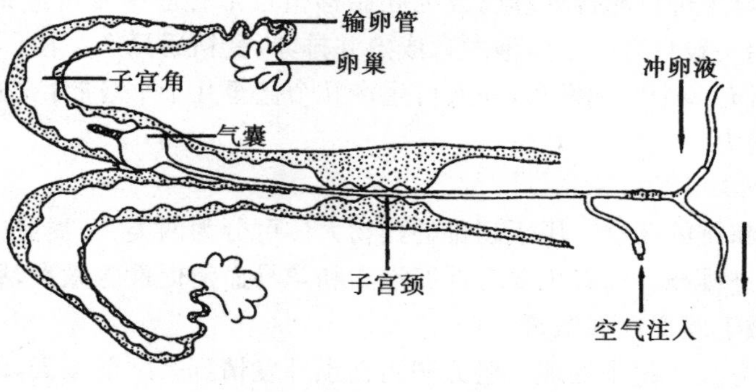

图6-7 冲胚示意图

（2）检胚 将集卵杯静置5～10min，胚胎沉底后，在实体显微镜下找到冲出的胚胎，将胚胎移至保温的盖有石蜡油的培养液中，先在低倍镜下检查胚胎数量，然后在高倍镜下判断胚胎质量，最后装管进行鲜胚移植或冷冻保存。

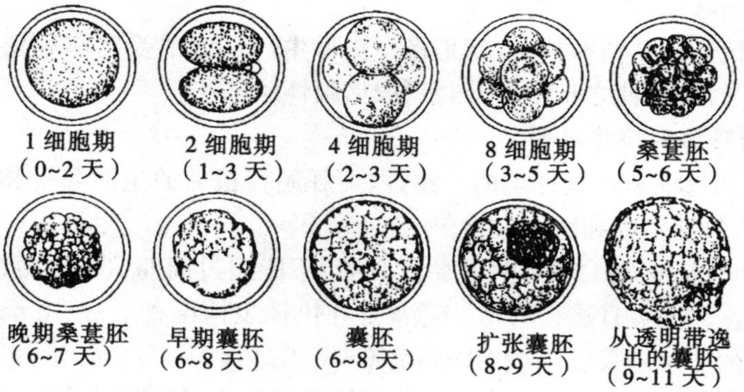

图6-8 妊娠天数与胚胎发育阶段

（3）移植胚胎 将受体母牛保定，装有胚胎的吸管装入移植枪内，用直肠把握法通过子宫颈插入子宫角深部，注入胚胎。移植胚胎时要严格遵守无菌操作规程，以防生殖道感染。

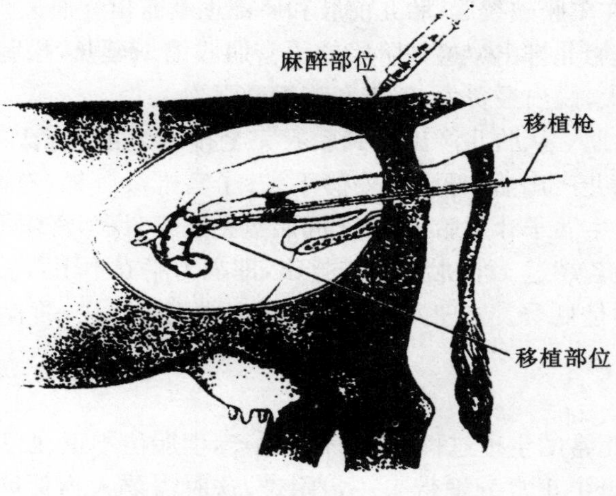

图 6-9　胚胎移植示意图

五、奶牛的分娩与助产

(一)分娩

母牛经过一定时间的妊娠,胎儿逐渐发育成熟,母体和胎儿之间在多种因素的作用下而失去平衡,导致母牛将胎儿及附属膜排出体外的过程称为分娩。

1. 分娩预兆

随着胎儿的逐步发育成熟和产期的临近,母牛身体会发生一系列先兆变化,为保证安全接产,必须安排有经验的饲养人员昼夜值班,注意观察母牛的临产症状。

(1)乳房变化　产前约半个月,孕牛乳房开始膨大,乳头肿胀,乳房皮肤平展,皱褶消失,有的经产牛还见乳头向外排乳。

(2)阴门分泌物　妊娠后期,孕牛外阴部肿大、松弛,阴唇肿胀,如发现阴门内流出透明索状黏稠液体,则 1～2 天内将分娩。

(3)荐坐韧带变化　妊娠末期,荐坐韧带软化,臀部有塌陷现象,在分娩前12～36h,韧带充分软化,尾部两侧肌肉明显塌陷,俗称"塌沿",这是临产的主要前兆。

2. 分娩过程

(1)开口期　从子宫开始阵缩到子宫颈口充分开张为止的一段时间,一般为 2～8h(范围为 0.5～24h)。这时只有阵缩而不出现努责。初产牛表现不安,时起时卧,徘徊运动,尾根抬起,常做排尿姿势,食欲减退。经产牛一般比较安静,有时看不出有什么明显表现。

(2)胎儿产出期　从子宫颈充分开张至产出胎儿的一段时间,一般持续 0.5～2h(范围为 0.5～6h)。初产牛通常持续时间较长。若是双胎,则两胎儿排出间隔时间一般为 20～120min。这个时期的特点是阵缩和努责同时作用。进入这个时期,母牛常侧卧,四肢伸直,强烈努责,羊膜绒毛膜形成第一胎囊突出阴门外,该囊破裂后,排出淡白或微带黄色半透明的浓稠羊水。胎儿产出后,尿囊才开始破裂,流出黄褐色尿水。有时尿膜绒毛膜囊形成第一胎囊先破裂,然后羊膜绒毛膜囊才突出阴门破裂。在羊膜破裂后，胎儿前肢和唇部逐渐露出并通过阴门，这时母牛稍事休息后，继续把胎儿排出。这一阶段的子宫肌收缩期延长，松弛期缩短，胎儿的头和肩胛骨宽度大，娩出最费力，努责和阵缩最强烈。

(3)胎衣排出期　从胎儿产出后到胎衣完全排出为止，一般需2～8h(范围为0.5～12h)。当胎儿产出后，母牛即安静下来；子宫继续阵缩(有时还配合轻度努责)使胎衣排出。牛属子叶型胎盘，母子间胎盘粘连较紧密，宫缩不易排出胎衣，胎衣排出时间较长，若超过12h，胎衣仍未排出，即视为胎衣不下，需及时采取处理措施去除胎衣，特别是夏季。处理方法有人工剥离或用药灌注，两者结合使用效果更好。

(二)助产

分娩是母牛正常的生理过程，一般不需助产，但胎位不正、胎儿过大、母牛娩出无力等情况会给母牛正常分娩带来一定困难，这时需要人为帮助，以确保母子安全。

1.助产的准备工作

(1)产房的准备　应设有专用产房和分娩栏，产房要求清洁、宽敞、干燥、阳光充足、环境安静、有铺垫的褥草；产房地面要平整，以便于消毒；临产母牛应在预产期前1周左右进入产房，值班人员随时注意观察分娩预兆。

(2)助产用器械和药品　产房内应该备有常用助产器械及药品，如乙醇、碘酒、来苏儿、催产素、药棉、纱布、细线绳、产科绳、剪刀、手术刀、镊子、针头、注射器、手电筒、手套、肥皂、毛巾、塑料布、面盆、胶鞋、工作服、常用手术助产器械等。

2.正常分娩的助产

(1)清洗产牛的外阴部及其周围部位　当母牛出现分娩先兆时，应将其外阴部、肛门、尾根及后躯洗净，再用0.1%新洁而灭溶液消毒。

(2)观察母畜的阵缩和努责状态　紧密观察母牛的分娩过程，及时察觉异常情况，必要时人工干预助产。

(3)检查胎儿和产道的关系是否正常　母牛分娩进入产出期后，胎儿的前置部分已经进入产道，当母牛躺卧努责，从阴门可看到胎膜露出时，助产人员可用消毒的手臂伸入产道检查胎儿的方向、位置及姿势是否正常，以便及早发现问题及时矫正。

胎儿正生时应三件俱全(唇及二前蹄)。如果两肢露出很长时间而不见唇部，或露出唇部而不见前蹄，可能是头颈侧弯、额部前置、颈部前置、头向后仰等不正常姿势。如果两前肢长短不齐，有可能是肘关节屈曲、肩部前置。如果只摸到嘴唇而触不到前肢，有可能是肩部前置、两侧腕部前置或肘关节屈曲。倒生时，两后肢蹄底向上、可摸到尾巴。如果在产道内发现2条以上的腿，可能是正生后肢前置或倒生前肢前置，可根据腕关节及跗关节的差别作出判断。

在检查胎儿和产道的关系同时，也应检查产道的松软及润滑程度，子宫颈松弛及扩张程度，骨盆腔的大小、软硬及产道有无异常现象，以判断有无发生难产的可能。

(4)处理胎膜 在胎儿娩出过程中,不要随意强行撕破胎膜,胎膜一般由于胎盘的牵扯而自行破裂。

(5)保护会阴及阴唇 胎儿头部通过阴门时,如果阴唇及阴门非常紧张,助产员应用手护住阴唇及会阴部,使阴门横径扩大,促使胎儿头部顺利通过,且能避免阴唇上联合处被撑破撕裂。

(6)帮助牵拉胎儿 在下述任何一种情况下,应帮助牵拉出胎儿,胎儿姿势异常时必须经过矫正后再进行牵拉。

1)头部通过过慢 正生时胎儿头部,尤其是眉弓部通过阴门比较困难,所需时间较长。为避免母牛过多地消耗体力,助产人员可以帮助牵拉胎儿。

2)胎儿排出过慢 可能是由于产道狭窄或胎儿某一部位过大。

3)母牛阵缩、努责微弱 无力排出胎儿。

4)倒生 倒生时脐带常被挤压于胎儿和骨盆底之间,影响血液畅通,可能造成胎儿窒息死亡,需要尽快排出胎儿。

牵拉胎儿时应配合母牛努责,助手还应推压母牛的腹部,以增加努责的力量。

5)牵拉胎儿的技巧 牛的骨盆轴是上下曲折的,由腰部向尾部的轴线走向是先向上,再水平,然后向下,牵拉胎儿过程也应随这一曲线方向,先向上,待胎儿头颈出阴道口后再水平,在胎儿胸腰出阴道口后向下、向后牵拉。当胎儿肩部通过骨盆入口时,因横径大,排出阻力大,此时牵拉应注意不要同时牵拉两前肢,而应交替牵拉两前肢,使肩部倾斜,缩小横径,容易拉出胎儿。当胎儿臀部将要排出时,应缓慢用力,以免造成子宫内翻或脱出,也避免腹压突然下降,导致母牛脑部贫血。当胎儿腹部通过阴门时,应将手伸到胎儿腹下握住脐带,和胎儿同时牵拉,以免将脐带扯断在脐孔内。

(三)母牛产后护理

母牛经历分娩过程后极度疲劳,应注意加强护理,以便促使母体尽早恢复体力,防止发生产后疾病。

(1)补充水分 在分娩过程中,母体丧失很多水分,产后要及时给饮足够的温盐水、麸皮汤、面汤或麸皮盐水。

(2)消毒外阴 用消毒液清洗母牛的外阴部、尾巴及后躯。因为胎儿娩出过程中会造成产道表浅层创伤,娩出胎儿后子宫颈口仍开张,子宫内积存大量恶露,极易受微生物的侵入,引发产后疾病,因此要做好清洗消毒工作。

(3)观察母牛努责情况 产后数小时内,母牛如果依然有强烈努责,尾根举起,食欲及反刍减少,应注意检查子宫内是否还有胎儿或有子宫内翻脱出的可能。

(4)检查排出的胎膜 胎儿娩出后,要及时观察检查胎膜的排出情况,胎膜排出后,应检查是否完整,并注意将胎膜及时从产房移出,防止母牛吞食胎膜。若胎膜不能按时排出,应及时进行处理。

(5)观察恶露排出情况 恶露最初呈红褐色,以后变为淡黄色,最后为无色透明,正常恶露排出时间为10～12天。如果恶露排出时间延长,或恶露颜色变暗、有异味,母牛有全身反应则说明子宫内可能有病变,应及时检查处理。

第三节 提高奶牛繁殖率的综合措施

一、奶牛的繁殖性能指标

繁殖性能指标	理想水平	异常水平
初情期	12 月	>15 月
产犊间隔	12.5～13 月	>14 月
产后第一次发情平均天数	<40 天	>60 天
产后 60 天内第一次发情的头数	>90%	<90%
达到第一次配种的平均天数	45～60 天	>60 天
怀孕所需的配种次数	<1.7	>2.5
后备母牛首配受胎率	65%～70%	<60%
成年母牛第一情期受胎率	50%～60%	<40 %
少于三次配种的母牛受胎率	>90%	<90%
配种时间间隔 18～24 天的乳牛	>85%	<85%
平均空怀天数	85～100 天	>140 天
空怀 120 天以上的母牛	<10%	>15%
干奶期	50～60 天	<45 天或>70 天
首次产犊平均月龄	24 月	<24 个月或>30 个月
流产率	<5%	>10%
繁殖障碍淘汰的母牛	<10%	>10%

注：引自卢德勋《系统动物营养学导论》。

二、提高奶牛繁殖率的措施

（1）缩短母牛产后乏情期，缩短产犊间隔　母牛产后 30 天要按制度进行例行检查，掌握生殖器官的恢复情况和患病情况，如果产后 40 天生殖器官恢复但仍无正常发情表现，有效的方法是采用生殖激素诱导发情。

母牛分娩后适时使用促性腺激素释放激素可以激发卵巢的活性，促使其恢复周期性活动。在产后 20 天和 35 天注射两次促性腺激素释放激素（100μg/次），再在产后 47 天注射 0.24mg 氯前列烯醇，可将产后空怀期由 109 天缩短至 78 天。应用国产促黄体激素释放激素类似物（LRH—A_3）200～300μg 也有缩短母牛空怀期的作用。

应用孕马血清促性腺激素 1 000～1 200 单位，配合前列腺素类、促黄体激素释放激素或孕激素对产后 40～50 天的母牛进行处理，5 天内可使排卵率达 80%以上，第一情期受胎率达 40%。

（2）提高母牛受配率和受胎率　熟悉牛群繁殖情况，做好牛群登记组织工作；提高适龄母牛比例，一般牛群中基础繁殖母牛应占 50%以上，3～5 岁的母牛应占繁殖母牛的 60%～70%；及时检查和治疗母牛不孕症，找出不孕的原因并积极治疗；定期清群，淘汰各类发情异常或劣质母牛；抓好母牛膘情，做好发情鉴定和适时配种工作，减少或避免漏配、失配、误配，提高母牛受配率和受胎率。

（3）进行早期妊娠诊断，防止失配空怀　通过有效的早期妊娠诊断，及早确定母牛是否妊娠，防止孕后发情造成误配，对未孕牛，应认真及时找出原因，采取相应措施。不失时机地补配，缩短空怀时间。

（4）防止流产　加强责任心，爱护怀孕母牛，狠抓孕牛饲养管理，改善母牛的饲草、饲料品种，熟悉母牛的配种日期和预产期，防止踢、挤、撞，抓好接产、助产和初生犊牛护理和培育工作。

（5）提高牛分娩前后的卫生水平　搞好产房及分娩卫生，可以减少子宫感染的机会和胎衣不下的发病率，缩短产后子宫复旧时间。

（6）保证足量粗饲料供应　狠抓孕牛饲养管理，改善母牛的饲草、饲料品种，保证足量粗饲料供应。给予的粗饲料可根据干物质与体重之比进行调整，高产牛为体重的 1.0%～1.8%，一般牛为体重的 1.0%～1.6%。粗饲料干物质给予量少于体重的 1%，会造成卵巢功能低下。在计划配种前，日粮中还可添加维生素 A、维生素 D、维生素 E，以增强卵巢功能，营造优良的子宫内环境，提高卵子质量和胚胎着床概率。

（7）推广应用繁殖新技术　为了提高优良母牛的繁殖力，应逐步推广应用适宜、成熟的繁殖新技术：①人工授精技术的推广，特别是性控冻精的应用，大大提高了牛群的生产水平。在推广性控冻精的过程中，一定要遵守操作规程。②同期发情、超数排卵、胚胎冷冻、性别鉴定、胚胎移植等新技术的应用，可极大提高良种奶牛的繁殖力。③正确使用生殖激素，可使患繁殖障碍的母牛恢复正常的生殖机能，从而保持和提高其繁殖力。

第七章　各阶段奶牛养殖与标准化创建

第一节　幼牛的饲养管理

一、犊牛的饲养管理

犊牛是指生后到6月龄的小牛，犊牛的正确饲养，对提高犊牛成活率至关重要，养好犊牛必须根据其生长发育模式合理饲养。

（一）犊牛的生长发育

1. 犊牛的生长发育

（1）犊牛生长发育的一般模式　犊牛生长发育的一般模式，与其他家畜基本相同，发育强度的顺序是与生命最关紧要的部位和器官优先发育。在体组织中，神经组织与生命关系最为密切，最先发育。在各部位中，头部与生命关系最为密切，最早发育。各部位及体组织发育的强度顺序见表7-1。另外，在内脏器官的发育中，肝脏的大小和牛的营养水平紧密相关，瘤胃的发育同饲料种类极为密切。其他器官，如心脏、脾脏、肺脏、胰脏、肾脏等都是同生命最为密切的脏器，大致同体重按一定比例进行发育，在犊牛的养殖中，应该根据生长发育模式确定营养供给模式。

表7-1　各部位及体组织发育的强度顺序表

强度顺序	1	2	3	4
部位	头	颈和四肢	胸部	腰部
组织	神经	骨骼	肌肉	脂肪
骨骼	管骨	胫骨、腓骨	股骨	骨盆
脂肪	肾脂肪	肌肉间脂肪	皮下脂肪	肌肉的脂肪

（2）体型的发育　体型的变化，主要取决于骨骼的发育状况。因此要了解体型的变化，应首先了解骨骼的生长发育变化。骨骼在犊牛生前已经开始发育。骨骼的发育顺序是先长长骨，后长扁骨。因此幼牛体型发育的一般模式是犊牛出生时

体型比较高比较瘦。生长顺序是先长高、再长长、最后向宽度和深度生长。

(3)营养水平对体型发育的影响　营养水平的高低对幼牛生长发育影响很大。用高营养水平对幼牛进行饲养，幼牛生长发育速度快，体型变化大。如果采用低营养水平对犊牛进行饲养，幼牛生长发育延缓。但是，在奶牛生产中，为了降低幼牛培育成本，常采用低营养水平的饲养模式。

低营养水平饲养就是在幼牛生长发育阶段采用粗质的饲料饲喂牛，以降低培育成本，而不影响幼牛的培育效果。一般在低营养饲养条件下，对幼牛的影响主要表现在，代表整体体积和重量的性状上受到限制。如体重、胸围、腹围等。这种影响，一般情况下，在限制饲养取消以后仍能恢复到正常状态。

2. 瘤胃发育

在消化系统中，瘤胃是最重要的消化器官。要使奶牛的生产性能得到充分发挥，必须使奶牛有一个发育良好、性能优良的瘤胃。培育幼牛的过程，在很大程度上是培育瘤胃的过程，特别是培育后备牛时更应该注意瘤胃的培育。所以要了解瘤胃的发育。

(1)瘤胃容积的变化　犊牛出生时，瘤胃容积很小，出生以后瘤胃生长发育非常迅速，容积变化很大。刚出生时，前两个胃仅占胃总容积的1/3；10～12周龄时，前两个胃占四个胃总容积的2/3；幼牛4个月龄时，前两个胃占胃总容积的80%；幼牛到1.5岁时，前胃发育基本完成，前两个胃占总容积的85%。在犊牛养殖中要根据瘤胃容积变化合理确定犊牛的饲料体积。

(2)瘤胃消化能力的形成　犊牛在刚刚出生以后，前胃没有消化能力。只有真胃具有消化能力。幼牛到3～4周龄时，才开始反刍。瘤胃的发育受饲料种类影响很大，一般情况下，饲喂植物性饲料对瘤胃具有促进作用。实验证明，经常饲喂植物性饲料的幼牛，瘤胃的容积变大、瘤胃组织重量增大、瘤胃乳头增大、单位面积上瘤胃乳头数量减少、瘤胃的色泽接近成年牛的暗褐色，在犊牛养殖中要根据瘤胃消化能力变化合理确定犊牛的饲料类型。

(3)饲料对瘤胃发育的作用　植物性饲料的种类不同对瘤胃发育的作用也不同，进入前胃的固体饲料，在细菌和原虫作用下，分解产生各种各样的产物，刺激前胃黏膜，促使乳头状突起发育。有人实验发现，在这些分解产物中乳酸刺激效果最好，而醋酸则影响不大。在饲料中，粗饲料产生的乳酸较少，产生醋酸较多，但是，醋酸可促进前胃体积增大。精料体积小，产生乳酸多，可促进乳状突起的发育。前胃乳状突起的发育主要在早期，而体积的大小则随身体的发育成长而增大。所以在哺乳期为了满足营养需要，早期喂给精料是很重要的。

(二)初生犊牛的护理

犊牛生后7～8天称为新生期，也称为初生期。在新生期，犊牛生理上发生了很大变化，而此时犊牛的体质差，抵抗力弱，因此做好新生犊牛护理工作，是提高犊牛成活率的关键。如何做好新生犊牛的护理工作，应注意下列几个方面。

1. 清除黏液

(1)清除口鼻黏液　当犊牛出生以后，犊牛就开始用肺进行呼吸。此时，由于顺利生产的需要，犊牛身上有很多黏液，特别是犊牛的口鼻附近有很多黏液。当犊牛呼吸时，黏液容易被吸入呼吸道，轻者引起呼吸道疾病，重者造成犊牛窒息死亡。所以必须清除这些黏液。清除的方法是用手从犊牛口鼻中抠出黏液，并用干净的布擦干。如果犊牛已经吸入黏液而造成呼吸困难时，可以用手拍打犊牛的胸部，使犊牛吐出黏液；或者用一只手握住犊牛的后肢，将犊牛倒挂，用另一只手拍打犊牛的胸部使犊牛吐出黏液。

（2）清除躯体黏液　对于初生犊牛除应及时清除口鼻的黏液外，还要清除犊牛体躯上的黏液。在新生期，犊牛神经机能不健全，对冷热调节机能较差。如果不及时清除犊牛身上的黏液，容易使犊牛受凉生病。在母牛正常产犊时，母牛会立即将犊牛身上的黏液舔舐干净，不需要进行擦拭，而且母牛舔舐，有助于刺激犊牛的呼吸和促进血液循环。同时由于母牛唾液酶的作用，也容易将黏液清除干净。为了使母牛更好地舔舐，可以在犊牛身上擦一些麸皮。对人工哺乳的犊牛，母牛舔舐犊牛会增加母牛恋子现象，增加挤奶的困难。

2. 断脐带

在犊牛出生时，由于胎衣和犊牛不同时出来，所以脐带往往被自然扯断。但是无论脐带是否被自然扯断，都应给犊牛断脐，防止脐炎的发生。有些牛场对犊牛产后脐带不管不理的方法是不正确的。

（1）断脐的方法　断脐时，在距离犊牛脐部 10～12cm 处，用消毒剪剪断脐带，挤出脐带内的黏液，用碘酊充分消毒，以免犊牛发生脐炎，脐炎的发生除与断脐的消毒不彻底有关外，还与犊牛的卧处不清洁以及管理措施的不良有关。

（2）断脐后脐带的变化　断脐后，脐带一般在犊牛生后 1 周左右逐渐干燥自然脱落。当脐带长时间不干燥，并伴有炎症发生时，则可断定为脐炎。如果没有炎症发生不能断定为脐炎。脐带不能自然脱落还有另外一种情况，就是由于胎儿时期的尿细管，在脐带断裂时，没有能够与脐带动脉一起退缩至腹腔中，尿细管仍附着在脐部，这样经常有尿液漏出，从而使脐带呈湿润状态。这种情况，一般几周之后可自然痊愈。只有个别长时间不干燥的，才需要外科手术处理。

（3）脐炎的防治　脐炎预防主要是在母牛产前，注意做好产房清洁卫生工作，分娩后对犊牛要及时消毒脐带。当发生脐炎时，首先要对脐部剪毛消毒，在脐孔周围皮下注射青霉素、卡那霉素等抗生素。如有脓肿和坏死组织，应排出脓汁和清除坏死组织，然后消毒清洗，撒上磺胺粉或其他抗菌消炎药物，并用绷带将局部包扎好。

（4）脐出血的防治　在不安静产犊牛时，或人工助产时，过早、过分用力拉出胎儿，容易造成脐带机械性断裂，影响脐动脉或脐静脉自行封闭，发生脐出血。脐出血可发生于脐静脉，也可发生于脐动脉，若血液呈点滴流出，表明发生在脐静脉，若血液从脐带或脐部涌出，表明脐动脉出血，有时则为脐动脉或脐静脉同时出血。不论是动脉出血还是静脉出血都要及时采取措施。

脐出血的一般处理措施是用消毒过的细绳结扎脐带断端。如果脐带断裂端过短甚至缩回到脐孔内，可用消毒过的纱布或脱脂棉撒上消炎止血粉等药物填塞脐孔，外用纱布绷带包扎脐孔进行压迫止血。如果出血不止，可用止血钳将脐孔暂时闭合，再将脐孔缝合以止血。对出血过多或有贫血症状的犊牛，可以补充生理盐水或输入母体血。

3. 饲喂初乳

(1)初乳的特点和作用　初乳是母牛产犊后5～7天以内所产的乳，初乳呈深黄色。初乳比较黏稠，干物质含量中除乳糖外，其他营养含量均较常乳高。初乳具有特殊的化学和生物学特性，对犊牛具有重要作用，是新生犊牛唯一的，几乎不可代替的营养来源。初乳对犊牛的作用主要有以下几个方面：①初乳可以代替胃肠壁上黏膜的作用。②初乳中含有能够杀死或抑制病菌活动的物质。③初乳能促进胎粪的排出。④初乳酸度为45～50°T比常乳高具有抑菌的作用。⑤初乳营养全面容易吸收。⑥初乳能促进胃肠早期活动。⑦初乳可将母体免疫抗体传递给犊牛。

(2)初乳的哺喂

1)第一次哺喂时间　初乳对犊牛具有重要作用，第一次哺喂初乳的时间，应该越早越好，一般在犊牛生后30～50min第一次哺喂初乳为宜。

2)第一次初乳的喂量　初乳第一次的喂量可根据犊牛体型的大小，健康状况进行合理掌握。一般在不影响犊牛消化的情况下，第一次应该让犊牛尽量饮足初乳。饮足初乳的量在1～1.5g，但是不论什么用途的牛，第一次喂初乳的量都不应该低于1kg，只有体重大，而且健壮的犊牛才可吃到2kg以上。

3)初乳的日喂量　初乳的日喂量应高于常乳，有些牧场规定第一天初乳的喂量应为犊牛出生重的1/6，以后每天可增加0.5～1kg，产后第五天可让犊牛吃到5～8kg的初乳。初乳喂得过多影响犊牛消化，过少影响生长，因此在喂初乳时，饲养员应该注意观察犊牛哺乳时的特征、食欲和精神状况，对贪食的犊牛，每次喂量要少，每天哺喂次数要多。对于精神不振、行动迟呆的犊牛，不要强迫其采食，并可以酌情减少初乳的喂量。

4)初乳的哺喂次数　哺喂次数每天应4～6次，每次间隔的时间应为4～6h，最少每天不应低于3次，实验证明，同样数量的初乳，每天多喂几次比少喂几次消化率较高。

5)哺喂初乳的乳温　初乳挤出以后应及时哺喂犊牛，不宜搁置时间太长，用初乳哺喂犊牛以前，应该测试初乳乳温，如果乳温不低于35℃，可直接哺喂。如果乳温低于35℃，应用水浴加热至35～38℃再哺喂犊牛。加热时温度不可过高，如果温度过高，初乳易发生凝固。但切忌乳温过低，乳温过低常常引起犊牛腹泻下痢。

(三)犊牛的哺乳

1. 人工哺乳

人工哺育法是在母牛产犊后初生期某一阶段把犊牛移入犊牛舍，与母牛分开，人工挤奶，定时定量哺喂犊牛。其优点是人工哺乳可正确了解母牛的产奶量，使饲养管理更科学合理，有利于根据产奶量确定饲养模式，能提高牛奶的商品率，对经营有利；也能按犊牛的生长需要合理哺喂，有利于减少疾病，保证犊牛健康。缺点是劳动量大。

采用人工哺乳模式母子分离的时间一般分为三种：一是产后立即分离，这种方法可以避免母恋子、子恋母，便于管理。二是产后一天分离，这种方法是母牛产后开始挤奶不能完全挤出来，可让犊牛先吃一天，便于挤奶。三是产后1周分离，这种方法是产后犊牛体质过弱，让犊牛跟随母牛，便于母牛看护犊牛，但这种方法缺点多，常因过食造成犊牛腹泻，且因母子相处时间长分离困难。

人工哺乳的工具有哺乳桶和哺乳壶两种，哺乳桶和哺乳壶哪个更好呢？目前一般认为，前两个月，二者差别不大，两个月后，哺乳壶效果较好。

2. 哺乳量的确定

犊牛哺乳期的长短和哺乳量因其所处的环境条件、饲养条件有所不同，哺乳期长短一般不作硬性规定。在精饲料条件较好的情况下可提前断奶，哺乳期2个月，其各龄犊牛日哺乳量可控制为7～30日龄5kg、31～40日龄4 kg、41～50日龄3 kg、51～60日龄2 kg。如果精饲料条件较差，可适当增加哺乳量并延长哺乳期。在精饲料条件不好的情况下，其哺乳量可增加到300～500 kg，哺乳期延缓到3～4个月。

在精饲料条件较好的地区，而奶牛奶又供应紧张的情况下，哺乳期犊牛可改喂代乳品，以取代部分牛乳，从而降低犊牛培育成本，代乳品必须含有丰富的营养，一般蛋白质含量不低于22%，脂肪为15%～20%，但粗纤维含量最多不超过1%，代乳品还应含有丰富的矿物质和维生素等。此外，奶牛乳代用品在饲喂前，应用30～40℃的温开水冲开，代乳品与温开水的比例为1.2∶8.8（即干物质含量为12%，与牛乳相当）。混合后的代乳品应保持均匀的悬浮状态，不应发生沉淀现象。

3. 犊牛的断奶

犊牛的断奶时间应该根据犊牛的精神、食欲、健康状况和采食量等具体情况而定，不能千篇一律。一般认为，犊牛精神、食欲、健康状况良好，每日能够稳定吃到500～1 000g精料时，可进行断奶。犊牛的断奶年龄一般应在4周龄以上。

（四）犊牛的饲喂

1. 精料

在犊牛生后10～15天，就要开始训练犊牛采食精料。精料应该根据犊牛的营养需要合理配制。

精料的喂量原则是从少到多，随日龄的增加而增加，每天喂给的精料，犊牛能吃净，当精料每天喂量增加至1～1.5kg时，以不再增加为原则。开始时，每天可给犊牛10～20g，让犊牛舔食，数日后，可根据犊牛的食欲，增加到30～100g。1月龄时每天可喂到250～300g，2月龄时，可喂到500g以上。一般情况犊牛增重正常，每日喂量达1～1.5kg时，即不再增加，营养不足的部分可由粗饲料补充。

饲喂精料，开始时由于犊牛不习惯，可将干粉料涂擦在犊牛口鼻周围，让其舔食。待其适应一段后，即可训练采食混合湿料。精料亦可用水拌湿经糖化后喂给犊牛，以提高适口性，促进采食，亦可煮成粥，让犊牛自由采食，也可与牛奶同喂。

2. 干草

干草是犊牛良好的粗饲料，让犊牛尽早采食干草有四个好处：一是可以防止犊牛舔食异物和垫草；二是促进犊牛提早反刍；三是促进唾液的分泌，促进唾液腺和咀嚼肌的发育；四是犊牛亦可以从干草中得到部分营养。犊牛一般在其生后5～7天，就可以让其自由采食干草。饲喂的方法是在食槽内添加干草让犊牛自由采食

3. 多汁饲料

多汁饲料一般可在犊牛生后20天切碎喂给。在进行早期断奶时，利用多汁饲料效果较好。

4. 青贮饲料

青贮饲料是冬季很好的饲料。从犊牛生后2～2.5月龄就开始让犊牛习惯采食，最初每天可喂给100～150g，3月龄时每天可喂给1.5～2kg，4～6月龄增至4～5kg。

5. 供给犊牛充足的饮水

有人认为只要喂给犊牛足够的奶，就不用给犊牛喂水，这种观点是错误的。犊牛仅靠全乳和饲料，不能满足犊牛正常代谢水的需要量。必须让其饮水，犊牛开始饮水的时间是在其生后1周开始训练的。开始时，可在水中加入少量的牛奶，诱其饮水。水温最初应在36～37℃。10～15天改为常水，1月龄后可让其在水池中自由饮水。但水温不宜低于15℃，饮水的量可根据犊牛摄取干物质的量及气温而定。

（五）犊牛的管理

1. 犊牛的个体卫生控制

（1）哺乳用具卫生　哺乳用具每次用后，都要及时洗刷干净，每周要用热碱水消毒一次，其方法是先用冷水将用具冲洗一遍，再用热碱水仔细地将用具刷洗干净，最后再用清水冲洗一次。洗干净后将用具放到太阳下晒1～2h，对于久置不用的乳具，使用时要用蒸汽消毒。

（2）防止犊牛相互舔食　犊牛在新生期，处于本能的需要，寻找其母亲的乳头，当把犊牛同母牛分开时，犊牛常舔舐其他犊牛的头、嘴、脐带、耳朵、尾、睾丸、乳头等部位，特别是当一头犊牛嘴部留有乳汁时，其他犊牛常去吸吮。一方面造成舔舐犊牛本身食道阻塞，另一方面造成被舔舐犊牛脐炎等细菌感染。为了防止犊牛相互舔舐，在每次给犊牛喂奶时，可将其固定在一定的位置上，哺乳后经10～15min再放开。当犊牛哺乳后，用毛巾擦净犊牛口鼻周围的余乳，并喂给清洁的饮水，亦可采用单栏饲养的方式。

（3）饲料卫生　犊牛生后头几周发病率最高，常发的疾病是营养性下痢。营养性下痢是由于饲料不卫生所引起的，在犊牛饲料中，可加入抗生素和多维素，以减少犊牛发病，对于霉败变质的饲料不能喂给犊牛。

（4）犊牛栏的卫生　小规模饲养式母牛舍一般不单独设产房和犊牛舍，大规模或散养的牛舍需另行设置产房和犊牛舍，并在犊牛舍内设有犊牛栏。犊牛栏可分为单栏和群栏两种。犊牛出生后在靠近产房的单栏中饲养，以后逐渐过渡到群栏

中饲养，对犊牛栏要经常清扫，勤换垫草，每周消毒一次，每月彻底消毒一次。

2. 运动

运动可以锻炼犊牛的体质，除了在气候恶劣的情况下，生后 10 天就要驱赶到运动场上进行运动，每天 0.5～1h。1 个月后可增加至 2～3h，分上、下午两次进行。在气候温和的季节，生后 3～5 天即可到运动场自由运动，年龄较大的犊牛可进行放牧。

3. 刷拭

刷拭可促进犊牛体表血液循环，建立人畜亲和作用，利于管理，使牛体清洁，减少寄生虫的滋生。刷拭的方法是从前到后，从上到下，从左到右，按着被毛生长的方向进行刷拭。刷拭时应特别注意犊牛的头、颈上部、喉部、背线、尾根、两侧等处，不能遗漏。如果皮肤上有粪便结块，要先用水浸湿，经软化后再进行刮除，刮除时注意不能刮伤皮肤，每天刷拭 1～2 次，以软毛刷为宜。

4. 称重和编号

称重是育种和饲养的依据，犊牛要经常进行称重，出生重的称重时间在犊牛生后，第一次哺乳前进行。称重的同时，还要对犊牛进行编号，以便记载。

编号的原则为：第一，同一农场不能有两头牛有相同的号码。第二，不能因牛的死亡、淘汰、出售、调出而以其他牛递补其号。第三，从外地购入或调入的牛，原则上可沿用其原来的号码，以便以后查考。若与本牛场牛重号，重新编号时，也应保留原来的号码。第四，在一个场内，若有几个分场，为了避免重号，每一分场应有一定数量顺序的号码。如第一分场 1 000～1 999，第二分场 2 000～2 999。

中国奶业协会(1998)制定的中国荷斯坦牛编号方法为 10 位数码，由四部分组成，第一部分两位数是省、市、区编号；第二部分两位数是养牛场编号；第三部分两位数是出生年份，第四部分两位数是年度出生序号，即省市自治区、奶牛场、年度、年序号。

给犊牛编号后要带上标记，称之标号。耳标法是目前使用最多的一种方法，是在耳标上写上所编牛的号码，用耳标钳将耳标夹在耳壳上缘适当位置。

5. 去角

给犊牛去角的方法有化学去角和热去角两种。

化学去角法一般是在犊牛生后 7～10 天(也有晚到半年的)，用化学药物碱破坏角胚的生长。操作方法是在去角部位剪去被毛，在剪毛的周围涂上凡士林，以防药物流出，伤及头部及眼，然后用棒状苛性钾(钠)，稍湿水涂擦角基部，到表皮有微量渗血时即可。如果去角部位有液体流出，立即用药棉吸干。去角后的犊牛要单独管理，防止相互舔舐，夏季蚊蝇较多，易发炎化脓，应特别注意。

热处理去角法是在犊牛生后 2～4 周龄，一般不超过 3 个月的时间进行，用专门的电热除角器接上有降压变压器电路的电源或者 12～14V 电压的小型电池便可使用。用前 5～10min 接上电源，并使其达到所需要的温度，然后将除角器的工作端放在预先剪去毛的角胚上 20～30s 即可。

6. 去副乳头

在犊牛 6 月龄之内进行，最佳时间在 2～6 周，最好避开夏季。先清洗消毒副乳头周围，再轻拉副乳头，沿着基部剪除副乳头，用 2%碘酒消毒。

二、育成牛和青年牛的饲养管理

育成牛是指 6 个月龄之后到 14～16 月龄进行初次配种阶段的牛，青年牛是指从初次配种至初次产犊阶段的牛。育成牛和青年牛生长发育迅速，抵抗力和生命力较强，较容易饲养，但是饲养管理不当，将会影响终生生产潜力的发挥。

（一）育成牛与青年牛营养需要

❍ 此期是绝对生长速度最快的阶段，伴随着机体快速生长，热能的需要量与蛋白质相比，相对地逐渐增多。

❍ 育成牛和青年牛骨骼的发育非常迅速，在骨质中含有 65%～80%的干物质，其中钙的含量占 8%以上，磷占 4%，其他尚有镁、钠、钾、氯、氟、硫等元素，因此在喂饲的精料中需要添加 1%～3%的碳酸钙与骨粉的等量混合物，同时添加 1%的食盐。

❍ 在育成牛和青年牛成长过程中，维生素中只有维生素 A 或胡萝卜素需要从饲料中提供，因此在粗料品质良好的情况下，不会因维生素的缺乏而影响育成牛和青年牛的成长，但当粗料品质过于低劣时，亦需另外补充各种维生素。

（二）育成牛与青年牛的饲养

1. 由断奶至 12 月龄的饲养

（1）日粮以优质粗饲料为主　此时期育成牛的特点之一就是已经达到生理上最高生长速度的时期，在良好的条件下，日增重可达 1 000g，尤其是 6～9 月龄的时间，生长速度最快，同时瘤胃也在快速发育之中。在饲养上，必须尽量多用优质粗饲料保证犊牛生长，促进瘤胃发育。此期育成牛在舍饲期的基础饲料是干草、青草等青粗料，饲喂量可控制在体重的 1.2%～2.5%，视其质量及奶牛体大小而定，以优质干草为最好。

（2）适当补充精饲料　育成牛初期瘤胃容量有限，未能保证采食足够的青粗料来满足育成牛生长发育的需要。因此在 1 岁以内的育成牛仍需喂给适量的精料，特别是要求一定的日增重时更是如此。不同种类的青粗料需要不同的精料补充料，即使是同种类的粗料也还有质量好坏的问题，所以要求精料补充料应根据粗料的品质配合，此阶段的精料补充料用量控制在每天每头 1.5～3kg。

（3）日粮的控制　此期日粮蛋白质水平可控制在 13%～14%，选用中等质量的干草，培养耐粗饲性能，增进瘤胃机能。干物质采食量应逐步达到 8kg。

（4）青贮饲料及多汁料的使用　此时期，可以适量的青贮饲料及多汁料替换干草。替换比例应视青贮饲料的水分含量而定。水分在 80%以上，青贮饲料替换干草的比例应为（4～5）∶1。青贮饲料的水分为 70%，替换的比例可为 3∶1。

2. 由 12 月龄至初次配种的饲养

（1）饲料种类和喂量　12 月龄以后，育成母牛消化器官的发育已接近成熟，同时又无妊娠或产乳的负担，因此如能吃到足够优质粗料就基本上能满足营养的需要，如果粗料质量差时要适当补喂少量精料，以满足营养的需要。一般根据青粗料质量补 1～4kg 精料，并注意补充钙、磷、食盐和必要的微量元素。

(2)饲料的组成和搭配　关于混合精料的组成，可参照标准的能量、蛋白质和矿物质等的建议量，用当地的饲料合理配合即可。只要搭配合理，适口性好，任何当地饲料都可达到要求的目的。

3. 由受胎至第一次产犊牛时的饲养

当育成母牛受胎后，一般情况下，仍按受胎前的方法饲养。但在分娩前 2～3 个月需要加强营养，这是由于此时胎儿迅速增大，需要营养，同时准备泌乳，也需要增加营养，尤其是对维生素 A 和钙、磷的贮备。为此，在此时期应给予品质优良的粗饲料，精料的饲喂量应根据育成母牛的膘情逐渐增加至 4～7kg。一般日粮干物质进食量控制在每头每日 11～12kg。

(三)育成牛和青年牛的管理

- 应做好发情鉴定、配种、妊娠检查等工作并做好记录。
- 应注意观察乳腺发育，保持圈舍干燥、清洁，严格执行消毒和卫生防疫程序。
- 育成母牛的初次配种应根据母牛的年龄和发育情况而定。一般育成牛体重达成年体重 60%时方可进行配种。
- 初次受胎的母牛，不像经产母牛那样温驯，因此在管理上必须非常耐心，并经常通过刷拭、按摩等与之接触，使其养成温驯的习性，但要防止做剧烈的旋转运动或跑跳，以免滑倒而引起流产。如果蹄部不正常需要进行修蹄的，需在妊娠 5～6 个月前进行。
- 一般从妊娠后 5～6 个月开始按摩乳房，每天一次，每次 3～5min，至产前半个月停止按摩。
- 牛舍一般采用单列式，向阳面敞开，牛在饲喂、刷拭以及严冬的夜间，才将牛群驱赶至牛舍，其他时间均在运动场散放饲养，以培育育成牛和青年牛对气温变化的适应性。
- 散放式牛舍每头占有的面积可为 4～5m^2。牛舍向阳面立柱之间的距离，最好不少于 3.6m，以便于清除粪便时拖拉机械的出入。

第二节　干奶牛和围产期母牛的饲养管理

一、干奶牛的饲养管理

干奶牛是泌乳牛在下一次产犊前有一段停止泌乳时的母牛。干奶是母牛饲养管理过程中的一个重要环节。干奶方法效果的好坏、干奶期长短及干奶期的饲养管理，对胎儿的发育、母子健康及下一个泌乳期的产奶量有着直接影响。

（一）干奶时间的控制

（1）干奶的时间　干奶期的时间一般控制在50～75天。干奶过早，会减少母牛的产奶量，对生产不利；干奶太晚，则使胎儿发育受到影响，亦影响到初乳的品质，进而影响犊牛的培育。正常情况下干奶期以60天为宜，这时奶牛初乳品质最好。

（2）干奶期长短的控制　干奶期长短的控制应根据母牛的具体情况而定，早期配种的母牛、体质瘦弱的母牛、老龄母牛、高产母牛、以往难以停奶的母牛及饲养条件不太好的母牛，干奶期可以适当长一些，为60～75天，反之可适当短一些，为50～55天。但母牛干奶期最短不能少于42天，否则将影响下胎产奶量和奶牛健康。

（二）常用干奶模式

（1）逐渐干奶　逐渐干奶是用1～2周的时间将泌乳活动停下来。在预定干奶期前10天左右开始变更饲料组成，逐渐减少青绿多汁饲料和精料，增加干草喂量，控制饮水量，停止乳房按摩，改变挤奶次数和时间，如由每天3次挤奶改为2次、1次，或隔日挤1次。每次挤奶必须完全挤净，当产奶量降至4～5kg时，停止挤奶。这样母牛就会逐渐干奶，此法适于高产奶牛或过去停奶难及患过乳腺炎的母牛。

（2）快速干奶　快速干奶是从开始干奶日起，在5～7天内将母牛泌乳活动停下来。开始干奶的前1天，将日粮中全部多汁饲料和精料减去，只喂干草；控制饮水，每天饮2～3次，停止按摩乳房，减少挤奶次数，第一天由3次挤奶改为2次；第二天1次或隔日挤奶，经4～7天就可把奶停住，此法一般适用于低产或中产奶牛。

（3）一次快速干奶　一次快速干奶是在干奶当天的最后一次挤奶时，加强乳房按摩，彻底挤干乳汁，然后每个乳头用5%碘酊浸泡一次，进行彻底消毒，并分别用乳导管向每个乳头注入抗生素油10ml。抗生素油的配方是：青霉素40万单位，链霉素100万单位，磺胺粉2g混入40ml灭菌过的植物油（花生油、豆油）中，充分混匀。

（4）干奶过程乳房变化　干奶时无论采用哪一种干奶方法，在停奶后的3～4天内，母牛的乳房都会因积贮乳汁较多而膨胀，所以在此期间不要触摸乳房和挤奶。要注意乳房的变化和母牛的表现，正常情况下经过几天后，乳房内贮积的乳汁可自行被吸收而使乳房萎缩，乳房变得松软。如果乳房中乳汁积贮过多，乳房过硬，出现红、肿、热、痛的炎症反应，干奶牛因之不安，说明未干好奶，应重新干奶。

（三）高产母牛的干奶操作

高产母牛是指干奶前产奶量高于20kg的奶牛，这些牛产奶量高，难以停奶，可采用下列方法进行干奶。

1. 高产牛干奶操作

（1）对母牛进行全面体质检查　在母牛预产期前80天时，对其进行一次全面体质检查并做详细记录。检查的主要内容包括体质状况、母牛膘情、产奶量、病史、乳房状况、以往停奶难易程度等。

（2）确定干奶时间　干奶时间依据母牛的预产期和干奶期长短而定。根据对奶牛体质检查的结果，结合奶牛以往的停奶情况和停奶期长短制定出母牛本次干奶期的长短，然后根据母牛预产期确定其干奶时间，奶牛干奶期一般为50～75天。

(3)提前调整饲养方案　在距离停奶1周时，开始调整母牛饲养方案。此时，母牛日粮中停止饲喂多汁饲料，减少青贮饲料喂量，主要喂给一些干草、精料和部分青贮料，同时改自由饮水为定时定量饮水。在距离停奶3天时，根据奶牛产奶量的情况再次调整饲喂方案。此时如果母牛产奶量仍很高，要减去全部精料，如果产奶量已不很高，但日产奶仍在10kg以上，可适当减去部分精料，当产奶量已低于10kg，可以不再调整精料喂量，但要对母牛适当限制饮水量。

(4)调整管理措施　在停喂多汁料的同时，挤奶次数可由原来每日挤3次改为每日挤2次，以后根据产奶量下降情况继续调整，当日产奶量降至10kg以下时，可改为每日挤奶1次。在停喂多汁料的同时，每天可适当增加母牛的运动，以增加消耗和锻炼体质。另外还可配合一些其他措施如改变挤奶时间，改变挤奶地点，改变饲喂次数，减少乳房按摩等对母牛产生不良刺激，促进母牛产奶量下降。

(5)挤净最后一次奶，封闭乳头　在到达干奶之日时，将乳房擦洗干净，认真按摩，彻底挤净乳房中的奶，然后用5%的碘酒浸泡乳头，再在乳头内注入抗菌药物如金霉素眼膏，每个乳头孔注入1支或50万单位青霉素、1g磺胺同时混入20ml甘油中，混匀后注入4个乳头孔；或者用160万单位青霉素分注4个乳头。注完药再用5%碘酒浸乳头，待碘酒干后，用火棉胶封闭乳头。如果没有火棉胶可在注入药物1周后再用消毒液浸乳头一次。

(6)观察乳房变化　当上述操作结束之后，要认真观察乳房的变化，正常情况下，乳房前2～3天明显充胀，3～5天后积奶渐渐被吸收，7～10天乳房体积明显变小，乳房内部组织变松软，这时母牛已停止泌乳活动，停奶成功。

2. 干奶过程控制

(1)注意观察母牛的反应　在干奶过程中，绝大多数母牛都无不良反应，但也有少数母牛会出现发热、烦躁不安或精神沉郁、不思饮食等应激反应，对于这些母牛要及时发现及时处理，防止继发其他疾病或引起流产。对于反应剧烈的母牛可采用广谱抗生素配合少量镇静剂或对症给药进行治疗。

(2)注意保持乳房清洁卫生　在干奶过程中，奶牛乳房充胀，甚至出现轻微发炎和肿胀，此时极容易感染疾病，应特别注意保持乳房清洁卫生。其主要方法是保持奶牛床清洁干燥。勤换垫草，保证垫草清洁卫生、柔软厚实。防止母牛躺卧在泥地污物和粪便之上。

(3)严禁人为接触乳房　在干奶过程中，乳房充胀明显，要让其自行消失，切忌乱摸乱动。此时要特别注意禁止一切按摩、碰撞、触摸乳房的活动。

(4)注意保持牛舍空气清新　在干奶过程要注意加强牛舍通风，经常保持舍内空气新鲜，这样有利于母牛健康，可保证干奶顺利进行。但在通风过程切忌贼风吹袭母牛，引起母牛受凉继发其他疾病。

(5)防止母牛饮冰水　冬天天气寒冷，水槽的水容易结冰，要注意防止母牛饮用含有冰碴的冷水，这样易引起母牛感冒或其他不良反应，造成干奶失败或母牛流产。

(6)注意防止坏乳房的发生　在干奶过程中，如果出现乳房严重肿胀、乳房表面发红发亮、奶牛发热、乳房发热等症状，如果再坚持不挤奶，就会将乳房胀坏，引起坏乳房事件发生。出现这种情况要暂停干奶，将乳房中的乳汁挤出来，对乳房进行消炎治疗和按摩，待乳腺炎症消失后再行干奶。

(7)注意合理调整日粮　日粮对母牛产奶量影响最大，干奶时要注意根据母牛具体情况进行合理调整，其原则是保证母牛尽快干奶的同时，尽量减少对母牛营养的影响。因此在调整日粮时，对于较容易干奶的高产母牛只减去多汁料和粗料就可以了；对于不容易停奶的高产母牛还要减去部分精料；对于较难停奶的高产母牛要减去全部精料；对于特别难停奶的高产母牛，可以只喂一些干草以促进其尽快停奶，待其干奶成功后，再把营养补充上去。

(8)正确判断母牛的停奶情况　在干奶过程中要注意正确判断母牛的停奶进展情况，以确定合理的饲养和饲料供应。母牛干奶成功的标志是乳房停止泌乳活动。乳房停止泌乳活动的外部特征是乳房充胀完全消失，乳房体积明显变小，乳房内部组织变得松软，乳静脉变细，血流量明显减少。出现上述特征说明停奶基本成功，可以考虑给奶牛增加营养。

(四)干奶期的饲养

(1)母牛干奶期饲养任务　母牛干奶期饲养任务是保证胎儿正常发育，给母牛积蓄必要营养物质，在干奶期间，使体重增加50～80kg，为下一个泌乳期产更多的奶创造条件。在此期间应保持中等营养状况，被毛光亮、体态丰满、既不过肥也不过瘦，体况评分达到3.25～3.5。

(2)日粮供给标准和控制　饲料给量标准每头牛日精料3～5kg，青饲、青贮饲料10～15kg，优质干草3～5kg，糟渣类和多汁类每头每日量不超过5kg。

停乳1周以后，乳房内乳汁被吸收，乳房变软，且已干瘪时，就要逐渐增喂精料和多汁饲料。

(3)干奶期的饲养　此期饲养原则是在满足母牛营养需要的前提下尽快干奶；乳房恢复松软正常后，加强饲养使奶牛有一定的增重，临分娩前达到中上等体况，被毛光亮，不过肥或过瘦。

干奶后5～7天，乳房还没变软，每日给予和干奶过程一样的精料。日粮应以中等质量粗饲料为主，日粮干物质进食量占体重的2%～2.5%，粗蛋白水平12%～13%，精、粗比以30：70为宜，混合精料每头每日2.5～3kg。干奶后5～7天乳房已停止泌乳后，开始加强饲养，日粮应以优质干草为主，日粮干物质进食量应占体重的2.5%～3%，粗蛋白水平13%，可适当降低日粮中钙的水平，日粮DCAD值降低到－150mEq/kgDM。

(五)干奶期母牛的管理

(1)做好保胎工作　此阶段要保持饲料新鲜和质量良好，绝对不能喂冰冻的块根饲料、腐败霉烂饲料和有毒及霉变饲料，冬季不可饮冷水，水温不得低于10℃。以免引起母牛流产、难产及产后胎衣滞留。

(2)适当运动　坚持适当运动，但运动时，干奶牛必须与其他奶牛群分开，以免互相顶撞造成流产，冬季在舍外运动场逍遥运动 2～3h，产前停止活动。

(3)刷拭　加强皮肤刷拭，保持皮肤清洁。

(4)按摩乳房，促进乳腺发育　一般干奶 10 天后开始按摩，每天 1 次，产前出现乳房水肿的奶牛要停止按摩。

二、围产期母牛的饲养管理

奶牛围产期是指分娩前后 15 天以内的母牛，这一阶段奶牛在生理上发生了很大变化，母牛抵抗能力降低，极易患病，有调查表明 70%奶牛的淘汰，发生在这一阶段。

(一)围产期母牛的管理

1. 产前管理

(1)让母牛及早适应产房环境　在母牛临产前 15 天左右，将产房用 2%氢氧化钠溶液喷洒消毒，然后铺上清洁的垫草，将临产母牛后躯和外阴部用 2%～3%来苏儿溶液抹洗干净，用毛巾擦干，将奶牛转入产房，使母牛及早适应产房的环境。如果饲养奶牛头数少，没有设计产房，也要按照上述方法为母牛准备的床位，让母牛提早适应。

(2)产房卫生工作　产房内要每天打扫两次，及时更换污浊垫草，经常保持牛床牛舍清洁干燥。产房门口设消毒池，池内放入消毒药物如生石灰、来苏儿等。进出产房的工作人员要穿上清洁的外衣或工作服。用消毒液洗手，方可出入。谢绝外来人员参观。

(3)接产准备工作　母牛转入产房以后要注意安排责任心强、工作细致、经验丰富的饲养人员和技术人员进行饲养管理和昼夜值班。值班人员要注意经常观察母牛的表现，如果发现母牛有腹痛、不安、频频起卧，说明母牛即将分娩，可用0.1%的高锰酸钾溶液擦洗生殖道外部，等待母牛分娩。

2. 分娩后的管理

(1)产后污物的处理　母牛分娩过程中，卫生状况与产后生殖道感染疾病的机会关系极大。母牛分娩后，必须把它的两肋、乳房、腹部、后躯和尾部等污脏部位，用温水洗净，用净布或干草擦干，并把污浊垫草和粪便清除出去堆埋或焚烧。奶牛床经消毒后铺以厚软新鲜干净垫草。

(2)促进母牛胎衣的排出　母牛产后，一般 24h 内胎衣可自行排出，胎衣排出后，要及时清除并用来苏儿清洗外阴部以防感染。为了使母牛恶露排净和利于产后子宫早日复原，应给母牛饮喂热益母草红糖水。其制作方法是：益母草 250g，加水 1 500g 煎成水剂后加红糖 1kg，水 3kg，40℃左右饮喂母牛，每天 1 次，连饮 2～3 天。

(3)产后挤奶　犊牛生后一般 30～60min 即可站立起来，并寻找母牛乳头哺乳，这时应开始第一次挤奶。前几天挤奶时切忌挤奶过量和将奶挤净，这样容易诱发母牛产后代谢障碍。一般母牛产后第一次挤奶的量约为 1.5kg，第一天的挤奶量约为产奶量的 1/3，第二天约为 1/2，第三天约为 2/3，第四天可以将奶挤净。

(4)母牛产后的护理　母牛产后体质虚弱,要加强护理。主要是在母牛产后为母牛提供一个温暖的环境让母牛多休息。风和日丽,天气暖和时,可让母牛到运动场晒太阳。产后母牛切忌受贼风冷风吹袭而受凉。

(5)预防产道疾病　奶牛生殖系统发病率高,产后极易感染生殖道疾病和发生卵巢囊肿,要特别注意预防。其方法是做好母牛生产过程的各项消毒和产房清洁卫生工作,在母牛产后12～14天肌内注射1次GnRH。

(二)围产期母牛的饲养

1.围产前期的饲养

(1)精料供给　母牛转入产房,饲养方法仍按干奶后期的模式进行饲养。即以优质干草适当搭配精料进行饲养。精料的喂量,可按干奶期的标准饲喂,一般每天供给3～5kg。具体喂量可因奶牛而定,对于乳房水肿,充胀明显的奶牛要少加一些精料;对于乳房变化不大、食欲较好、体型偏瘦的母牛可多喂一些精料,其原则是不能造成催奶过急,产前产奶的情况发生。

(2)钙和食盐供给　母牛转入产房后,要注意降低日粮中钙和食盐的含量。降低食盐的含量可以避免母牛产前催奶过急,有利于母牛产后食欲恢复;降低钙的含量可以防止产后代谢障碍,降低代谢病的发病率。产前食盐的喂量可由原来的每天饲喂75～100g降至30～50g,即由原来的1.5%降至0.5%以下。钙的用量可降至原来的1/3～1/2。

(3)母牛消化的控制　母牛临产前2～3天内,还要注意增加一些易消化,具有轻泻作用的饲料,以防母牛发生便秘。一般可以通过在精料中加入麸皮的方法来实现。其具体方法可在每100kg精料中加入30～50kg麸皮饲喂母牛。

2.围产后期的饲养

(1)母牛产后体质恢复　母牛分娩过程体力消耗很大,产后体质虚弱,饲养原则是促进体质恢复。初分娩后应给母牛喂饮温热麸皮汤或小米粥。麸皮汤的做法是:温水10～20kg,麸皮500g,食盐50g,碳酸钙50g。小米粥的做法是:小米500～1 000g,加水15～20kg煮制成粥加红糖500g,晾至40℃左右饮喂母牛。

(2)初分娩母牛饲喂　母牛产后2～3天内的饲喂应以优质干草为主,同时补喂一些易消化的精料。如每天饲喂3kg的麸皮和玉米。2～3天后开始逐渐增加日粮中钙和食盐的含量。其方法可用配合精料替换麸皮和玉米。一般产后第三天替换1/3,第四天替换1/2,第五天替换2/3,第六天全部饲喂配合精料。母牛分娩7天后如果食欲良好,粪便正常,乳房水肿消失,开始饲喂青贮饲料和补加精料。精料的补加量一般为每天加0.5～1kg。

(3)产后饮水供给　奶牛产后头7天要饮用37℃的温水,不宜饮用冷水,以免引起胃肠炎,7天后水温可降至10～20℃。

第三节　泌乳奶牛的饲养管理

正常情况下，母牛产犊后进入泌乳期。泌乳期的长短变化很大，持续280～320天不等。泌乳期的长短与奶牛的品种、年龄、产犊季节和饲养管理水平有关，尤其是饲养管理水平不仅关系到本胎次的产奶量和发情状况，而且还会影响到以后胎次的产奶量和奶牛的使用年限。

一、泌乳盛期的饲养

1. 泌乳盛期奶牛的特点

从围产期结束到产后100天的阶段是泌乳盛期。此期奶牛乳房的水肿已消失软化，机体内催乳素的分泌量会逐渐增加，食欲已完全恢复正常，母牛对饲料的采食量也增加，乳腺机能的活动日益旺盛，产奶量会迅速增加到峰值。饲养管理不当，会造成峰值不高，高峰持续时间短，下降急剧的现象。

2. 泌乳盛期奶牛的饲养任务

泌乳盛期奶牛的饲养任务是使母牛尽快尽量高地达到产奶高峰，同时尽量减少体内能量代谢的负平衡。在饲料的搭配上应增加高能量精饲料的供应量，限制能量较低的粗饲料，以挖掘奶牛的产奶潜力，并使产奶高峰维持较长的时间。

3. 泌乳盛期的主要饲养措施

(1)提高日粮营养浓度　日粮干物质进食量应从占体重的2.5%～3.0%逐渐增加到3.5%以上。日粮粗蛋白水平16%～18%，钙0.7%，磷0.45%。精、粗比由40∶60逐渐过渡至60∶40。应多饲喂优质干草，并多补充维生素A、维生素D、维生素E和微量元素，饲喂碳酸氢钠和氧化镁等缓冲剂以保证瘤胃内环境平衡。

(2)饲喂过瘤胃脂肪和蛋白质　每头牛每天饲喂300～500g过瘤胃脂肪，50～100g蛋氨酸羟基类似物。

(3)采用“引导”饲养法　在母牛开始产奶体质恢复以后，在满足母牛本身及泌乳的营养需要外，额外补加产2～3kg奶所需要的精料，随母牛产奶量的增加，精料不断增加，直到使日粮所含的营养量比母牛实际产奶需要量高出3～5kg奶的营养时，再增加精料产奶量也不再增加为止，再将多余的精料慢慢地减下来。

二、泌乳中期的饲养

(1)泌乳中期的特点　泌乳中期是指产后101～200天的时期。该阶段奶牛的特点是产奶量缓慢下降；母牛体质逐渐恢复，体重开始增加。

(2)泌乳中期的饲养任务　此期的主要工作是维持产奶量的稳定并防止产奶量的快速下降。

(3)泌乳中期奶牛的饲养措施　①日粮干物质进食量应占体重3.0%～

3.5%，粗蛋白13%，钙0.6%，磷0.35%，精、粗比逐渐调整为40∶60为宜。②通过调整饲料精粗比，控制每月产奶量下降的幅度在5%～7%以内。③通过饲料控制奶牛体重，使奶牛自产犊后20周应开始增重，日增重幅度保持在0.5kg左右。④饲料供应上，应根据产奶量，按标准供给精料，粗饲料的供应则为自由采食。⑤充足的饮水和加强运动，并保证正确的挤奶方法及进行正常的乳房按摩。

三、泌乳后期的饲养

(1)泌乳后期奶牛的特点　泌乳后期奶牛是指母牛产后201天到干奶的时间。泌乳后期奶牛的特点一是体内胎儿的生长发育很快，母牛需要消耗大量的营养物质保证胎儿迅速生长发育。二是胎盘及黄体分泌的孕激素含量增加，抑制了脑下垂体催乳素的分泌，而造成产奶量急剧下降。

(2)泌乳后期的饲养任务　该阶段的主要饲养任务一是尽可能多地给泌乳后期奶牛供应优质粗饲料，防止母牛产前过肥，引起分娩障碍。二是适当地饲喂精料，保证胎儿的正常生长发育。三是应做好产奶前的一切准备工作，同时加强奶牛管理，防止造成母牛流产。

(3)泌乳后期的饲养措施　日粮干物质应占体重的3.0%～3.2%，粗蛋白水平12%，钙0.6%，磷0.35%，精、粗比例以30∶70为宜。调控好精料比例，防止奶牛过肥。

第四节　标准化规模奶牛场创建

为实现畜禽标准化规模生产和产业化经营，提升畜产品质量安全水平，增强产业竞争力，保障畜产品有效供给，促进畜牧业协调可持续发展，农业部启动了畜禽养殖标准化示范创建活动。标准化规模奶牛场是畜禽养殖标准化示范创建活动的主要组成部分，其主要内容和要求如下。

(一)奶牛场标准化创建的主要内容

(1)奶牛良种化　因地制宜，选用高产优质高效奶牛良种，品种来源清楚、检疫合格(图7-1)。

中国荷斯坦奶牛　　娟姗牛

图7-1　常见良种奶牛

(2)养殖设施化　奶牛场选址布局科学合理,圈舍、饲养和环境控制等生产设施设备满足标准化生产需要(图 7-2 至图 7-9)。

图 7-2　某奶牛场的全景图

图 7-3　TMR 饲喂车

图 7-4　贮奶罐

图 7-4　管道式挤奶系统

图 7-5　鱼骨式挤奶系统

图 7-6　转盘式挤奶系统

图 7－7　散栏式牛舍

图 7－8　拴系式牛舍

（3）生产规范化　制定并实施科学规范的奶牛饲养管理规程，配备与饲养规模相适应的畜牧兽医技术人员，严格遵守饲料、饲料添加剂和兽药使用有关规定，生产过程实行信息化动态管理。

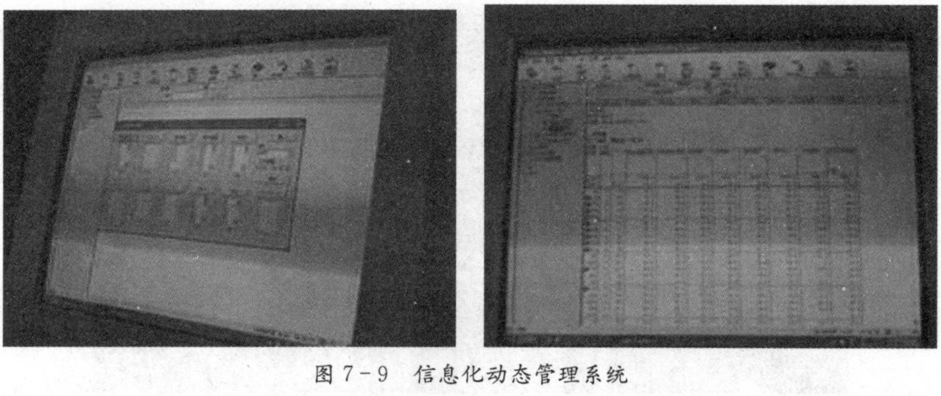

图 7－9　信息化动态管理系统

（4）防疫制度化　防疫设施完善，防疫制度健全（图 7－10），科学实施奶牛疫病综合防控措施，对病死奶牛实行无害化处理。

奶牛场消毒制度　　　　奶牛场门卫制度

图 7-10　防疫制度

(5)粪污无害化　奶牛粪污处理方法得当，设施齐全且运转正常，实现粪污资源化利用或达到相关排放标准(图 7-11、图 7-12)。

图 7-11　放牧牛粪便还田

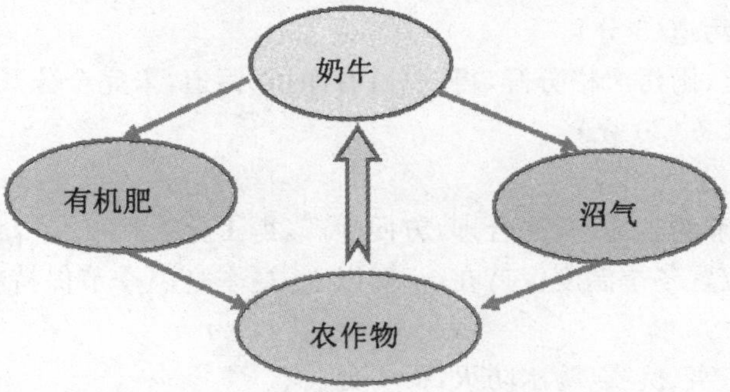

图 7-12　循环农业

（二）奶牛场标准化创建必备条件

❍ 生产经营活动必须遵守《中华人民共和国畜牧法》及其他相关法律、法规，不得位于法律、法规明确规定的禁养区。

❍ 在所在地县级人民政府畜牧兽医主管部门备案，有动物防疫条件合格证，并建立养殖档案。

❍ 生鲜乳生产、收购、贮存、运输和销售符合《乳品质量安全监督管理条例》、《生鲜乳生产收购管理办法》的有关规定。执行《奶牛场卫生规范》(GB 16568—2006)。

❍ 设有生鲜乳收购站的，有生鲜乳收购许可证，生鲜乳运输车有生鲜乳准运证明。

❍ 奶牛存栏200头以上。生鲜乳质量安全状况良好。

根据农办牧[2010]20号文件要求，以上任一项不符合不得验收。

（三）奶牛场标准化创建验收项目

1. 选址与建设(20分)

(1)选址(5分)

距村镇工厂500m以上，场址远离主要交通道路200m以上，得1分，距离小于标准不得分；远离屠宰、加工和工矿企业，特别是化工类企业，得1分。

地势高燥、背风向阳、通风良好、给排水方便，各得0.5分。

远离噪声，得1分。

(2)基础设施(4分)

水质符合《生活饮用水卫生标准》(GB 5749—2006)的规定，得1分；水源稳定，得1分。

电力供应方便，得1分。

交通便利，有硬化路面直通到场，得1分。

(3)场区布局(6分)

在饲养区人员、车辆入口处设有消毒池和防疫设施，得1分。

场区与外环境隔离，得1分；场区内生活区、生产区、辅助生产区、病畜隔离区、粪污处理区划分清楚，得2分，部分分开，得1分。

犊牛舍、育成牛舍、泌乳牛舍、干奶牛舍、隔离舍分布清楚，得2分。

(4)净道和污道(5分)

净道与污道、雨污严格分开，得5分；有净道、污道，未完全分开，得2分。

2. 设施与设备(20分)

(1)牛舍(8分)

建筑紧凑，节约土地，布局合理，方便生产，得1分。

牛只站立位置冬季温度保持在－5℃以上，夏季高温季节保持在30℃以下，得1分。

墙壁坚固结实、抗震、防水防火，得1分。

屋顶坚固结实、防水防火、保温隔热，抵抗雨雪、强风，便于牛舍通风，得1分。

窗户面积与舍内地面面积之比应不大于1∶12,得1分。

牛舍建筑面积6 m^2/头以上,得1分。

运动场面积每头不低于25 m^2,得1分;有遮阳棚,得1分。

(2)功能区(6分)

管理生活区包括与经营管理、兽医防疫及育种有关的建筑物,与生产区严格分开,距离50m以上,得1分。

生产区设在下风向位置,大门口设门卫传达室、人员消毒室和更衣室以及车辆消毒池,得1分。

粪污处理区设在生产区下风向,地势低处,与生产区保持300m卫生间距,得1分。

病牛区便于隔离,单独通道,便于消毒,便于污物处理等,得1分。

辅助生产区包括草料库、青贮窖、饲料加工车间,有防鼠、防火设施,得2分。

(3)挤奶厅(6分)

有与奶牛存栏量相配套的挤奶机械,得1分。

在挤奶台旁设有机房、牛奶制冷间、热水供应系统、更衣室、卫生间及办公室等,得1分。

挤奶厅布局方便操作和卫生管理,得1分。

挤奶位数量充足,每次挤奶不超过3h,有待挤区,宽度大于挤奶厅,得1分。

储乳室有储乳罐和冷却设备,挤奶2h内冷却到4℃以下,得1分。

输奶管存放良好无存水、收奶区排水良好,地面硬化处理,得1分。

3.管理制度与记录(40分)

(1)饲养与繁殖技术(11分)

系谱记录规范,有统一编号,得1分。

参加生产性能测定,有完整记录,进行牛群分群管理,得5分。

有年度繁殖计划、技术指标、实施记录与技术统计,得1分。

有完整的饲料原料采购计划和饲料供应计划,每阶段的日粮组成、配方及记录,得1分。

有充足的饲料供应(种植),得1分。

有各种常规性营养成分的检测记录,得1分。

有根据不同生长阶段和泌乳阶段制定的、科学合理的饲养规范和饲料加工工艺,实施记录,得1分。

(2)疫病控制(15分)

有奶牛结核病、布氏杆菌的检疫记录和处理记录,得2分。

有口蹄疫、炭疽等免疫接种计划,有实施记录,得2分。

有定期修蹄和肢蹄保健计划,得1分。

有隔离措施和传染病控制措施,得1分。

有预防、治疗奶牛常见疾病规程,得1分。

有传染病发生应急预案,责任人明确,得1分。

有3年以上的普通药和5年以上的处方药的完整使用记录。记录内容包括兽药名称或治疗名；兽药量或治疗量；购药日期；管理日期；供药商姓名地址；用药奶牛或奶牛群号；治疗奶牛数量；休药期；兽医和药品管理者姓名等。得3分。

只使用经正式批准或经兽医特别指导的兽药，按照兽药供应商的用法说明和特别计划，对到期兽药做安全处理的，得1分。

抗生素使用符合GB 16568—1996《奶牛场卫生及检疫规范》要求，得1分。

有抗生素和有毒有害化学品采购使用管理制度和记录，有奶牛使用抗生素隔离及解除制度和记录，得1分。

有乳腺炎处理计划，包括治疗与干奶处理方案，得1分。

(3)挤奶管理(9分)

有挤奶卫生操作制度，得1分。

挤奶工/牧场管理人员工作服干净、合适，挤奶过程挤奶工手和胳膊保持干净，得1分。

挤奶厅干净整洁无积粪，挤奶区、贮奶室墙面与地面做防水防滑处理，得1分。

完全使用机器挤奶，输奶管道化，得1分。

挤奶前后两次药浴，一头牛用一块毛巾(或一张纸巾)擦干乳房与乳头，得1分。

将前三把奶挤到带有网状栅栏的容器中，观察牛奶的颜色和形状，得1分。

将生产非正常生鲜乳(包括初乳、含抗生素乳等)奶牛安排最后挤奶，设单独储奶容器，得1分。

输奶管、计量罐、奶杯和其他管状物清洁并正常维护，有挤奶器内衬等橡胶件的更新记录，大奶罐保持经常性关闭，得1分。

按检修规程检修挤奶机，有检修记录，得1分。

(4)从业人员管理(5分)

从业人员有身体健康证明，每年进行身体检查，得4分。

从业人员参加技术培训，有相应记录，得1分。

4. 环保要求(10分)

(1)粪污处理(8分)

奶牛场粪污处理设施齐全，运转正常，能满足粪便无害化处理和资源化利用的要求，达到相关排放标准。满分为5分，不足之处适当扣分。

牛场废弃物处理整体状态良好。满分为3分，不足之处适当扣分。

(2)病死牛无害化处理(2分)

病死牛均采取深埋等方式无害化处理，得1分。

有病死牛无害化处理记录，得1分。

5. 生产水平和质量安全(10分)

(1)生产水平(4分)

泌乳牛年均单产大于6 000kg得2分，大于7 000kg得3分，大于8 000kg得4分。

(2)生鲜乳质量安全(6 分)

乳蛋白率大于 2.95%且乳脂率大于 3.2%得 1 分;乳蛋白率大于 3.05%且乳脂率大于 3.4%,得 2 分。

体细胞数小于 75 万个/ml,得 1 分;小于 50 万个/ml,得 2 分。

菌落总数小于 50 万个/ml,得 1 分;小于 20 万个/ml,得 2 分。

第八章　减缓奶牛热应激和提高奶牛舒适度

奶牛热应激属于一个普遍性的问题，一直影响着全世界的奶牛生产，在不同国家和地区每年因奶牛热应激均造成了巨大的经济损失。如何减缓奶牛热应激，需要在充分认识奶牛环境生理特点与热应激本质的基础上，采取相应的环境控制措施和营养调控措施，达到综合效果。

在现代奶牛业中，提高奶牛的舒适度已经提到议事日程上来，逐渐被愈来愈多的技术人员所认识。保证奶牛的舒适度，福利化养殖水平就高，奶牛的健康程度就好，泌乳能力和生产潜力能得到充分发挥，淘汰率也低，利用年限长，经济价值就高。

第一节　奶牛环境生理与热应激影响

（一）奶牛的基本环境生理特点

奶牛属于高产家畜，热增耗大（瘤胃发酵、营养代谢），产热量大；奶牛个体大，单位体重的体表面积小，散热困难；奶牛汗腺不发达，蒸发散热机能差。这些特点决定了奶牛是一种耐寒、不耐热的动物。奶牛理想的环境温度为：－0.5～20℃（Johnson，1987）；5～26℃（Berman，1985）。

（二）温热环境

在外界环境因素中，温度与湿度双重因素的影响，对奶牛所产生的环境影响更大。因此，考查环境因素对奶牛的影响时需要把温度和湿度两方面的因素综合在一起。温湿指数（THI）是气温和气湿相结合以估计炎热程度的一种指标，又称“不适指数”，普遍用于奶牛。计算公式：

$$THI=0.4(T_d+T_w)+15$$

式中：T_d——干球温度（℃）

T_w——湿球温度（℃）

THI 越大，则奶牛的热应激程度越严重。欧洲牛在 THI 为 69 以上时，开始受热的影响；奶牛在 THI 为 75 以下时，产奶量可逐步恢复。

奶牛对温热环境的可接受范围一般认为：温度为4～24℃，THI＜72。

表8-1　THI对奶牛热应激的影响

THI	应激程度
THI＜72	无热应激
72＜THI＜79	轻度热应激
79＜THI＜88	中度热应激
THI＞88	重度热应激

（三）奶牛的热应激反应

1. 奶牛热应激反应的概念

热应激是指奶牛受到超过本身体温调节能力的过高温度刺激时，引起机体产生的非特异性应答反应。

热应激引起奶牛发生一系列的生理生化反应，奶牛体温上升，呼吸频率增加，出汗增加。在出现热应激的情况下，奶牛的消化生理反应主要表现在，干物质（特别是饲草）进食量减少，饮水量增加（约增加50%）；瘤胃和肠道蠕动减缓，反刍时间减少。

2. 奶牛热应激的新解释

在炎热气候条件下，奶牛机体的血液流动分配比例发生了变化，向皮肤和肺部血流加速，向内脏（子宫、胃黏膜及乳腺等）的血液流量减少。由于胃肠道血流量明显减少，这种状况的持续发展，导致胃肠道黏膜和细胞受损，其后果是细菌内毒素进入血液，进而引起奶牛的食欲下降，发生蹄叶炎和肝脓肿等疾病。

3. 奶牛热应激的危害

在奶牛出现热应激反应的情况下，奶产量能够下降25%～35%，乳脂率和乳蛋白率下降，牛奶体细胞数上升。当THI由68上升至78时，奶牛的受胎率由66%降至35%，繁殖性能明显下降，同时，犊牛的出生重也降低。热应激还使奶牛的产后疾病发病率上升，瘤胃酸中毒和蹄叶炎增加。

4. 奶牛热应激的判断

（1）直肠温度　正常情况下奶牛的平均直肠温度为38.3℃，在炎热条件下当群体中有30%以上的奶牛直肠温度超过39.5℃时，已出现热应激。

（2）呼吸频率　正常情况下奶牛的呼吸频率平均为20～50次/min，在炎热条件下当群体中有30%以上的奶牛呼吸频率超过80次/min时，已出现热应激。

在炎热条件下当奶牛的采食量下降10%～30%；产奶量下降10%～50%，乳中干物质、乳蛋白、乳脂等含量下降，疫病增多，这些都可以作为判断奶牛出现热应激的综合征。

（四）温热环境对奶牛产奶性能的影响

1. 高温对奶牛泌乳量的影响

高温环境下奶牛的采食量和泌乳量均大幅度下降。欧洲牛产奶的最适温度为10～15℃，可行范围为4～21℃。当气温高于21℃，产奶量即开始下降。

表 8-2 气温对奶牛产奶量的影响

气温(℃)	4	11	15	21	27	29	32	35
产奶量(kg/天)	13.1	12.7	12.2	12.2	11.3	10.4	9.0	7.7

我国长江以南地区夏季产奶量下降幅度很大。据聂广达(1952)报道:上海地区奶牛产奶量下降幅度超过30%;广东省因为夏季气候炎热漫长,饲养奶牛的难度很大;广西则以饲养水牛为主。在我国中原地区,高温季节对奶牛的影响也较为严重,通过环境影响系数可以看出,每年的7～9月,温热环境对奶牛的产奶都会造成不良影响。

表 8-3 棚舍饲养奶牛的产奶量的环境影响系数

分娩月份	头数	月份											
		1	2	3	4	5	6	7	8	9	10	11	12
1	27	11.1	12.7	12.6	12.3	12.0	10.4	8.7	7.5	6.4	6.3		
2	10		12.2	13.6	12.8	12.7	11.2	8.7	7.8	7.8	6.8	6.4	
3	17			11.4	13.5	13.0	11.2	10.2	9.3	8.4	7.9	7.8	7.3
4	15	8.6			11.5	12.3	12.0	10.7	9.5	9.1	8.8	8.8	8.7
5	18	8.2	7.3			11.7	13.6	12.1	10.6	9.6	9.1	9.0	8.8
6	11	8.6	7.3	7.0			12.4	11.6	11.9	12.0	10.9	9.5	8.8
7	7	9.6	8.6	7.7	6.1			9.7	11.0	12.7	12.0	11.6	11.0
8	10	10.0	9.0	8.7	8.0	7.3			11.1	11.7	12.7	11.8	9.7
9	6	10.7	10.2	9.2	9.6	8.0	6.9			10.3	12.2	11.7	11.2
10	23	11.0	10.6	10.1	9.9	9.1	8.1	6.4			11.7	12.3	11.8
11	15	12.0	12.2	11.5	10.1	9.8	7.5	6.9	5.4			12.4	12.2
12	32	12.2	12.0	11.6	11.5	10.7	9.4	8.2	7.0	5.9			11.5
环境影响系数		2.0	2.1	3.3	5.3	6.6	2.7	−6.8	−8.9	−6.1	−1.6	1.3	1.0

2.对乳成分的影响

不同环境温度对奶牛乳成分的影响见表8-4。随着气温升高,使奶牛的乳脂率、非脂固形物和酪蛋白的含量下降。

表 8-4 不同环境温度对乳成分的影响

气温(℃)	4.4	10.0	15.6	21.1	26.7	29.4	32.2	35.0
乳脂率(%)	4.2	4.2	4.2	4.1	4.0	3.9	4.0	4.3
非脂固形物(%)	8.26	8.24	8.16	8.12	7.88	7.68	7.64	7.58
酪蛋白(%)	2.26	2.22	2.08	2.05	2.07	1.93	1.91	1.81

第二节　高温季节奶牛的环境控制

奶牛的生产有一个最佳温热环境和可接受温热范围，在奶牛生产中要为奶牛创造一个适宜的小环境，提高奶牛的舒适度，这样才能够使奶牛取得良好的生产性能。

在奶牛生产现场，热应激大部分发生在待挤区，其次是青年牛舍，再次是泌乳牛舍；影响奶牛舒适度的主要生产环节为饲喂、休息、站立及行走等环节。因此，要从这些区域和生产环节改善奶牛的舒适度。即：在牛饲喂通道上方安装风机，改善采食小环境；在牛采食站立区安装喷淋和风机，改进地板，改善站立小环境；卧床上只安装风机，改进牛卧床，改善休息区环境。

一、种植绿化树木

牛和其他动物一样，在原始状态下遇到炎热天气，会自动寻找能够遮阳的庇护场所。即便是在现代放牧饲养体系中，在人工草场或天然草场上常常点缀着野生的树木，在炎热天气下，放牧牛会来到树荫下乘凉和饮水。也正是这一原因，在草地奶牛业国家的人工草场上仍然保留有一些野生的树木。在强烈的太阳光照射下，草场上的辐射强度和辐射温度很高，而在有树木存在的情况下，树冠可以大幅度削减辐射强度，于是奶牛在树荫下就会觉得较为凉爽。

在集约化奶牛场中，如果运动场间隙或周边种植高大的树木，则可以为奶牛遮阳，避免奶牛直接暴露于辐射热环境中，使奶牛的实感温度有所降低。奶牛场种植树木一般以高大的落叶乔木为主，夏季奶牛出现热应激的季节也正好是这些乔木枝叶繁茂的季节，冬季奶牛需要晒太阳的时候也正是这些树木无叶的季节。奶牛场种植树木一般在奶牛场建场伊始就开始，这样有利于树木的成活。奶牛场的绿化树木不宜种植太密，否则会影响通风。

二、遮阳与搭建凉棚

（一）夏季遮阳

（1）运动场遮阳　在运动场架设遮阳网是普遍的做法。遮阳网宜选择银灰色，而不宜选择黑色，因为前者的反光效果好，而后者吸热作用强。对于遮阳网的目数宜恰当选择，遮阳网架设，各个位置的高度要处于同一水平面上。可以采用活动式遮阳网，在阳光强烈时覆盖遮阳，在不需要遮阳时把遮阳网自动卷到一侧。使用这种活动式遮阳网，可以解决遮阳与运动场潮湿的矛盾。

（2）候挤区遮阳　一般来说，在奶牛场的待挤区奶牛的密度较大，这样增加了炎热天气下奶牛的热应激程度，因此候挤区遮阳对奶牛防暑具有重要的意义。通过 2010 年夏季在郑州地区所开展的一项试验，证明了候挤区夏季遮阳降低了候挤区的环境温度，THI 平均降低 1.49；对奶牛生理指标的影响非常明显，呼吸频率平均降低 12.6 次/min，直肠温度平均降低 0.2℃，减轻了奶牛热应激的症状。

(3)饮水槽遮阳　奶牛在炎热天气下饮水量很大，而在运动场饮水槽上方缺少遮阳设施的情况下，会影响奶牛的饮水次数和持续时间，造成实际饮水量不足。另一方面，饮水槽上方缺少遮阳设施，饮水槽中的水经暴晒后温度很高，达不到奶牛饮用凉水降温的效果。因此，要保证运动场饮水槽上方有足够的遮棚面积。

(二)运动场搭建凉棚

搭建凉棚是保证运动场阴凉面积的有效措施。只有保证运动场有足够的阴凉面积和运动场干燥，牛才能够休息好。搭建运动场凉棚应该注意以下基本要求：

(1)面积　每头奶牛不能低于 4.2m^2/头，有条件的可以达到 8m^2/头。

(2)高度　檐高 4～5m。檐高太低，会造成通风不良。

(3)地面　宜采用三合土地面或者铺沙，这样能够增加夏季渗透雨水的作用。

(4)水分　运动场设有饮水槽，则其附近地面要硬化处理，同时要增加排水设施。

(5)辅助设施　可以在凉棚下安装风扇，作为夏季辅助防暑降温措施。

在夏季酷热地区使用完善的凉棚进行遮阳，可以使奶牛的直肠温度下降 2℃左右，呼吸频率降低 29%以上，干物质采食量增加 6.8%以上，产奶量稳定。

三、奶牛舍自然通风

在奶牛场建造和奶牛管理中，要优先考虑自然通风。依靠自然通风，节省能源，降低成本，并且是一劳永逸的措施。

使用开放式牛舍，保证水平方向的通风。在中原地区的奶牛舍多采用开放式奶牛舍，一般都可以达到较好的水平方向的自然通风效果。

使用锯齿状屋顶结构，实现垂直方向的通风，因为热空气是向屋顶方向流动，锯齿状屋顶结构可以使舍内的热空气逸散出去。基于这种基本思路，可以在屋顶设置天窗，也可以采用大钟楼式屋顶，从而达到垂直通风的效果。通过综合考虑水平方向的通风和垂直方向的通风，可以实现良好的通风效果。

为了保证牛舍的自然通风，设计牛舍时要注意：①屋顶高度不底于 3m，最好达到 4m；②牛舍两侧 300mm 高的墙体以上全部敞开；③屋檐和屋脊留通风带，屋面的坡度至少是 1∶3；④传统牛舍，南面是敞开的，北面窗户一定要敞开。

除了建造开放式牛舍之外，还有一种组装式牛舍，相对比较便宜，重量很轻，也可以实现自然通风，对奶牛产奶有积极效果。

四、机械通风

奶牛舍安装风机进行机械通风是普遍的做法，能够达到良好的通风防暑降温效果。

(一)风机的选择与安装

奶牛场采用机械通风，要注意合理地选择风机和正确地安装风机。

(1)安装区域和位置　牛舍、凉棚、挤奶厅等区域应安装风机,在牛舍内除了采食槽上的风机外,卧床上也应该有风机。

(2)风机的规格　合理的风机规格为900mm(叶轮直径),合理的间距为6m。

(3)风机安装方向　风机应朝着同一个方向,采用接力吹风;而不要是两个风机对着吹。

(4)风机安装密度　如果是6m开间,大约每隔7头牛安装一个风机。风机的安装间隔,要测定一下风机的风速作为参考,如果低于2～2.5m/s,就应该安装另一个风机。

(5)风机安装角度　与竖直方向偏移17°～25°,从地面到风机底边的悬挂高度为2.2m,以牛只不能触碰到为准。

(二)评定风机的风量

在离风机6m远的位置测定风速应达到150m/min;牛舍的风速是否达到2.5m/s,风量能否达到10 000m³/h。需要配备测量风机风速、风量的仪器和测量牛体温的仪器。

一种简单的风量判断方法是,在前一台风机与下一台风机之间,站在牛的位置,如果能够感觉到微风拂面,说明达到了基本效果。

(三)通风效果差的原因分析

应考虑:风机安装的位置是否适宜?风机安装的高度是否合适?风机安装的角度是否保证了风能够吹到牛背上?

购买风机时,最好先买几台试一试,确认效果良好,然后再批量购买。如果购买叶片直径1m的大规格风机,风力>20 000m³/h,电机0.45W左右。一般来说,大规格风机(1m、1.2m)噪声低,风比较柔和,但是价格昂贵。

五、喷淋降温措施

1.牛舍喷雾降温

在牛舍安装喷雾设备,起到给牛体周围的空气降温的作用。在低湿度地区可以采用喷雾;而在高湿度地区不宜采用喷雾降温,因为雾滴不易透过牛毛,接触不到牛皮肤,而且增加了空气湿度,从而增大温湿指数。

喷雾与吹风相结合,是通过喷雾把牛毛打湿,即开启风机,然后把牛毛吹干,这为一个周期;然后再重复下一个周期。

2.喷淋降温

在牛舍安装喷淋设备对奶牛进行喷淋,喷淋起到直接对牛体降温的作用。

切忌在卧床上安装喷淋设备,因为牛床保证干燥,能够减少乳腺炎等疾病的发生。

待挤区喷淋。可以在待挤区上方架设多条喷淋管和安装密集的喷头。以从上往下喷为好;喷淋的时候会有一些水流到乳房或者是乳头,挤奶工要把奶头充分擦干。

屋面喷淋。借助于屋脊安装喷淋系统实现喷淋达到屋面的传导和蒸发降温的效果。采用屋面喷淋，可以在屋面覆盖稻草（或其他低导热蓄水材料），从而起到蓄水利于持续蒸发的效果。

六、风机—喷淋系统

解决热应激最好的办法是配备风机—喷淋系统。风机—喷淋系统是采取先喷淋，把牛体喷淋湿，再打开大流量风机，短时间吹干牛身上的水，然后淋透再吹风，如此反复。喷淋加吹风的过程中，促进牛体散热，因为每蒸发 1g 水可以带走 0.22kJ热量。

（一）喷淋加吹风模式

上海光明乳业集团公司奶牛场的喷淋加吹风模式：5min 为一个单元，1～1.5min喷淋＋3min 吹风；连续进行 3 次循环。

北京三元绿荷乳业集团公司奶牛场喷淋加吹风模式：5min 为一个单元，30s 喷淋＋ 4.5min 吹风，连续进行数次循环。

风机—喷淋系统的控制，可以使用温度感应自动控制系统，实现自动控制喷淋时间。

单次喷淋持续时间，要根据水压力和水量来定，以把牛淋透作为一个参考依据。淋水量为 150～170L/h。

风力：淋透以后在 3.5～4min 能够把牛体吹干，作为吹风的参考依据。

喷淋时间：在挤奶前半小时开始进行喷淋。

喷淋要求：水的压力要大，喷淋时水滴要大，冲力要强，使水能落到牛的皮肤表面，把牛淋透，不能仅有水雾挂在毛上。

（二）喷淋加吹风的效果

（1）对泌乳牛的效果　喷淋加吹风持续 30～50min，可使奶牛的直肠温度低于 39.5℃，呼吸频率低于 70 次/min，可缓解热应激。通过使用喷淋加吹风系统，促进奶牛多采食，避免奶牛的营养负平衡状态，减少瘤胃慢性酸中毒状态，有利于奶牛健康和高产。

（2）对于干奶母牛的效果　在干奶期间，采用喷淋一风机的方式降温，使母牛分娩时胎衣不下明显减少，子宫内膜炎也减少了；犊牛出生重，试验组比没有采用喷淋一风机降温的对照组平均提高 2.6kg；母牛在泌乳期 150 天产奶量比对照组提高了 3.5kg/天。

使用喷淋加吹风系统，促进牛体散热，也有利于排出牛舍的潮气。使用喷淋加吹风模式，要注意保持环境洁净，尽量避免暑期奶牛乳腺炎的发生。

在减缓奶牛的高温季节热应激的措施中，环境控制是非常重要的。只有在良好的环境控制的基础上，奶牛营养调控才能取得应有的效果。在夏季炎热地区的奶牛环境控制：种植绿化树木，遮阳与搭建凉棚，奶牛舍自然通风，机械通风，喷淋降温等措施，使用通风与喷淋系统的效果最好。

第三节　热应激与奶牛营养

一、热应激与干物质采食量

热应激影响奶牛的干物质采食量。当环境温度从17.7℃升高到30℃，奶牛的精料采食量下降5%，干草的采食量则下降22%。

对于体重600kg的产奶量27kg(乳脂率3.7%)的奶牛，在不同温度下的干物质需要量和实际采食量的变化如表8－5。由表中可以看出，气温在25℃以上时，实际干物质采食量(DMI)均低于干物质需要量。

表8－5　温度对奶牛干物质采食量和需要量的影响

温度(℃)	维持需要(按10℃为100)	DMI需要量(kg/天)	实际DMI(kg/天)	产奶量(kg/天)
0	110	18.8	18.8	27
20	100	18.2	18.2	27
25	104	18.4	17.7	25
30	111	18.9	16.9	23
35	120	19.4	16.7	18
40	132	20.2	10.2	12

热应激对奶牛产奶量的影响主要是由于奶牛干物质采食量下降。在20℃以上时，气温每升高1℃，干物质采食量则下降0.15kg。据估计，干物质采食量每下降1kg，会导致奶产量下降2kg。

二、热应激与水

1.奶牛饮水量与温度的关系

据美国农业部的测定，气温30℃与17.7℃相比较，奶牛的饮水量增加29%，出汗损失增加59%，呼吸蒸发增加15%，尿液水分损失增加15%，粪便中的水分损失下降33%。

当奶牛出现热应激时，饮水量可以增加50%或以上，通过呼吸、喘息、出汗损失水分，促进散失多余的体热。另外，牛奶中87%左右是水，因此，在出现热应激时，奶牛需要水量明显增加。

表 8-6 奶牛在不同温度下的饮水量

温度(℃)	饮水量(kg/天)
0	64
10	64
20	68
25	74
30	79
35	120
40	106

注:资料来源于 NRC,1981。

2. 奶牛饮水量与产奶量的关系

奶牛的产奶量还与奶牛的饮水量有关,产奶量越高,饮水量也越多。每产 1kg 奶,需摄入 4.5～5.0kg 水。

表 8-7 奶牛饮水量与奶产量的关系

产奶量(kg/天)	饮水量(kg/天)
14	55～65
23	92～105
36	144～159
45	182～197
妊娠 6～9 月	34～50

3. 保证充足的饮水

为了使奶牛饮水充足,在奶牛的饮水管理方面,要有足够的饮水槽面积,保证充足清洁的饮水供应,饮水区域有遮阳措施。

在不同热应激程度下,奶牛的饮水保证量有所不同。轻度热应激应保证 100kg/天;中度热应激应保证 120kg/天;重度热应激应保证 150kg/天。

奶牛合适的饮水温度为 15.5～26.5 ℃。对饮用 10 ℃和 27.8℃水的奶牛,温度较低的水使干物质采食量提高了 15%,奶产量相应地提高了 11%。

三、热应激与能量

热应激期奶牛的干物质摄入量下降,意味着摄入日粮能量下降。在热应激情况下,粗饲料采食量下降尤为明显,导致实际摄入的日粮中粗饲料占比例偏低、精饲料占比例较大。当日粮精饲料超过干物质的 55%～60%时会发生很多问题,如:食欲不振、乳脂率下降、瘤胃酸中毒、真胃移位、蹄叶炎等。

不同环境温度下奶牛的能量维持需要量的变化如表 8-8。

表8-8　不同环境温度下能量维持需要

温度(℃)	维持需要量(100%)
0	110
10	100
20	100
25	104
30	111
35	120
40	132

注：资料来源于NRC，1981。

(1)饲料的热增耗　低质和高纤维饲草的热增耗高，因为消化低质和高纤维饲草，需要更多的微生物发酵；产生较多的乙酸，利用效率低。精料和低纤维饲料的热增耗低，脂肪的热增耗最低。

(2)粗饲料的重要性　尽管粗饲料有较高的热增耗，但日粮中必须加入粗饲料，否则奶牛的反刍减少，唾液减少，导致瘤胃酸中毒。为保持瘤胃健康，中性洗涤纤维应不低于28%；可以提高优质粗饲料在日粮中的比例，提高采食量；奶牛的夏季日粮中更需要优质的粗饲料。

第四节　高温季节奶牛的营养调控

一、提高热应激情况下奶牛的干物质采食量

1. 调整奶牛夏季日粮营养浓度

在奶牛热应激情况下，调整日粮主要是提高能量的浓度，一般能量浓度要达到7.1MJ/kg。日粮蛋白质浓度也需要提高，但不是关键。日粮蛋白质浓度不要低于17%，也不要过高。

在保证奶牛健康的情况下，粗饲料的比例可以适当下降，提高精料比例。但日粮精料最大比例不宜超过65%，酸性洗涤纤维应保持在19%～24%，中性洗涤纤维在28%～32%。

2. 使用优质饲料原料

高纤维饲料适口性差，同时在消化和代谢过程中产生较多的热(热增耗高)。夏季奶牛日粮中要控制劣质粗饲料用量。

用优质粗饲料饲喂，尤其是要保证有效纤维的采食量。例如，全株玉米青贮和苜蓿等。

增加一些替代性的消化率高的短纤维饲料(如大豆皮、甜菜颗粒)。

3.避免奶牛挑食

通过使用全混合日粮（TMR）可以解决奶牛挑食的问题。要关注TMR的生产工艺，包括水分的控制、切割的长度和搅拌均匀度等。

增加全混合日粮的饲喂次数，一天至少添加3次，增加到4次以上可能有难度。

增加推料次数，避免奶牛采食不到牛槽中的全混合日粮。

4.保持饲料新鲜

奶牛对饲料新鲜程度非常敏感，要注意保持饲料新鲜。饲喂糟粕类饲料时要按需采购，保持新鲜。饲喂青绿饲料时最好要新鲜，不能发霉产热。

在炎热天气下饲料易变质，可以在TMR中添加防霉变物质。

5.调整饲喂策略

凉爽利于奶牛采食，尽量利用凉爽时间饲喂和多投料。

夏季奶牛的休息活动时间模式与其他季节不同，牛起来的时间更早些。奶牛采食后的3～4h为热量生产的高峰阶段。因此，建议提早上班时间（6:00），待第一批奶牛挤完奶即已经备好了新鲜的日粮为宜。

调整不同饲喂时间的TMR投放比例：早上和晚上比较凉爽，应该适当增加投放量；下午2点天气最热，投放量不要大。早上35%～40%，晚上35%左右，中午20%～25%。

在非TMR饲喂的情况下，可以拿出一半混合精料调成粥料。

二、添加脂肪或油料子实

1.添加脂肪的要求

脂肪的能量是淀粉的2.25倍，应用脂肪可减少淀粉用量，减少瘤胃酸中毒的发生；脂肪可提高乳脂率。日粮脂肪的转化效率为94%～97%，脂肪消化时较少或不产生热增耗，可减少热负荷。

日粮中的总脂肪不应超过7%～8%。过多的脂肪会抑制瘤胃发酵。通常可以在日粮中添加的脂肪有脂肪酸钙和氢化脂肪。脂肪要逐渐增加，使奶牛有一个适应的过程。脂肪酸钙适口性差，影响采食量，日粮添加脂肪酸钙的添加量，按照每头泌乳牛200～400g/天。日粮中氢化脂肪的添加量，按照每头泌乳牛100～300g/天。添加氢化脂肪能减缓奶牛热喘息，明显提高乳脂率。

2.补饲油料子实

如果不添加高脂饲料，日粮大约含3%的脂肪，另外2%～3%可以来源于油料子实（全棉子、全脂大豆等）。

（1）补饲全棉子　每头奶牛每天整粒棉子的饲喂量应控制在1.0～2.0kg，添喂棉子的日粮必须提高日粮干物质的钙含量（提高10%），建议与棉粕总计不超过3.5kg/天。

（2）补饲全脂大豆　最好是炒大豆或膨化大豆，泌乳前期奶牛每头补饲0.7～1.2kg/天炒大豆，有利于缓解泌乳高峰后产奶量的下降和提高乳蛋白质率（段柳艳，2010）。

三、热应激与蛋白质

热应激造成奶牛干物质采食量减少，导致日粮蛋白质摄入量减少。通过提高日粮的蛋白质浓度，以保证蛋白质的总摄入量。研究表明，在热应激情况下，日粮粗蛋白含量不应超过17%，其中瘤胃降解蛋白<62%。

炎热期奶牛饲喂过瘤胃蛋白与饲喂瘤胃非降解蛋白低水平组相比，在高水平喂给瘤胃非降解蛋白情况下，奶牛的日产奶量增加2.4kg；同时瘤胃非降解蛋白高水平组和低水平组，奶牛的血液尿素氮水平分别为13.3mg/dL和17.53mg/dL。

四、合理补充矿物质

（一）热应激与钾、钠和镁的供应

日粮钾和钠对于维持奶牛机体的正常体液平衡是非常重要的。调节日粮的离子浓度保持奶牛的矿物质平衡，可以有效地缓解热应激和稳定产奶性能。

热应激奶牛的饮水量加大，尿液、汗液的排泄量有增加趋势。随着尿液和汗液的排泄，损失了大量的钾。同时，由于热应激奶牛的粗饲料干物质采食量明显减少，钾的摄入量也减少了。而牛奶中钾离子浓度为0.15%，是牛奶中浓度最高的矿物质。由于奶牛通过尿液、汗液和牛奶排出的钾离子多，而摄入量不足，所以导致热应激奶牛缺钾。

1. 钾离子及使用氯化钾

氯化钾通过一些措施把日粮钾含量提高到1.2%～1.5%，可使奶产量增加3%～9%。如果日粮中缺钾离子，可以通过饲料添加剂来补充，每头牛添加30～100g/天氯化钾，可以提高产奶量7%～17%。例如，葵花（2010）在日粮中添加50g/天氯化钾，使奶牛日产奶量提高1.6kg。

通过饲料补充钾离子，要看日粮中的钾离子是否达到标准要求，一般来说奶牛日采食3kg以上的苜蓿干草，已经满足了钾的需要，因为苜蓿中钾离子含量较高。

2. 提高日粮中钠、镁离子浓度

当日粮中钠离子提高到0.45%或更高时，奶牛的干物质采食量和奶产量增加7%～18%。

日粮中高水平的钾离子会抑制瘤胃中镁的吸收，因此有必要把镁的水平提高至0.35%。在夏季日粮中提高镁离子含量，能够起到有利的作用。

通过对热应激奶牛的钾离子、钠离子和镁离子的需要量和日粮提供状况进行分析，建议热应激奶牛的日粮中：钾离子浓度应为1.5%～1.8%；钠离子浓度应为0.4%～0.6%；镁离子浓度提高到0.3%～0.35%。

（二）保持日粮正DCAD

美国佛罗里达的资料表明，增加氯离子的浓度，会降低奶牛的干物质采食量，同时降低了产奶量。因此，不能通过氯化钠和氯化钾来增加日粮阴阳离子平衡值（DCAD）。$DCAD=(Na^{+}+K^{+})-(Cl^{-}+S^{2-})$。

氯离子属于阴离子，而热应激泌乳母牛需要正的DCAD，热应激奶牛饲喂的日粮中DCAD应为350～500毫克当量/kg DM。氯离子的最大推荐量应为日粮干物质的0.35%。

（三）热应激与铜、锌和硒的供应

奶牛处于热应激状况下，对疾病的易感性增加。并且热应激发生后的一段时间，奶牛的免疫力仍然较低。某些矿物质元素（铜、锌、硒等）参与机体的免疫功能，在热应激引起日粮干物质采食量减少的情况下，宜提高日粮中这些矿物质的浓度。

（四）在日粮中使用有机铬

铬离子可以增强奶牛的机体免疫力和降低奶牛的应激程度，提高干物质采食量。Al-Saiady给每头热应激奶牛补饲4g/天酵母铬，显著提高了采食量和产奶量。在混合精料中添加10mg/kg烟酸铬，产奶量比对照组提高12.02%（李新建，2006）。

五、合理补充维生素

1. 维生素A、维生素E

热应激时奶牛的疫病易感性增强。维生素A、维生素E与免疫系统有关，应该增加。由于热应激期间奶牛采食量的减少，所以日粮中维生素的浓度应相应地提高。

在热应激期维生素A和维生素E需要量增加，所以在夏季应补给较平时高一倍的维生素A和维生素E。

2. 烟酸

烟酸在体内可转变为烟酰胺，进而合成NAD和NADP，在组织细胞内起着传递氢的作用，对于能量代谢起着重要作用，能提高奶牛的血糖含量。烟酸对于瘤胃发酵和微生物蛋白合成具有一定作用。试验表明，在夏季热应激期间对奶牛补充6g/（头·天）烟酸，奶牛的平均日产奶量增加0.9kg；对于新产母牛的效果明显，日产奶量为34kg的母牛，可增加产奶量2.4kg以上。

六、使用瘤胃缓冲剂和活性酵母

（一）使用瘤胃缓冲剂

对饲喂青贮饲料和精料偏高的奶牛需要添加瘤胃缓冲剂。缓冲剂可以中和青贮料的酸性，使用缓冲剂保持瘤胃最佳pH，提高瘤胃乙酸/丙酸比值和有机物消化率，从而提高乳脂率和乳产量。

夏天随着唾液分泌的减少，瘤胃缓冲作用减弱。夏季的牛比较挑食，喜欢吃精料，粗料吃得比较少。因此，在夏天的奶牛饲养中，更强调在日粮中使用瘤胃缓冲剂。

常用的瘤胃缓冲剂有：碳酸氢钠、氧化镁、硫酸镁。碳酸氢钠应占日粮干物质的0.75%～1.5%；氧化镁应占日粮干物质的0.35%～0.40%。两者同时使用效果较好，二者比例以（2～3）：1为宜。

如果按日粮干物质采食量16～20kg计算，则需要碳酸氢钠120～150g/天，氧化镁 60～80g/天。许昭雄(1988)试验报道，每头日添加碳酸氢钠 150g，产奶量提高 7.9%，乳脂率提高 13.3%。另有王书君(1991)报道，奶牛日粮中添加碳酸氢钠 150g/(头・天)、硫酸镁 7.5g/(头・天)，乳脂率增加 0.27 个百分点。

(二)使用活性酵母类产品

酵母培养物能够刺激牛瘤胃中纤维素菌和乳酸利用菌的繁殖，改变瘤胃发酵类型，降低瘤胃氨浓度，提高瘤胃微生物蛋白产量和改善饲料消化率。酵母培养物能够刺激瘤胃细菌生长。在奶牛日粮中使用益康“XP”，可使瘤胃内有益微生物菌群的总数增加 30%，粗蛋白质消化率提高 3%，粗纤维消化率提高 10.4%。

在苏格兰的一个奶牛场以 55 头奶牛进行了 80 天的酵母培养物饲养试验，在奶牛泌乳期的前 100 天、100～200 天、200 天后，乳脂肪日产量增加量分别为0.21、0.04、0.04kg/(头・天)，同期的乳蛋白质日产量增加量分别为 0.16、0.03、0.06kg/(头・天)。吴子林(1996)用酵母培养物益康“XP”饲喂奶牛，平均日增奶 0.91kg，乳脂率提高 5.77%。

瘤胃活性酵母(牛得喜产品)，可以提高奶牛的日粮采食量，稳定瘤胃 pH 环境，提高饲料消化率，抗热应激和增加产奶量。

在夏季炎热地区的奶牛饲养管理中，要保证奶牛有充足新鲜的饮水；调整饲喂时间及挤奶时间，增加夜间及黎明的饲喂；饲喂 TMR 时要混合均匀；日粮中增加高能量、高蛋白饲料原料；保证优质牧草的饲喂量，使用一些消化率高的短纤维饲料；注意 TMR 新鲜程度，保证糟粕类新鲜。为了减缓奶牛的热应激，可以使用一些营养调控物质：

表 8-9　减缓奶牛热应激的营养调控物质

热应激程度	增喂蛋白质	过瘤胃脂肪	维生素(增加倍数)	矿物质(增加倍数)	日粮阴阳离子差(毫克当量/kg DM)	碳酸氢钠	氧化镁	氯化钾	维生素E	维生素C	吡啶羧酸铬
轻度热应激	200	250	1	1	350～400	100g	50g	150g	700mg	4g	
中度热应激	300	350	2	1.5	400～450	150g	75g	150g	1 000mg	7g	6mg
重度热应激	400	450	3	2	450～500	200g	100g	300g	1 200mg	10g	

第五节　提高奶牛舒适度

奶牛属于高产家畜，是畜牧业现代化的产物，通过人工选择和育种而获得的高产家畜，对外环境变化的适应性普遍较低，机体对逆境的抵抗力下降，容易受环境变化影响而出现应激。因此，对于奶牛这样的高产家畜，非常有必要保障其舒适度，提高福利化养殖水平，这样才能够充分发挥遗传潜力，取得良好的终生综合效益。怎样做到奶牛舒适呢？主要考虑4个方面——吃、喝、休息、挤奶，包括为奶牛提供充足的优质新鲜饲料，清洁卫生的饮水，新鲜的空气，柔软、干净的休息场所，足够的活动空间，健康的蹄部和起卧都很轻松。

一、奶牛躺卧与使用卧栏

判断奶牛福利好坏的指标有总躺卧时间、休息时间、运动量和产奶量等。

(1)躺卧与反刍行为　躺下的奶牛中有50%应该在反刍。增加奶牛的躺卧机会和躺卧时间，就有利于增加奶牛的反刍活动，从而提高对饲料的消化。

随着奶牛饲养业的不断发展，奶牛的放牧饲养大多改为舍饲饲养为主。把奶牛饲养在一个狭小的栏舍内，使它们不能悠闲活动和平静地吃草，不能自由接触同伴进行嬉戏，没有足够的空间进行运动，接触阳光的时间大为减少，只能机械地听从人们设定的程序性安排，因此舍饲条件下奶牛的采食时间长、躺卧时间短、反刍和休息时间短，这影响了奶牛天性的自由表达，也给奶牛带来许多生产性疾病。

Faun 等(1996)认为，牛栏狭窄质差，使奶牛休息时间减少，腐蹄病的发病率上升。Leonant 等(1994；1996)发现，当奶牛处于不舒适的牛圈或者狭窄的牛栏时，躺卧时间和蹄损伤之间存在着明显的负相关，躺卧时间短，蹄受损率高。奶牛的乳腺炎发病率与运动场的脏污程度密切相关，乳腺炎发病率与有无卧栏及卧栏类型是有联系的。

(2)奶牛躺卧选择行为　奶牛倾向于躺卧在柔软的垫料上；对洁净度的选择居于次要地位(见图8-1)。据美国的一项试验，奶牛对躺卧土地面的干物质含量具有明显的选择趋向，当干物质含量适宜时，奶牛在其表面躺卧频率高。

图8-1　奶牛倾向于躺卧在柔软垫料上

奶牛的站立是以前肢肩关节先着地，以该关节承受全身将近一半的重量，压强是很大的，因此需要柔软的垫料才不至于造成肩关节皮肤的磨损和疼痛。

目前在我国奶牛主产区普遍采用散栏式牛舍(跨度12～34m)：舍内的采食区、休息区和挤奶区是独立的，奶牛不拴系；牛舍内的卧床有两列式、三列式、四列式、五列式和六列式。无论是双坡式单列半封闭散栏牛舍、钟楼式双列半开放散栏牛舍、双坡式双列全封闭散栏牛舍，舍内都可以设置卧床。

奶牛舍卧床床位要足够，这样才能保证所有的奶牛都能够得到充分的休息。由于奶牛群体中也存在着等级位次，如果舍内卧床床位不足，那就会造成处于等级位次劣势地位的奶牛始终休息不好。据中荷奶业示范培训中心奶牛场的观察，在奶牛卧床不足的情况下，部分奶牛的躺卧时间明显缩短，影响泌乳牛的产奶性能。

(3)卧栏垫料的选择　一般是在运动场牛卧栏上铺细沙；舍内卧栏上适宜于铺橡胶垫。有的奶牛场对牛粪进行固液分离，分离出的固体部分经过干燥处理后，也可以作为卧栏垫料。

二、运动场与牛床垫料系统的选择

(1)增加牛舍内运动距离　在大跨度的奶牛舍内，奶牛的活动空间相对较大；在牛舍长度较长的奶牛舍，奶牛从槽位出发，经过舍内通道和舍外通道，直至挤奶厅，具有较远的运动距离，并且每天要往返数次，这样就形成了较大的运动量。因此，对于这种类型的奶牛舍则不需要很大的舍外运动场。

(2)运动场地面的类型　奶牛运动场常见的地面类型主要有：水泥地面、砖砌地面、土质地面、三合土地面(黄土：沙子：石灰＝5：3：2)、半土半水泥地面等。

运动场内地面，可以有多个分区，分别铺以不同的运动场地面，例如：泥土地面、沙土地面、三合土地面等。在不同的天气条件下做出相应的选择，晴天可以把牛放入泥土地面或让牛自由选择，在阴雨潮湿天气可以把牛放入沙土地面。

(3)减少肢蹄病与运动场及牛床垫料的选择　一般来说，柔软干燥的地面有利于奶牛的肢蹄健康，过硬的运动场地面容易造成肢蹄损伤，泥泞潮湿的地面容易引起腐蹄病。因此，要选择柔软干燥的地面。

(4)运动场地面管理　土地面具有柔软的特点，在干燥疏散的情况下奶牛喜欢选择。但是，长期使用的黏土地面容易板结变硬。可以采用旋耕机旋耕疏松，每两个月旋耕一次，经过旋耕的运动场奶牛更喜欢进入，但是要求在多雨天气禁止放牛入内。如图8-2。

图8-2　经过旋耕机旋耕的运动场

(5)牛床床面　混凝土床面上铺橡胶垫，或者混凝土床面上铺复合材料。在牛床上铺放一层麦秸也是一种很好的选择，例如荷兰的示范奶牛场就有采用的，显然这种做法增加了奶牛的福利。在牛床上铺放麦秸，虽然麦秸的需要量很大，但是可以增加有机肥的产量。

三、奶牛舍冬季防风

根据通风的原理，应用锯齿状屋顶结构，可以实现良好的垂直通风效果。但是多数奶牛舍仍然是依靠水平方向通风。在中原地区建造的奶牛舍基本上是开放式牛舍，水平方向通风效果很好，较好地解决了夏季通风问题，但是冬季防风问题也应该引起注意。不少奶牛饲养者已经观察到，一定幅度的冬季低温对奶牛的影响并不大，但是冬季一场大风刮过，奶牛的产奶量第二天就大幅度下降，并且随后3～7天的产奶量一直较低，需要逐渐恢复。造成这种现象的原因可能是，寒风突然来袭使奶牛的肾上腺激素分泌增加，乳房血液供应量减少，影响乳的形成；寒风之下奶牛的采食量下降，造成随后数天的营养供应不足。

对于这一问题的解决方案莫过于使用防风帘。既可以在开放式牛舍的迎风面安装活动卷帘，在冷风来临之前卷下；也可以使用可移动式挡风帘，笔者（2000）曾经在巴基斯坦苏库尔地区一奶牛场见到对犊牛和泌乳牛使用移动式挡风帘；或者使用能够减缓风速的花帘挂在迎风面。

四、冬季饮水要保持适宜的温度

一般来说，奶牛的产奶量越高，其饮水量也越大。要有足够的饮水槽面积，保证充足清洁的饮水供应。奶牛饮水的适宜水温为15.5～26.5℃。奶牛饮冷水则消耗身体热能，要禁止饮用冷水，否则可引起一些疾病，还会影响饲料消化。冬春季将奶牛饮水温度维持在9～15℃，可比饮0～2℃水的奶牛每天多产奶0.57L，即提高产奶率8.7%。

为了保证奶牛在冬季的饮水温度适宜，有必要关注奶牛的饮水设施。采用地下式饮水池，充分利用地温保持饮水温度，可以避免水管冻坏和水面结冰；有条件的奶牛场可以采用加热式饮水设施。

奶牛对水质要求较高，水质对于瘤胃的微生物系统的正常生态平衡有很大影响。如果水质不好，就会破坏瘤胃内的微生物系统平衡，进而影响奶牛对饲料养分的消化利用效率。因此要做好饮水槽管理工作，勤于更换和清理。

保障奶牛的舒适度就是在极端的福利与生产利益之间寻找到平衡点。在舒适的环境中，施以合理的管理措施，提供充足的营养，当满足奶牛康乐时，有助于改善其健康水平，从而提高其终生产奶量，可最大限度地提高经济效益。

第六节　奶牛的舒适度评定

一、奶牛舒适度评定的基本要素

根据各地的经验和研究成果，利拉伐公司提出了依据动物征兆、步态评分、体况评分，作为奶牛舒适度评定的基本要素。

1. 动物征兆

动物征兆包括奶牛的表现、体况、体温、肢蹄、反刍时间、粪便量、清秀度、颈部、蹄部、瘤胃、乳房和呼吸等。

2. 步态评分

根据不同的步态对奶牛进行打分。具体的评分标准为：正常为 1 分，奶牛站立和行走时背部均挺直；稍跛为 2 分，奶牛站立时背部挺直但行走时弓背；中等跛足为 3 分，奶牛站立和行走皆弓背；跛足为 4 分，奶牛一足或多足患跛，但仍能承重；严重跛足为 5 分，奶牛患足拒绝落地，不能承重。正常的奶牛应占牛群总数的 65%，跛足和严重跛足的奶牛总计不能超过牛群的 3%。

3. 体况评分

正常奶牛体况应在 2.5 分以上，在高产时有可能短期出现体况为 2.0 分的奶牛，但绝对不应出现低于 2.0 分的奶牛，从产后到泌乳高峰到来之前掉膘不应超过 15kg。

二、奶牛舒适度评定方法

（一）育成牛、干奶牛和断奶前犊牛舒适评价

关于奶牛的舒适度评定，由加拿大奶牛专家介绍了一套较为客观的评定方法。对于育成牛和干奶牛的牛舍环境舒适度，可以从牛舍的干净、干燥、舒适情况和空间大小、垫料情况，以五级分制评定，同时标注出所用垫料类型，详见表 8-10。

表 8-10　育成牛和干奶牛牛舍环境舒适度评价

舒适度等级	1(差)	2	3	4	5(优秀)
干净					
干燥					
舒适					
足够空间					
垫料					
垫料类型标注	稻草	木屑	沙子	结块粪便	草垫

断奶前犊牛的舒适等级评定，与育成牛和干奶牛牛舍环境舒适度评价相似，只

是把"足够空间"指标变为"每头犊牛足够空间";另外,不用标注垫料类型,因为该阶段的犊牛多在犊牛岛中饲养,有时不用垫料。

(二)泌乳牛群的舒适度评价

1. 环境状况

A. 空气质量

新鲜程度?氨气是否严重?

奶牛是否用嘴巴呼吸?有没有咳嗽?或有没有异物从鼻孔流出?

是否存在蜘蛛网?(如存在,则表明通风不良)

B. 牛舍温度

实际测定温度是多少?(如果通风良好,牛舍内外温差不超过 5℃)

是否存在水凝结现象?

2. 舒适度等级

表 8-11 泌乳牛群的牛舍环境舒适度评价

舒适度等级	1(差)	2	3	4	5(优秀)
乳房干净度					
牛床干净度					
尾巴干净度					
后乳区干净度					
干燥程度					
空间是否足够					
舒适程度					

3. 地面、牛床和垫料

A. 垫料类型

牛床垫料是稻草、木屑、沙子、草垫中的哪一种?

B. 牛床表面

牛床表面是否无杂质、无污染?(牛床应干净、无污染、无小孔及碎石)

牛床表面是否有一定的坡度?(牛床应往后有一定的坡度)

人跪在牛床上是否感到膝关节很痛?(如果很痛,则需要增加牛床的垫草)

人跪在牛床上是否感到膝关节很潮湿?(如果你站起来时,膝关节很潮湿,则需要增加牛床的垫草)

C. 地面

地表面是否太滑或粗糙?1(太滑)、2、3、4、5(太粗糙)

奶牛走路时是否很有信心?

牛蹄多长时间修一次?(一年至少应修蹄两次)

4. 奶牛的行为

奶牛每日站立时间:__________ %(应<15%);

奶牛每日吃料时间：__________%（应在30%～50%）；

奶牛每日躺下时间：__________%（应在30%～50%）；

奶牛每日咀嚼时间：__________%（应＞50%）。

奶牛在牛舍内是否躺得舒适？

牛床位置及奶牛头颈部是否擦伤？（如奶牛站起来时擦到颈架，则说明前胸空间不足）

奶牛表现如何？（安静、神经质。神经质表现可能是受到了电的刺激或受到了虐待）

第九章　奶牛排泄物的资源化处理与利用

第一节　奶牛排泄物对环境的污染和利用现状

养殖业的发展水平是衡量一个国家和地区农业现代化水平高低的重要标志之一。随着我国的奶牛养殖模式正逐步从散养向规模化、集约化和标准化的方向发展，奶牛排泄物的数量也在迅速增加。据测定，1 头体重为 500～600kg 的成年奶牛，每天排粪量为 30～50 kg，排尿量为 15～25 kg，那么一个存栏量 500 头的奶牛养殖小区，年产排粪量可达 5.5×10^{6} 至 9.1×10^{6} kg，排尿量可达 2.7×10^{6} 至 4.6×10^{6} kg。因此，奶牛排泄物所带来的环境问题是非常严峻的，如何对奶牛排泄物进行合适和有效的处理成了越来越突出的问题。

一、奶牛排泄物的危害

奶牛粪便中含有的大量微生物，不乏一些病原微生物；也有引起肠道寄生虫病的多种肠道寄生蠕虫卵等；并且奶牛粪便中因含有大量有机质可作为滋生蚊蝇的温床；大量的奶牛粪尿会产生氨、硫化氢等有害气体，气味十分难闻，尤其是粪便经腐败后会产生甲基硫醇、二甲二硫醚、甲硫醚、二甲胺及低级脂肪酸等恶臭气体，不仅对人体，即使对奶牛也存在不利影响；此外，由于奶牛排泄物中含有大量的有机成分，以及大量的病原微生物等，如果直接排向沟渠，进而通过雨水渗入到地下水和河流、湖泊中将会产生严重污染；如果将奶牛排泄物不经处理直接作为肥料施入农田，如果超过了土壤的净化能力，将可能导致磷、铜、锌及其他微量元素在土壤中的富集，不但起不到肥苗的作用，反而会出现烧苗的现象，并且降低了土壤的肥力，造成不良的后果。

综上所述，如果任意堆放奶牛排泄物，随意使用，必将严重污染奶牛养殖场所在的土地、水体、大气，对生态环境造成破坏。因此，随着奶牛养殖的规模化发展，对奶牛排泄物进行资源化、无害化处理，是势在必行的艰巨工作。

二、奶牛养殖小区的粪尿利用现状

目前，我国养殖场的清粪工艺主要有三种：水冲粪、水泡粪和干清粪工艺。其中水冲式、水泡粪清粪工艺耗水量大，并且排出的水和粪尿混合在一起，给后处理带来很大困难，而且由于大部分营养物质溶解在液体中，经固液分离后干物质的肥料价值大大降低，不利于对粪尿中营养物质的回收和利用。下面对这三种清粪工艺进行比较。

1. 水冲粪工艺

水冲粪的方法是粪尿污水混合进入缝隙地板下的粪沟，每天数次从沟端的水喷头放水冲洗。粪水顺粪沟流入粪便主干沟，进入地下贮粪池或用泵抽吸到地面贮粪池。水冲粪工艺是 20 世纪 80 年代我国从国外引进规模化养殖技术和管理方法时采用的主要清粪模式。该工艺的主要目的是及时、有效地清除畜舍内的粪便、尿液，保持畜舍环境卫生，减少粪污清理过程中的劳动力投入，提高养殖场自动化管理水平。水冲粪方式可保持畜舍内的环境清洁，有利于动物健康。劳动强度小，劳动效率高，有利于养殖场工人健康，在劳动力缺乏的地区较为适用。

其缺点是耗水量大，并且粪尿经固液分离后，大部分可溶性有机质及微量元素等留在污水中，污水中的污染物浓度仍然很高，而分离出的固体物养分含量低，肥料价值低。该工艺污水处理部分基建投资及动力消耗很高。

2. 水泡粪工艺

水泡粪清粪工艺是在水冲粪工艺的基础上改造而来的。工艺流程是在畜舍内的排粪沟中注入一定量的水，粪尿、冲洗和饲养管理用水一并排放到缝隙地板下的粪沟中，储存一定时间(一般为 1～2 个月)，待粪沟装满后，打开出口的闸门，将沟中粪水排出。粪水顺粪沟流入粪便主干沟，进入地下贮粪池或用泵抽吸到地面贮粪池。该工艺的主要目的是定时、有效地清除畜舍内的粪便、尿液，减少粪污清理过程中的劳动力投入，减少冲洗用水，提高养殖场自动化管理水平。

该工艺的优点是比水冲粪工艺节省用水。缺点是由于粪便长时间在畜舍中停留，形成厌氧发酵，产生大量的有害气体，如硫化氢、甲烷等，恶化舍内空气环境，危及动物和饲养人员的健康。粪水混合物的污染物浓度更高，后处理也更加困难。该工艺污水处理部分基建投资及动力消耗较高。

3. 干清粪工艺

干清粪工艺的主要方法是：粪便一经产生便分流，干粪由机械或人工收集、清扫、运走，尿及冲洗水则从下水道流出，分别进行处理。可保持舍内清洁，无臭味，产生的污水量少，且浓度低，易于净化处理；干粪直接分离，养分损失小，肥料价值高，经过适当堆制后，可制作出高效生物活性有机肥。

干清粪工艺分为人工清粪和机械清粪两种。人工清粪只需用一些清扫工具、人工清粪车等。设备简单，不用电力，一次性投资少，还可以做到粪尿分离，便于后面的粪尿处理。其缺点是劳动量大，生产率低。机械清粪包括铲式清粪和刮板清粪。机械清粪的优点是可以减轻劳动强度，节约劳动力，提高工效。缺点是一次性投资较大，还要花费一定的运行维护费用。该工艺的主要目的是及时、有效地清除畜舍内的粪便、尿液，保持畜舍环境卫生，充分利用劳动力资源丰富的优势，减少粪污清理过程中的用水、用电，保持固体粪便的营养物，提高有机肥肥效，降低后续粪尿处理的成本。中国目前生产的清粪机在使用可靠性方面还存在欠缺，故障发生率较高，维修困难。此外，清粪机工作时噪声较大，不利于奶牛产奶。

与水冲式和水泡式清粪工艺相比，干清粪工艺固态粪污含水量低，粪中营养成分损失小，肥料价值高，便于高温堆肥或其他方式的处理利用。产生的污水量少，且其中的污染物含量低，易于净化处理，干清粪是较为理想的清粪工艺。规模化养殖场采取的清粪方式一般都是干清粪，这种清粪方式可大大减少污染物排放量，节约水资源。

因此，在奶牛养殖场内采用干清粪工艺是比较合理的清粪方式。

第二节 奶牛排泄物资源化处理和利用

奶牛排泄物通俗理解就是奶牛的粪便、尿液等。但原来对奶牛排泄物的处理一般都是未经处理就随地排放，或简单地堆积到农田里，甚至大部分就地排放到附近的沟渠、河流当中，不但造成奶牛排泄物的营养大量流失，并且在很大程度上也污染了生态环境。实际上奶牛排泄物是一种宝贵的肥料资源，是非常好的有机肥料，除了含有丰富的有机质外，还含有农作物需要的营养元素如氮、磷、钾等。奶牛粪便营养成分见表 9－1：

表 9－1 奶牛粪便营养成分含量（%）

肥料种类	水分	有机质	氮(N)	磷(P_2O_5)	钾(K_2O)
牛粪	77.5	20.3	0.34	0.16	0.4

由于在奶牛排泄物中，粪尿的排泄量大，并且可回收的营养物质也集中在粪尿当中，又是对环境造成污染的重要物质。因此，对奶牛排泄物的资源化处理和利用，可以认为就是对奶牛粪尿的处理和利用，具体说就是对粪尿中的营养物质多层次地进行分级无害化处理，从而实现资源和能源的循环再生利用。

通过沼气发酵综合利用技术生产沼气用于农户生活用能和农副产品生产、加工，沼液用于饲料、生物农药、培养料液的生产，沼渣用于肥料的生产。我国北方推广的塑料大棚、沼气池、禽畜舍相结合的“四位一体”沼气生态农业模式，中部地区的以沼气为纽带的“生态果园模式”，南方建立的“猪—果”模式以及其他地区因地制宜建立的“养殖—沼气—种植”、“猪—沼—鱼”和“草—牛—沼”等模式都是以养殖业为龙头，以沼气为纽带，对沼气、沼液、沼渣的多层次利用的生态农业模式。沼气发酵综合利用生态农业模式的建立使农村沼气和农业生态紧密结合起来，是改善农村环境卫生的有效措施，是发展绿色种植业、养殖业的有效途径，已成为农村经济新的增长点。

因此，本着“减量化、无害化、资源化”的处理原则，对奶牛粪尿进行合理的处理利用，是将奶牛粪尿变废为宝和减轻奶牛养殖场对环境污染的重要措施。目前主要通过能源化、肥料化、饲料化三大途径对奶牛粪尿进行处理和利用。

一、能源化处理

对奶牛粪尿进行堆肥，不仅可以将奶牛粪尿进行无害化处理，在较大程度上降低奶牛粪尿对环境的污染，而且可以获得生物能源(沼气)，同时通过发酵后产生的沼渣、沼液把种植业、养殖业有机结合起来，形成一个多次利用、多级增值的生态系统。

堆肥过程中，离不开微生物的参与。其中沼气就是微生物对奶牛粪尿进行发酵后的产物。沼气是重要的清洁能源，可用作照明和燃料。在能源危机普遍存在的今天，沼气的制备和利用具有重要的意义。例如，修建一个平均 1～1.5m^2 的发酵池，就可以基本解决普通人家一年四季的照明和做饭问题；并且人畜禽的粪便以及各种作物秸秆、杂草等，通过发酵后，不但产生沼气作为能源来源，还可作为肥料和饲料，重新施于农田和鱼塘后起到增产增收作用；而且由于发酵过程中产生的温度较高绝大部分微生物和寄生虫卵被杀死，可以有效地改善农村卫生条件，减少疾病的传染。

(一)沼气及其组成和性质

1. 什么是沼气

沼气是各种有机物质，如污水、植物根叶、人畜粪尿等在一定的温度、湿度并在隔绝空气的条件下，经过微生物的发酵作用产生的一种可燃烧气体。

$$CH_4 + O_2 \xrightarrow{\text{燃烧}} H_2O + CO_2$$

如果将沼气收集起来，就可以直接用于炊事、烘干农副产品、供暖和照明等。并且经沼气装置发酵后排出的料液和沉渣，含有较丰富的营养物质，可用作肥料和饲料。

2. 沼气的组成和性质

沼气无论是天然的，还是后天人工制取的，都是以甲烷为主的混合气体。沼气是多种气体的混合物，沼气的主要成分是甲烷，其各种气体成分比例如表 9-2。

表 9-2 沼气中各种气体成分和比例(%)

气体种类	甲烷	二氧化碳	氮气	氢气	氧气	硫化氢
所占比例	50～80	20～40	0～5	<1	<0.4	0.1～3

沼气是无色气体，由于经常含有少量的硫化氢气体，所以略带臭鸡蛋味，类似我们日常使用的天然气。人工沼气就是人们模仿自然环境建造沼气池，将各种有机物质作为原料，用人工的方法来制取沼气。表 9-3 是人工沼气和天然气(自然沼气)的区别。

表 9-3 人工沼气和天然气的区别

气体种类	获得方法	可燃成分	含量(%)	热量(kJ)
人工沼气	发酵法	甲烷、氢气	55～70	20 000～29 000
天然气	钻井法	甲烷、丙烷、丁烷	90 以上	36 000 左右

沼气的主要成分是甲烷。甲烷的密度低，比空气轻；溶解度小，所以可以用排水法收集；临界温度低，说明沼气液化的条件很苛刻，必须以管道的形式进行运送；甲烷在氧气充足的条件下，能够充分燃烧，是一种高效清洁的优质气体燃料，每立方米纯甲烷的发热量为 34 000kJ，每立方米沼气的发热量为 20 800～23 600kJ。即 1m^3 沼气完全燃烧后，能产生相当于 0.7kg 无烟煤提供的热量。与其他燃气相比，其抗爆性能较好，是一种很好的清洁燃料；沼气还可以用作动力燃料。

（二）沼气发酵的基本原理

沼气发酵又叫厌氧发酵，是一些有机物质（如人、畜、家禽的粪尿以及秸秆、杂草等），在一定的温度、湿度、pH 条件下，隔绝空气（如用沼气池），经微生物的作用而产生的包括甲烷、二氧化碳等混合性气体的复杂的生物化学过程。

在沼气的产生过程中，微生物在分解代谢有机物时获得营养和能量，以满足自身生长繁殖需要，并把大部分物质转化为甲烷、二氧化碳等。

沼气发酵可分两个阶段：

（1）不产甲烷阶段或者称沼气发酵的产酸阶段　如图 9-2：

{糖类、蛋白质、脂肪} —纤维素酶、蛋白酶、脂肪酶→ {单糖或双糖、多肽和氨基酸、脂肪酸和甘油} ——→ 乙酸、丙酸、醇类、二氧化碳

图 9—2　沼气发酵的不产甲烷阶段

微生物通过自身的生命活动，把复杂的有机物质中的糖类、脂肪、蛋白质降解成简单的小分子物质，如低级的脂肪酸、醇、醛、二氧化碳、氨、氢和硫化物等。这些小分子物质才可以被微生物吸收利用，从而满足自身生长繁殖需要。小分子物质如单糖、氨基酸、脂肪酸等，在各种微生物的作用下继续分解生成更小的分子，如乙酸、丙酸、丁酸及醇、醛、酮等，同时，也释放出部分二氧化碳。这个阶段所活跃的微生物主要包括产氢产乙酸菌和耗氢产乙酸菌。

1）产氢产乙酸菌的作用　发酵性细菌将复杂有机物分解发酵所产生的有机酸和醇类，除甲酸、乙酸和甲醇外，均不能被产甲烷菌所利用，必须由产氢产乙酸菌将其分解转化为乙酸、氢和二氧化碳，才能被细菌利用。

2）耗氢产乙酸菌的作用　这是一类既能自养生活又能异养生活的混合营养型细菌。

（2）产甲烷阶段　由产甲烷菌（食氢产甲烷菌、食乙酸菌酸产甲烷菌）将第一阶段分解出来的乙酸等简单的物质进一步分解成甲烷和二氧化碳，其中部分二氧化碳在氢气的作用下被还原为甲烷，如图 9-3：

乙酸
丙酸 —甲烷菌→ 甲烷+二氧化碳
醇类

图 9-3　沼气发酵的产甲烷阶段

（三）沼气发酵所需的条件

（1）沼气发酵微生物　沼气发酵的过程中，必须有沼气发酵微生物的参与。沼气发酵微生物是一个统称，包括发酵性细菌、产氢产乙酸菌、耗氢产乙酸菌、食氢产甲烷菌、食乙酸菌酸产甲烷菌五大类群。前三类群细菌的种类繁多，根据作用基质来分，有纤维分解菌、半纤维分解菌、淀粉分解菌、蛋白质分解菌、脂肪分解菌和一些特殊的细菌，如产氢菌、产乙酸菌等。它们的活动可使有机物形成各种有机酸，它们的作用是将复杂的有机物分解成简单的有机物和二氧化碳等。它们当中有专门分解纤维素的，叫纤维分解菌；有专门分解蛋白质的，叫蛋白分解菌；有专门分解脂肪的，叫脂肪分解菌；因此，将其统称为不产甲烷菌。

后两类群细菌的活动可使各种有机酸转化成甲烷，它们的作用是把简单的有机物及二氧化碳氧化或还原成甲烷。因此，将其统称为产甲烷菌。产甲烷菌包括食氢产甲烷菌和食乙酸产甲烷菌两大类群。是沼气发酵微生物的核心，它们严格厌氧，对氧和氧化剂非常敏感，最适宜的 pH 范围为中性或微碱性。在沼气发酵过程中，甲烷的形成是由一群生理上高度专业化的古细菌——产甲烷菌所引起的。它们是厌氧消化过程食物链中的最后一组成员，尽管它们具有各种各样的形态，但它们在食物链中的地位使它们具有共同的生理特性。它们在厌氧条件下将前三群细菌代谢终产物，在没有外源性受氢体的情况下把乙酸转化为甲烷和二氧化碳，使有机物在厌氧条件下的分解作用顺利完成。

因此，将复杂的有机物变成沼气的过程，就好比工厂里生产一种产品的两道工序：首先是分解细菌将奶牛粪便、秸秆、杂草等复杂的有机物加工成半成品——结构简单的化合物；然后在甲烷细菌的作用下，将简单的化合物进一步加工成终极产品——甲烷。

（2）其他条件　要想产生沼气，必须为微生物创造良好的条件，使它们能够大量地繁殖生长。因此，所建立的沼气池必须满足微生物生长所需要的环境。

1）严格的厌氧环境　建造沼气池时要做好封闭措施，使沼气池隔绝空气，不透气、不渗水。因为只有在缺氧的环境下，厌氧菌才能繁殖并生长，并在生长过程中产生沼气。

2）适宜的温度　沼气池里要维持 20～40℃，在该温度范围内厌氧菌的产气率最高。

3）充足的养分　沼气池里要进行持续的添料，保证提供充足的营养成分，供微生物生存、繁殖，并且碳氮比（C/N）要合适。沼气发酵微生物对碳素需要量最多，其次是氮素，为了确定所需的碳元素和氮元素的比例，人们把碳元素和氮元素的需要量的比值，叫作碳氮比，用 C/N 来表示。一般粪便能提供氮元素，农作物的秸秆等纤维素能提供碳元素。

4)水分适量　一般要求沼气池的发酵原料中含水80%左右，过多或过少都对产气不利。

5)酸碱度　沼气池里原料的酸碱度，一般控制在pH6～8.5。

(四)生态型沼气工程的建设

(1)建设生态型沼气工程需要满足的条件　生态型沼气工程是一种理想的利用奶牛粪便进行沼气发酵的工艺模式。

沼气发酵工艺指从发酵原料到沼气的生产、收集和利用的整个过程所采用的技术和方法。一个完整的沼气发酵工程，无论规模大小，都包括了以下的工艺流程：发酵原料的收集、预处理、沼气池、出料的后处理和沼气的净化与储存等。建设生态型沼气工程的具体条件如下：

1)适宜的发酵温度　沼气发酵菌群因适宜温度不同，可分为高温、中温和常温发酵。一般来说，温度不同，沼气的产气率不同。①常温发酵(也称为低温发酵10～30℃)。在这个温度条件下，产气率可为0.15～0.3m^3/(m^3·天)。②中温发酵30～45℃。在这个温度条件下，产气率可达1m^3/(m^3·天)左右。③高温发酵45～60℃。在这个温度条件下，产气率可达2～2.5m^3/(m^3·天)。通过沼气发酵可以杀死牛粪中的病原微生物，发酵后的沼渣、沼液还可以作为肥料返田，用来增加肥力，改良土壤，防止土地板结，减少化肥的用量。

2)适宜的发酵液浓度　发酵液的浓度一般是2%～30%。浓度愈高产气愈多。沼气池的发酵液浓度可根据原料多少和用气需要以及季节变化来调整。夏季以温补料浓度为5%～6%；冬季以料补温10%～12%。

3)适宜的C/N　一般采用C/N=25∶1。但并不十分严格，20∶1、25∶1、30∶1都可正常发酵。

4)适宜的pH　沼气发酵适宜的酸碱度为pH=6～8.5。pH可以影响沼气的产生速率。

5)足够量的菌种　沼气的产生是多种微生物协同作用的结果。要使沼气发酵正常进行，获得较高产气量，就必须保证沼气池中沼气微生物的数量，这将直接影响着沼气的产量。一般要求达到发酵料液总量的10%～30%，才能保证正常启动和旺盛产气。

一般投入的新鲜发酵原料本身带有的菌种很少，如果不预先富集和加入沼气微生物菌种，将会影响发酵，使得沼气池迟迟不产气或产气少。因此在新池启动时，一定要添加适量的沼气微生物菌种，如果菌种加得太少，不利于产气；而加得过多，又会占去沼气池的有效容积，影响产气量。因此，一般加入菌种的数量应占发酵料液总重量的10%～30%。

但是到哪里去获得优良的沼气微生物菌种呢？实际上这些微生物非常普遍，一般存在于粪坑底污泥、下水道污泥、沼泽污泥中，因此，新建沼气池时可以到这些地方去收集菌种。

6)严格的厌氧环境　沼气池要进行密封。这样沼气发酵启动后，很快就会形成厌氧环境，从而保证产甲烷菌的需要。

(2)常见问题的具体表现和排除方法

1)沼气池中料液偏酸或偏碱　沼气池正常产气，料液的 pH 在 6～8.5，均可产气，以 pH 为 6.8～7.5 产气量最高。辨别的最简单方法是用眼睛去观察，当发现沼气池中的料液有点儿泛蓝色即表明料液偏酸了；如果是料液上泛起一层白色的薄膜就说明料液偏碱了。①当发现料液偏酸时，就取 3～4kg 石灰对 4～5 桶清水，充分搅匀后直接从进料口倒入池中并搅拌。②当料液偏碱时，就在铡成 2～3cm 长的杂草上，浇上牛的尿液并在池外堆沤处理几天后，投入池中并搅拌均匀即可。

2)沼气池中的发酵原料充足或料液发酵正常，但产气量不足　出现这种情况的原因一般是在沼气池中形成了大量的沉淀或料液表面形成结壳，从而造成池中氧气含量过少，造成菌种含量过少所致。可以采取经常性搅拌的办法，能得到很好的改善。

(3)沼肥的应用　沼气肥料有两种形态，一种是沼液(水肥)，占沼气肥料的 80%以上；二是固体沼渣，约占 15%。沼液多作为追肥，沼渣多作为基肥。沼气肥料是沼气发酵后的残留物。在沼气发酵的过程中，有一半的干物质被分解，剩余的残留物中，含有较为全面的养分。其中，一部分是腐殖质，这是一种具有改良土壤功能的优质肥料。腐殖质可以促进土壤团粒结构的形成，增强土壤的保肥性和缓冲性，改善土壤的性状。

沼液中除了含有氮、磷、钾等营养元素外，还有植物发育所需的多种营养成分。同时，微生物在分解原料时产生了许多活性物质，具有催芽和刺激生长的作用，因此，沼液的速效性很强，是能够迅速被作物吸收利用的速效肥料。如果将沼液用来浸泡种子，从而使得种子在成苗过程中保持旺盛的活力。沼液中含有抑制的激素和抗生素等活性物质，可用于防治植物病害和提高植物的抗性。

二、饲料化处理

奶牛粪便的营养成分，如表 9-4。

表 9-4　奶牛粪便的营养成分

种类	干物质(%)	粗蛋白(%)	粗纤维(%)	钙(%)	磷(%)	灰分(%)	总消化养分(%)
干牛粪	95	17	38	0.4	0.7	9	45
湿牛粪	20	16	37	0.4	0.6	11	46

注：数据来源于王颖，贾永全。垦区规模化奶牛场废弃物处理与利用问题及对策。中国牛业科学，2007。

如表 9-4 分析表明，牛粪的粗蛋白含量与麦麸的粗蛋白含量相当，代谢能水平接近胡麻饼，钙和磷的含量高于苜蓿干草，但粗纤维含量过高。

奶牛排泄物中含有较为丰富的营养物质。因此对奶牛粪便进行去杂、杀菌、干燥等处理后，可作质优价廉的饲料。按照一定比例添加在动物饲料中喂养，不仅利于生长，还可以节省大量的饲料。排泄物发酵做肥料的传统办法是：让其自然堆积发酵 20～30 天，这样臭味散发，既污染环境又造成养分大量流失。将奶牛排泄物进行饲料化的加工处理方法大致有干燥处理、分解法、化学处理、发酵处理、青贮、热喷处理、膨化处理等方法。

（1）干燥处理　干燥法是常用的处理方法，主要是利用热效应。具体方法有日光自然干燥、塑料大棚自然干燥、高温快速干燥、烘干膨化干燥及机械脱水干燥等。干燥处理法处理粪便的效率最高，并且能够杀死虫卵。

（2）分解法　分解法是利用蚯蚓等低等动物对奶牛排泄物分解和利用，达到既能饲养蚯蚓作为优质蛋白质来源，又能处理粪便的目的。该方法经济高效，但由于前期对奶牛排泄物进行收集、处理、灭菌，后期饲喂蚯蚓，技术难度较大。

（3）发酵法　用微生物发酵法处理粪便，不仅能加快发酵过程，缩短发酵时间，提高粪便的营养价值；而且能通过发酵产生温度，节省能耗，成本低廉，操作简单。发酵好的饲料，颜色有所改善，可以作为一些鱼类的饲料。另外，在厌氧发酵过程中产生的挥发性脂肪酸和乳酸等物质也能起到抑制病原菌繁殖的作用，提高鱼的抗病能力。

发酵过的粪便，扭转了蛋白质的有害转化，提高了营养物质的利用，也减少了粪便中氨、磷的环境排放量，有利于循环利用有效养分。

三、肥料化处理

对奶牛粪尿进行肥料化处理，制成有机肥，是实现奶牛粪尿无害化、资源化的重要方式。随着规模化、集约化养殖场的发展，对粪便等实行肥料化处理的技术有了很大发展。进行肥料化处理后的肥料，可分为有机肥和生物有机肥两种。

（一）有机肥

有机肥料一般可分为传统有机肥和精制有机肥。传统有机肥就是通常的厩肥或普通堆肥。

精制有机肥是在传统有机肥制备的基础上，引入了生物发酵技术，通过工厂化的生产环境对粪尿进行无害化、资源化处理的技术。对于缩短发酵时间，提高营养成分的转化率具有重要作用。它将是有机肥料发展的方向。

快速堆肥技术是制备精制有机肥的重要方法。堆肥可分为普通堆肥和高温堆肥两种方法。普通堆肥由于是在厌氧环境下，依靠厌氧微生物的活动，将粪尿当中的有机物质进行分解的过程，特点是占地面积大，腐熟时间长，并且由于堆肥温度较低，不能有效地杀死粪便当中的病原性微生物和虫卵。所以，普通堆肥技术的应用受到了一定程度的限制。

快速堆肥技术主要指高温堆肥即好氧堆肥法，是在通气条件下，利用好氧微生物的活动对粪便当中的有机质进行分解的过程。特点是腐熟温度高，能有效地杀死粪便当中的病原性微生物和虫卵，并且腐熟时间短，能有效地节省堆肥生产周期。

高温堆肥是对奶牛粪尿进行无害化、资源化处理的重要的方法。因为，经高温堆肥后，可以杀死粪便中的病原微生物和虫卵；并且可以加快有机质的分解，提高肥料的肥力。高温堆肥一般经过发热、高温、降温、腐熟等几个阶段。要想让肥料腐熟需要满足的条件如下：

1)水分　堆肥的含水量一般控制在60%～70%。

2)通气　堆肥过程中前期适当通气,后期堆肥内部要形成厌氧环境。

3)温度　堆肥过程中的温度一般是两端低,中间高。达到50～60℃即可。

4)调节C/N　堆肥过程中最适宜的C/N为25∶1,比值过大说明碳元素含量过高,导致微生物繁殖缓慢,影响腐熟效果;比值过小说明氮含量过高,易导致氮元素流失。

5)酸碱度　通过调节保持堆肥的酸碱度为中性到微碱性。酸碱度过高或过低都不利于微生物的活动。

高温堆肥的制备过程如下:

养殖场奶牛粪便──→干燥处理──→微生物发酵──→干燥──→过筛──→造粒──→筛分颗粒有机肥──→产品检验──→成品。

生产操作要点:主要是干燥处理。奶牛粪便的干燥处理技术主要有日光自然干燥、高温快速干燥、烘干膨化干燥及机械脱水干燥等。

塑料大棚自然干燥法克服了自然干燥的许多不足。它采用准封闭的温室大棚结构,将粪便堆置在大棚内,利用太阳能温室效应,进行自然干燥。这种方法不受天气影响,同时对环境影响不大;但是由于没有采用相关的配套技术,还是处于自然状态下,所以干燥时间比较长,同时物料处于厌氧发酵状态,产生大量的臭味,发酵也不均匀,对粪便没有进行彻底的无害化处理,所以还需进一步完善。

在20世纪80年代后期至90年代,高温快速干燥是我国处理奶牛粪便较为广泛采用的方法之一,它采用煤、重油或电产生的热能进行人工干燥。干燥需用干燥机,我国多采用回转式滚筒干燥机。其优点是不受天气影响,能大批量生产,干燥快速,可同时达到去臭、灭菌和除杂草等效果。

但使用这种方法存在很多问题:能源消耗较大,处理成本较高;并且处理干燥时产生的恶臭气体造成严重的二次污染,对周围居民生活健康带来威胁;经过高温短时间干燥的粪便再遇水时易产生更为强烈的恶臭,同时在土壤中发生发酵引起的高温易烧苗烧根;高温干燥使氨以及其他有效元素严重损失导致肥效较差。

(二)生物有机肥

生物有机肥,也叫微生物肥料,是指将特定功能的微生物以畜禽粪便和农作物秸秆等为营养源,并经无害化处理、腐熟的有机物料复合而成的一类的肥料。其最突出的特点就是微生物具有活性,给农作物带来特定的肥料效应。这些肥料效应不局限于农作物的元素营养的提供水平,还包括微生物活动所产生的植物生长促进激素,促进植物对营养物质的吸收作用以及对某些病害的拮抗能力等。

生物有机肥中的有益微生物进入土壤后与土壤中微生物形成相互间的共生增殖关系,相互作用,相互促进,起到群体的协同作用,有益菌在生长繁殖过程中产生大量的代谢产物,促使有机物的分解转化,能直接或间接为作物提供多种营养和刺激性物质,促进和调控作物生长。提高土壤孔隙度、通透交换性及植物成活率。同时,在作物根系形成的优势有益菌群能抑制有害病原菌繁衍,增强作物抗逆抗病能力降低重茬作物的病情指数,连年施用可缓解连作障碍。

(1)生物有机肥的功效

1)改良土壤　生物有机肥可以激活土壤中微生物、克服土壤板结、增加土壤空气通透性;减少水分流失与蒸发、降低干旱的压力、减轻盐碱损害;可以提高土壤肥力,使粮食作物、经济作物、蔬菜类、瓜果类大幅度增产。

2)提高农产品品质　生物有机肥可以使瓜果蔬菜色泽鲜艳、个头整齐、成熟期集中,瓜类农产品含糖量、维生素含量都有提高,口感好;改善作物农艺性状,使作物茎秆粗壮,叶色浓绿,开花提前,坐果率高;由于化肥施入量减少,相应地减少了农产品中硝酸盐的含量。试验证明,生物有机肥可使蔬菜硝酸盐含量平均降低48.3%～87.7%,氮、磷、钾含量提高5%～20%,维生素C增加,总酸含量降低,还原糖增加,糖酸比提高,特别是对番茄、生菜、黄瓜等能明显改善生食部分的品味。

3)增强作物抗病性和抗逆性　生物有机肥可以减轻作物的抗病抗逆能力,降低发病率,对花叶病、黑胫病、炭疽病等的防治都有较好的效果。

生物有机肥与其他几种肥料相比有以下特点,对比见表9-5、表9-6:

表9-5　生物有机肥与化肥相比

肥料种类	营养元素	能否改良土壤	能否提高产品品质	能否提高作物的抗病能力
生物有机肥	齐全	能够改良土壤	能提高产品品质	能改善作物根际微生物群,提高植物的抗病虫能力
化肥	只有一种或几种	造成土壤板结	导致产品品质低劣	作物微生物群体单一,易发生病虫害

表9-6　生物有机肥与精制有机肥

肥料种类	是否烂苗	是否减少病虫害	是否增强抗病能力	是否提高养分	是否有臭气
生物有机肥	完全腐熟,不烧根,不烂苗	未经腐熟,在土壤中腐熟时会引来地下害虫	添加了有益菌,由于菌群的占位效应,减少病害发生	养分含量高	经除臭,气味轻,几乎无臭味
精制有机肥	未经腐熟,直接使用后在土壤里腐熟,会引起烧苗现象	经高温腐熟,杀死了大部分病原菌和虫卵,减少病虫害发生	由于高温烘干,杀死了里面的全部微生物	由于高温处理,造成了养分损失	精制有机肥未经除臭、返潮即出现恶臭

(2)生物有机肥的制备　生物有机肥的制备是在生物学原理基础上,借助于人工控制,在一定水分、C/N和通风条件下通过微生物的发酵作用,将奶牛粪便中的有机物转变为肥料的过程。在这种堆肥化过程中,有机物由不稳定状态转化为稳

定的腐殖质物质，对环境尤其是土壤环境不构成危害。

调节堆肥物料的C/N，控制适当的水分、温度、氧气与酸碱度和选择高效发酵微生物一直被认为是堆肥的关键。采用堆肥方法处理后的物料臭气较少，容易干燥，容易包装、撒施，能够达到对奶牛粪便进行较为彻底的处理的目的，并实现无害化、资源化。

生物有机肥的制备工艺：

以奶牛粪便为主料，湿牛粪经过自然风干后使含水率降至50%以下，倒入发酵大池，奶牛粪用量65%～70%，另加棉子粕或豆粕30%～35%，或加干鸡粪25%～30%。加入发酵剂，经搅拌机搅拌均匀。采用大池堆肥发酵，一般发酵温度不需人工控制，整个过程随发酵的进程温度自行升降。一般1周后温度开始逐渐回落，整个发酵周期约2周，可以使粪便完全熟化。在发酵过程中，为使发酵过程均匀，一般每1～2天用搅拌机翻动一次，以充分分解奶牛粪便中的有机硫化物、有机氮化物等。通常经3～4天发酵后即可消除粪便臭味。将发酵熟化后的粪便清出大池，在地面摊薄经自然风干3～4天，然后经滚筒干燥至有机肥水分要求。干燥后的有机肥过筛分出较大颗粒，得到粉状肥料，粉状肥料经检测合格后可直接包装入库；或经造粒制成颗粒有机肥。

四、其他资源化利用

1. 养殖蚯蚓

蚯蚓，属于环节动物门寡毛纲。蚯蚓在地球上分布很广，几乎世界各地都有。据不完全统计，蚯蚓有2 700多种，我国有160多种。蚯蚓根据栖息地可分为陆栖蚯蚓、水栖蚯蚓、少数的寄生蚯蚓三大类。

蚯蚓的特点是以腐烂的有机物为食物，并且食量很大。蚯蚓已被应用于对固体废弃物进行处理。因此，利用蚯蚓食量大、腐食性的特点，将适当处理后的牛粪喂食给蚯蚓，在蚯蚓的代谢作用下，牛粪被转化为蚯蚓粪和蚯蚓体。从而实现奶牛粪便的资源化和无害化处理。

（1）蚯蚓的应用价值

1）饲用价值　蚯蚓是高蛋白动物，其干物质中蛋白质的含量可达70%。因此，晒干后的蚯蚓体可作为饲料提供给畜禽和鱼类，甚至可以作为宠物饲料来用。

2）药用价值　蚯蚓在中医学上被称为“地龙”，可以入药。中医学认为地龙性寒，具有清热解毒、利尿、平喘、降压、抗惊厥的作用，广泛应用于高热烦躁、抽搐、高血压等多种疾病。现代医学经过对蚯蚓的药用成分、药理进行深入研究后，认为蚯蚓体内含有地龙素、地龙解热素、蚓激酶等多种药用成分，起到治疗的作用。

3）环保价值　蚯蚓能分泌出多种酶类，有着惊人的消化能力，能消化许多自然条件下难以分解的物质。根据这一特性，利用蚯蚓来处理废弃物，无疑是明智的做法。

4）食用价值　蚯蚓由于蛋白质含量高，不但营养丰富而且风味独特，因此，在某些地区有以蚯蚓为食的风俗。

5)改良土壤　蚯蚓具有改良土壤的作用已经达成共识,人们发现凡是蚯蚓大量活动的土壤,不但透气性好,而且肥力也有明显提升,因此,用蚯蚓来疏松土壤、富集营养成分、提高土壤的肥力具有积极的现实意义。

(2)养殖蚯蚓的方法

蚯蚓繁殖得快慢很大程度上决定于饲养基的质量。饲养基可以分为“基料”和“添加料”,基料就是蚯蚓生长繁殖的基础物料,既可以给蚯蚓提供生活场所,又给蚯蚓提供了食物。而添加料是通过添加一些富有营养的饲料,起到使蚯蚓繁殖加快、体质更好的作用。

奶牛粪便可以作为蚯蚓生活基料的良好来源。因为,奶牛作为草食性动物,它的粪便一般含有的纤维较多,比较松散,透气性好,肥而不臭,缺点是蛋白质含量较低,可以适当补充蛋白质饲料,效果会较好。将奶牛粪便经初步干燥后,使得水分降低到20%以下,然后进行堆肥处理,使奶牛粪便充分腐熟后即可使用。这时基料具有细、软、烂的特点,不但营养丰富,而且易于消化,适口性好,蚯蚓喜食。

(二)种植蘑菇

食用菌培养在我国农村具有广阔的市场,是许多农民致富脱贫的重要选择之一。人工种植蘑菇一般都是以农业废弃物(包括畜禽类粪便、秸秆、玉米芯、棉子壳、锯末等)为原料进行培养蘑菇的过程,生产完蘑菇后的培养废料又可以作为动物饲料或有机肥来利用,从而实现了从牛粪到蘑菇,从蘑菇废料到牛饲料或有机肥料的良性循环过程。

蘑菇中的许多种类都是腐生真菌,以奶牛粪便作为培养基料是良好的选择。但是由于牛粪相对来说是冷性废料,质地较黏透气性差,发酵升温较慢,腐熟时间较长,但是出菇壮,质量好。因此,往往将两种以上的畜禽类粪便混合使用,可以起到改善单一粪便的不足。

奶牛粪便经收集处理后,一般在播种菌种后,经过20多天的生长,使堆肥温度下降到出菇的适宜温度即可。重点是调节粪料的含水量和通风。另外,在出菇期间,要注意加强管理。

第十章 奶牛常见疾病综合防治技术

第一节 奶牛营养代谢性疾病

一、奶牛瘤胃酸中毒

瘤胃酸中毒是反刍动物采食了过量易发酵的碳水化合物饲料，在瘤胃内产生大量乳酸而引起的以前胃机能障碍为主的一种疾病。本病主要发生于奶牛和奶山羊，役用牛、绵羊和鹿也偶有发生。瘤胃酸中毒又称乳酸中毒、过食症或豆谷过食症。

（一）发病原因

反刍动物发生瘤胃酸中毒的病因主要是由于突然采食或偷食了大量的富含碳水化合物的饲料，特别是谷物如小麦、玉米、大麦、高粱和谷子等，被反刍动物采食后，在瘤胃微生物的作用下，极易引起本病。长期过量饲喂块根类饲料，如甜菜、马铃薯等，以及酸度过高的青贮玉米或质量低劣的青贮饲料等也是本病的常见原因。另外，长期饲喂酒糟、糖渣也会发生酸中毒。国外报道也有过食苹果、葡萄及面包屑引起酸中毒的。

反刍动物采食过量易发酵的碳水化合物类饲料后，瘤胃内微生物区系在短时间内发生显著改变，主要是产酸的牛链球菌迅速增殖，致使瘤胃内 pH 急剧下降，当 pH 下降至 5.0，甚至更低时，则适于乳酸杆菌迅速繁殖，使碳水化合物迅速发酵分解，产生大量乳酸，乳酸浓度急剧增高，导致乳酸过度积聚而发生中毒。乳酸能使瘤胃的蠕动能力降低，在几小时内就可造成食物积滞，同时使瘤胃微生物菌群遭到破坏，纤维分解菌和纤毛虫数量减少，活力减弱，甚至可全部死亡。瘤胃内氢离子浓度过度增加，致使瘤胃渗透压显著升高，引起脱水。乳酸吸收入血液，导致乳酸血症，血液碱贮下降，引起酸中毒。除乳酸外，瘤胃内的氨基酸形成各种有毒的胺类，如组胺、尸胺等，损害肝脏，出现严重的神经症状，蹄叶炎、中毒性前胃炎、胃肠炎，甚至休克而死亡。

当过食大量豆类饲料时，蛋白质在细菌分解下产生大量氨，当所产氨超过了氨在体内转化为谷氨酰胺或尿素的速度时，或超过肝脏、肾脏对氨的解毒能力时，则引起氨中毒，造成三羧酸循环不能正常进行，ATP生成减少，糖的无氧酵解作用增强，乳酸及酮体产生增多，加剧代谢性酸中毒。大量氨可直接作用于中枢神经系统，引起脑血管充血、兴奋性增高及目盲等。

（二）临床症状

最急性的病例常在采食谷物饲料后3～5h突然发病死亡。

（1）轻症酸中毒　一般在采食后12h左右发病，病畜精神沉郁，结膜充血，食欲废绝，磨牙空嚼，流涎，瘤胃胀满而黏硬，蠕动音消失。粪便稀软或水样，色淡，有酸臭味。脉搏增数，一般可达80～140次/min。呼吸急速，呼吸次数可达60～80次/min，有时呼吸极度困难。体温多正常或偏低，少数病例达41°C。随着病情的发展，瘤胃空虚，并有大量积液，冲击触诊，有拍水音，机体脱水，皮肤干燥，眼球下陷，排尿减少或无尿。

（2）重症酸中毒　出现明显的神经症状，运动强拘，姿势异常，意识不清，反应迟钝，有时中枢神经兴奋性增高，狂躁不安，甚至攻击人畜，视觉障碍，盲目奔跑或转圈运动。随着病情发展，常呈后肢麻痹、瘫痪、卧地不起、角弓反张、眼球震颤，乃至昏迷死亡。

（三）诊断方法

根据过食碳水化合物病史，瘤胃积液、脱水等临床症状及瘤胃pH下降，血浆二氧化碳结合力下降等，不难作出诊断。

（四）治疗措施

本病的治疗原则为纠正瘤胃及全身酸中毒，恢复电解质平衡，维持循环血量，恢复胃肠机能。

（1）缓解瘤胃酸中毒　可用1%石灰水上清液及2%～3%碳酸氢钠溶液，反复洗胃，直至洗出液呈碱性为止。

（2）缓解机体酸中毒　可用5%碳酸氢钠静脉注射，其剂量根据病畜血浆二氧化碳结合力加以确定。

（3）补液　可用生理盐水、复方氯化钠或5%葡萄糖溶液静脉注射。

（4）对症治疗　根据病情可应用强心药防止心力衰竭；使用脱水剂降低颅内压，缓解神经症状；伴有蹄叶炎时，可用抗组胺药；促进胃肠蠕动可用健胃药或拟胆碱药；重症酸中毒可切开瘤胃取出胃内容物；为保持瘤胃的正常发酵作用，可使用微生态制剂或灌服健康牛的瘤胃液，对伴发有瘤胃臌气的病牛，可灌服鱼石脂乙醇或松节油，之后再灌服碳酸氢钠。

预防本病关键在于加强饲养管理，合理调制加工饲料，正确安排日粮组合，严格控制谷物精料的饲喂量，保持饲料精粗比例，加强对动物的管理，防止动物偷吃精料。

二、奶牛酮病

奶牛酮病是指高产奶牛产后因碳水化合物和挥发性脂肪酸代谢障碍所引起的一种全身性功能失调的代谢性疾病。其临床特征表现为食欲减少、渐进性消瘦、产奶量减少，血、尿、乳、汗和呼气中有特殊的酮味，部分牛伴发神经症状；临床病理生化特征为低血糖，血、尿、乳中酮体含量异常升高。

酮病多发生于母牛产后2～6周内的泌乳盛期，尤其是在产后3周内；各胎龄母牛均可发病，尤其以3～6胎高产胎次的母牛多发，第一次产犊的青年母牛也常见发生；产奶量高、舍饲缺乏运动且营养良好的4～9岁的母牛发病较多。该病一年四季均可发生，冬春季节发病较多。在高产牛群中，临床酮病的发病率占产后母牛的2%～20%，亚临床酮病的发病率占产后母牛的10%～30%。

（一）发病原因

1. 日粮能量不足

反刍动物的能量和葡萄糖主要来自瘤胃微生物酵解大量纤维素所生成的乙酸、丙酸和丁酸，三者称为挥发性脂肪酸。因此，凡是造成瘤胃生成丙酸减少的因素，如饲料供应过少，品质低劣，或日粮营养不全、蛋白质过多或不足、氨基酸不平衡，或饲料单一、可溶性糖和优质青干草缺乏、不足，或精料（高蛋白、高脂肪饲料）过多，粗纤维不足等，均可引起日粮在瘤胃中停留的时间过短、发酵不完全，造成生糖的丙酸减少和生酮的丁酸增加，从而使糖的来源不足，引起能量负平衡，导致体脂肪的大量分解，产生酮体，引发酮病。

2. 产前过肥、缺乏运动

干奶期供应的能量水平过高，采食较多的精料，缺乏运动，致使母牛产前过度肥胖，严重影响产后采食量的恢复，同样会使机体生糖物质缺乏，引起能量负平衡，产生大量酮体，由这种原因引起的酮病称消耗性酮病。产前过肥在酮病的发生上具有特殊的意义，过肥的牛比中等膘度的牛酮病的发病率要高1～2倍。

3. 产后泌乳高峰和采食高峰的差异

奶牛产后4～6周已达到泌乳高峰期和营养最高需要量，而奶牛在产后10～12周才能恢复到最大食欲和采食量，在中间相差6周左右的时间内，摄入的营养物质和产奶消耗间呈现负平衡。因此，奶牛产犊后12周内食欲较差，能量和葡萄糖的来源不能满足高产奶牛泌乳消耗的需要。所以，高产奶牛群酮病的发病率高。

4. 营养元素缺乏

维生素A、维生素B_{12}和微量元素钴、铜、锌、锰、碘等缺乏在酮病的发生上具有一定意义。特别是钴，因为它是维生素B_{12}的成分，参与丙酸的生糖作用。

5. 肝脏疾病

肝脏是糖异生的主要场所，原发性或继发性肝脏疾病都可影响糖的异生作用，使血糖浓度下降。尤其是肝脂肪变性、肥胖母牛发生脂肪肝时，常可引起肝糖原贮备减少和糖异生作用减弱，最终导致酮病的发生。

6. 饲料腐败

饲料加工贮存不当，造成饲料腐败，特别是品质不良的青贮，其乙酸、丁酸含量高，可增强生酮作用。还有其他霉败的饲料，如黄曲霉毒素等可直接损害肝脏使肝功能障碍，也可促进酮病的发生。

（二）临床症状

酮病的症状常在母牛分娩后几天至几周内出现，临床上表现为两种类型，即消耗型和神经型。消耗型占85%左右，但有些病牛消耗型和神经型同时发生。

1. 消耗型

食欲减少、体况逐渐下降和渐进性消瘦是本病最常见的症状。病初，开始拒食精饲料后拒食青贮饲料，尚能采食少量青干草，继而食欲废绝，反刍无力、瘤胃蠕动减弱甚至消失，瘤胃弛缓、有时发生间歇性瘤胃臌气；异嗜，喜欢舔食污物、泥土和污水，此期有2～4天以上的产奶量减少期；体重逐渐减轻、明显消瘦、腹围缩小，被毛粗乱无光，皮下脂肪消失、皮肤弹性减退；体温、呼吸、脉搏正常，随病程延长而病畜消瘦时，体温略有下降（37℃），心率加快（100次/min），心音模糊，脉搏细弱。粪便稍干、量少，粪便上有黏液；尿量也减少，呈淡黄色水样，易形成泡沫。食欲逐渐减退者产奶量也逐渐下降，食欲废绝者产奶量迅速下降或停止，乳汁类似初乳状，易形成泡沫。病牛呈弓背姿势表示轻度腹痛。酮病的特有症状为：呼气、乳汁、尿液、汗液中散发有特殊的丙酮气味（烂水果味），对其加热时气味更浓。

2. 神经型

多数病牛表现为精神沉郁、凝视，对外界反应淡漠，目光呆滞，不愿走动，呆立于槽前，低头耷耳，眼睑闭合、嗜睡，呈沉郁状。少数病牛表现兴奋和狂躁，病初突然发病，精神高度紧张、不安，视力下降，不认其槽，盲目于棚内乱转圈，或走路不辨方向，横冲直撞；有的全身肌肉紧张，感觉过敏，步伐蹒跚，摇摆，站立不稳，四肢叉开或交叉站立；有的肩胛部和腹部肌肉震颤，吼叫；有的病牛空口磨牙，大量流涎，不断舔吮皮肤、饲槽；这些神经症状间断多次发作，每次持续1～2h，然后间隔8～12h后可能复发。这种兴奋过程一般持续1～2天后转入抑制期。

（三）诊断方法

1. 原发性临床型酮病

可根据日粮中缺乏优质干草，发生在产犊后几天至几周内，血清酮体含量在34.4mmol/L（200mg/L）以上，低血糖、高血脂、碱贮下降，血、尿、汗、呼气中有特殊烂水果气味，并伴有消化机能紊乱，体重减轻，产奶量下降，间有神经症状，一般可作出诊断。

2. 原发性亚临床型酮病

必须进行实验室检验，其血清中的酮体含量一般在17.2～34.4mmol/L（100～200mg/L）。继发性酮病如子宫炎、乳腺炎、创伤性网胃炎、真胃变位等疾病所继发的酮病，可根据血清酮体水平增高、原发病本身的临床特点及对葡萄糖或激素治疗无明显疗效而诊断。

(四)治疗措施

1.补糖疗法

静脉注射50%葡萄糖溶液500ml,每日2次,连用数日,对大多数母牛有明显疗效,但需要重复注射,否则可能复发;也可选用20%葡萄糖溶液腹腔注射,但皮下和肌内注射会造成局部不良反应。饲喂或灌服葡萄糖、蔗糖或蜜糖治疗效果不明显,因瘤胃中微生物使糖发酵生成挥发性脂肪酸,其中乙酸多,丙酸少,增加了生酮先质。在应用大剂量葡萄糖的同时,可肌内注射100～200单位胰岛素,以促进葡萄糖进入细胞和脂肪合成,减少酮体生成。

2.口服生糖先质

为了增加体内生糖物质的来源,通常口服丙酸钠或丙二醇或甘油,推荐剂量都是125～250g,加等量水混合,每日2次口服。内服丙酸钠100～200g,1～3次/天,连用7～10天;丙二醇或甘油500ml/次,2次/天,连用2天,随后250ml/天,连用2～10天;乳酸钙200～400g,连用3天,效果良好。给药最好是在静脉注射葡萄糖溶液之前进行。

3.激素疗法

肌内注射促肾上腺皮质激素(ACTH)200～600单位,此药物使用方便,不需要同时给予葡萄糖或其先质,单独注射1次后约48h即能促进糖原异生。静脉注射氢化可的松0.5g,或肌内注射醋酸可的松1～1.5g,或口服甲基泼尼松龙25mg,每日1次,均能奏效。或肌内注射地塞米松10～20mg,1次即能奏效,其作用比泼尼松强15倍,几乎没有钠的贮留。

4.纠正酸中毒

内服碳酸氢钠50～100g,2次/天;或静脉注射5%碳酸氢钠500～800ml。

5.其他疗法

包括镇静、健胃助消化、补充维生素等。

(五)预防

酮病的发生比较复杂,在生产中应采取综合防治措施,如加强饲养管理,合理配合日粮,饲料种类多样化,防止单一等,才能收到良好的效果。

❍ 高产奶牛日粮取中等能量水平,如苜蓿干草加蒸热过的谷类(粉碎的玉米片、大麦片)能产生大量丙酸;日粮中的优质干草不少于3～5kg/100千克体重。

❍ 妊娠后期母牛不宜过肥,尤其在干奶期,应酌情减少精料。在临产前3～4周,逐渐添加精饲料以适应泌乳量的增加。其日粮的参考比例为:干草及草粉不低于30%,优质青贮饲料30%,精料不高于30%,块根约10%。若干奶期出现肥胖症时,可将精料减少10%～20%。

❍ 日粮粗蛋白含量不宜过高,一般不超过16%。

❍ 舍饲母牛必须运动0.5～1h/天。

❍ 定期检查血、尿、奶中酮体的含量,以便早发现早治疗。

三、生产瘫痪

生产瘫痪亦称乳热症或低钙血症是母畜分娩前后突然发生的一种严重的代谢

性疾病。以舌、咽、肠道麻痹、低血钙、全身肌肉无力、知觉丧失及四肢瘫痪为特征。此病常见于奶牛及犬、猫，在水牛也有发病的报道，奶山羊也有发生，猪则少见。

（一）发病原因

1. 低血钙

产前血钙急剧下降、妊娠及分娩后患畜生理的变化、分娩前后从肠道吸收的钙量减少、血镁及钾、磷等含量下降等原因，致使机体血钙降低，引发生产瘫痪。

2. 大脑皮质缺氧

也有研究者认为，生产瘫痪是一时性脑贫血所致的脑皮质缺氧，脑神经兴奋性降低的神经性疾病，低血钙则是脑缺氧的一种并发症。中枢神经系统对缺氧极度敏感，一旦脑皮质缺氧，即表现出短暂的兴奋（不易观察到）和随之而来的功能丧失的症状。这些症状和生产瘫痪症状的发展过程极其吻合。

（二）临床症状

1. 典型症状

约占全部病例的 20%。病程发展快，从开始发病至出现典型症状，整个过程不超过 12h。病畜以一种特殊姿势卧地，即伏卧，四肢屈于躯干下，头向后弯到胸部一侧（图 10－1）。个别母牛卧地之后出现癫痫症状，四肢伸直并抽搐。卧地时间稍久，可能出现瘤胃臌气症状。体温降低也是生产瘫痪的症状之一。病初体温可能仍在正常范围之内，但随着病程发展，体温逐渐下降，最低可降至 35～36℃。

2. 非典型症状

呈现非典型（轻型）症状的病例较多，产前及产后较长时间发生的生产瘫痪多表现为非典型症状，其症状除瘫痪外，主要特征是头颈姿势不自然，由头部至鬐甲呈一轻度的“S”状弯曲。病牛精神极度沉郁，各种反射减弱，但不完全消失。病牛有时能勉强站立，但站立不稳，且行动困难，步态摇摆。体温一般正常或不低于 37℃。

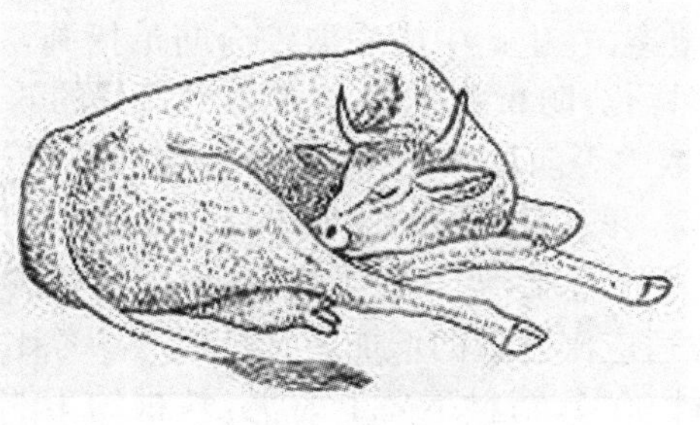

图 10－1　牛生产瘫痪的典型卧姿

（三）诊断方法

诊断生产瘫痪的主要依据是病牛为 3～6 胎的高产母牛，刚刚分娩不久（绝大多数在产后 3 天之内），并出现特征的瘫痪姿势及血钙降低（一般在 0.08mg/ml 以下，多为 0.02～0.05mg/ml）。如果乳房送风疗法有良好效果，便可做出确诊。

非典型的生产瘫痪必须与酮血病进行鉴别诊断。酮血病除了酮血症外，对钙疗法尤其是对乳房送风疗法没有反应。

（四）治疗措施

静脉注射钙剂或乳房送风是治疗生产瘫痪最有效的常用疗法，治疗越早，疗效越高。

1. 钙疗法

静脉注射钙剂最常用的是硼葡萄糖酸钙溶液，一般的剂量为静脉注射 20%～25%硼葡萄糖酸钙溶液 500ml。羊患生产瘫痪，也可静脉注射 10%葡萄糖酸钙注射液 50～100ml（或腹腔注射）。另外可给以轻泻剂，促进积粪排出，并改进消化功能。

2. 乳房送风疗法

向乳房内打入空气需用乳房送风器（图 10－2）。操作前，使牛侧卧，挤净乳房中的积奶并进行乳头消毒，然后将消过毒而且在尖端涂有少许润滑剂的乳导管插入乳头管内，注入青霉素 10 万单位及链霉素 0.25g（溶于 20～40ml 生理盐水内）。4 个乳区均应打满空气。打入的空气量以乳房皮肤紧张，乳腺基部的边缘清楚并且变厚，轻敲乳房呈鼓音时为宜。应当注意，打入的空气不够，不会产生效果。打入空气过量，可使腺泡破裂，发生皮下气肿。空气逸出以后，会逐渐移向尾根一带的皮下组织中，2 周左右可以消失。打气之后，用宽纱布条将乳头轻轻扎住，防止空气逸出。待病牛起立后，经过 1h，将纱布条解除。扎勒乳头不可过紧及过久，也不可用细线结扎。

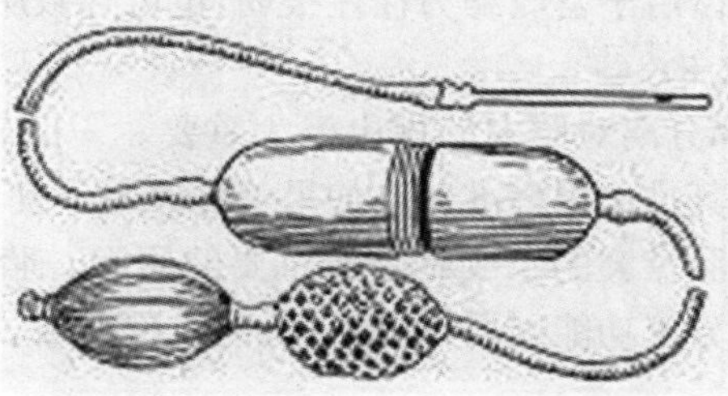

图 10－2　乳房送风器

3. 其他疗法

用钙剂治疗疗效不明显或无效时，也可考虑应用胰岛素和肾上腺皮质激素，同时配合应用高糖和 2%～5%碳酸氢钠注射液。据报道，用地塞米松配合钙剂治疗，治愈率可达 92.8%，也可用 25mg 氢化可的松加入 2 000ml 糖盐水中静注，每日 2 次，用药 1～2 天。对怀疑血磷及血镁也降低的病例，在补钙的同时静脉注射 40%葡萄糖溶液和 15%磷酸钠溶液各 200 ml 及 25%硫酸镁溶液 50～100ml。

第二节 奶牛产科疾病

一、胎衣不下

母畜分娩后胎衣在正常时限内不排出，叫胎衣不下或胎衣滞留，分为部分胎衣不下及全部胎衣不下两种。各种家畜产后正常排出胎衣的时间不同，奶牛为12h，如果奶牛产后超过12h胎衣仍没有排出，则称为胎衣不下。

（一）发病原因

引起胎衣不下的原因很多，主要与产后子宫收缩无力、胎盘充血和水肿、妊娠期间胎盘发生炎症及胎盘结构有关。

1. 产后子宫收缩无力

怀孕期间，饲料单纯、缺乏矿物质及微量元素和维生素，特别是缺乏钙盐、硒与维生素A和维生素E，孕牛消瘦、过肥、老龄和运动不足及干奶期过短等，都可使子宫收缩迟缓；畜怀双胎、胎水过多及胎儿过大，使子宫过度扩张，导致子宫复旧不全，可继发产后子宫阵缩微弱而发生胎衣滞留；流产、早产、难产、生产瘫痪、子宫捻转时，产出或取出胎儿以后子宫收缩力往往很弱，也可导致胎衣不下。

2. 胎盘未成熟或老化

胎盘的完全成熟和分离对胎衣的排出极为重要。一般来说，妊娠期胎盘已出现一些明显的变化，为其排出做好准备。如果多种原因干扰了胎盘的分离过程，就会导致胎衣不下，其中胎盘突的不成熟是最重要的原因。胎盘老化也能导致胎衣不下。胎盘老化后，内分泌功能减弱，使胎盘分离过程复杂。

3. 胎盘炎症

妊娠期间子宫受到感染，从而发生轻度子宫内膜炎及胎盘炎，导致结缔组织增生，使胎儿胎盘和母体发生粘连，流产后或产后易于发生胎衣不下。

4. 胎盘充血和水肿

在分娩过程中，子宫异常强烈地收缩或脐带血管关闭太快会引起胎盘充血。由于脐带血管内充血，胎儿胎盘毛细血管的表面积增加，绒毛钳闭在腺窝内。充血还会使腺体和绒毛发生水肿，不利于绒毛中的血液排出。水肿可延伸到绒毛末端，结果腺窝内压力不能下降，胎盘组织之间持续紧密相连，不易分离。

5. 胎盘组织构造

奶牛胎盘属于上皮绒毛膜与结缔组织绒毛膜混合型，胎儿胎盘与母体胎盘联系比较紧密，这是胎衣不下发生较多的原因；胎盘突出少而大时，尤其如此。

6. 其他因素

高温季节，可使怀孕期缩短，增加胎衣不下的发病率。产后子宫颈收缩过早，妨碍胎衣排出，也可以引起胎衣不下。奶牛的胎衣不下还可能与遗传有关。此外，饲料质和量的不足，也是造成胎衣不下的诱因。

（二）临床症状

胎衣不下分为部分胎衣不下及全部胎衣不下两种，部分胎衣不下是指胎衣大部分已经排出，只有一少部分或个别胎儿胎盘残留在子宫内，从外部不易发现。诊断的主要根据是恶露排出的时间延长，有臭味，其中含有腐烂的胎衣碎片。全部胎衣不下是指整个胎衣未排出来，胎儿胎盘的大部分仍与母体胎盘连接，仅见一部分已分离的胎衣悬吊于阴门之外。

牛发生胎衣不下时，由于胎衣的刺激作用病牛常常表现弓背努责；如果努责剧烈，可能发生子宫脱出。胎衣在产后经过1～2天，滞留的胎衣就腐败分解，夏天腐败更快；在此过程中，胎儿胎盘的子叶腐败液化，因而胎儿绒毛会逐渐从母体腺窝中脱离出来。由于子宫腔存在有胎衣，子宫颈不会完全关闭，从阴道内排出污红色恶臭液体，病牛卧下时排出得多。液体内含腐败的胎衣碎片，特别是胎衣的血管不易腐烂，很容易观察到。向外排出胎衣的过程一般为7～10天，长者可达12天。由于感染和腐败胎衣的刺激，病牛常会发生急性子宫内膜炎。腐败分解产物被吸收后，出现全身症状：病牛精神不振，体温稍高，脉搏、呼吸加快，弓背、常常努责，食欲及反刍略微减少；胃肠机能紊乱，有时发生腹泻、瘤胃迟缓、积食及臌气，产奶量下降。但一般来说，牛及绵羊的症状较轻，山羊的全身症状较明显。

（三）诊断方法

如果见有部分胎衣外露，容易诊断，如果胎衣滞留于子宫内，则要通过阴道或直肠检查，才能发现子宫内的胎衣，因此，如果奶牛产后出现不断努责，恶露腐败难闻，兽医人员要认真诊断。

（四）治疗措施

胎衣不下的治疗原则是，尽早采取治疗措施，局部和全身抗菌消炎，促进子宫收缩，防止胎衣腐败吸收。对于露出阴门外的胎衣，既不能拴上重物扯拉，以避免勒伤阴道底壁上的黏膜，或引起子宫内翻及脱出；也不能从阴门处剪断，以免胎衣断端缩回子宫内。如果悬吊在阴门外的胎衣较重，可在距阴门约30cm处将胎衣剪断。胎衣不下的治疗方法很多，概括起来可以分为药物治疗和手术疗法两大类。

1.药物疗法

在确诊胎衣不下之后要尽早进行药物治疗。

（1）全身应用抗生素，防止感染　在胎衣不下的早期阶段，常常采用肌内注射抗生素的方法；当机体体温升高、产道创伤或坏死情况时，还应根据临床症状的轻重缓急，增大药量，或改为静脉注射，并配合应用支持疗法。特别是对小动物，全身用药是治疗胎衣不下必不可少的。

（2）子宫腔内投药　向子宫腔内投放土霉素、金霉素、磺胺类或其他抗生素，防止滞留在子宫腔内的胎衣腐败、延缓溶解的作用，等待胎衣自行排出，药物应投放到子宫黏膜和胎衣之间。每次投药之前要轻拉胎衣，检查胎衣是否已经脱落，并将子宫内聚集的液体排出，隔日投药1次，共用1～3次。

作为辅助疗法，高渗盐水则能造成子宫内环境高渗，减轻胎盘水肿和防止子宫内容物被机体吸收，并刺激子宫收缩。

如果子宫颈口已缩小，可先肌内注射雌激素，如己烯雌酚，使子宫颈开张，排出腐败物，然后再放入防止感染的药物。雌激素还可以增强子宫收缩，促进子宫血液循环，提高子宫的抵抗力。可每日或隔日注射 1 次，共 2～3 次。

(3)促进子宫收缩　使用促进子宫收缩的药物，加快排出子宫内已腐败分解的胎衣碎片和液体，可先肌内注射己烯雌酚，1h 后肌内或皮下注射催产素，2h 后重复一次。此类制剂应在产后尽早使用，对分娩后超过 24h 或难产后继发子宫迟缓者，效果不佳。

静脉注射 200～300ml 10％盐水，可以促使胎衣脱落，并有刺激子宫收缩和防止胎衣腐败作用，另外，给牛灌服 3L 羊水，也可促进子宫收缩，并于 2～6h 后排出胎衣，如仍不排出，6h 后可重复使用，但提供羊水的牛必须是健康的，没有流产病及结核等传染病。

(4)中药疗法　以活血散瘀、清热理气止痛为主，可用益母生化汤和活血逐瘀汤。

2. 手术疗法

即徒手剥离胎衣，但是否采用手术剥离，要遵循如下原则：容易剥离的则剥，并要剥得干净彻底，不能损伤母体胎盘；不易剥离的不要强剥，剥离不干净不如不剥。牛最好到产后 72h 进行剥离。对患急性子宫内膜炎和体温升高的病牛，不可进行剥离。

(1)术前准备　首先将牛的外阴及其周围清洗消毒，术者可戴上长臂手套，手上如有伤口，应注意防止感染。在胎衣剥离过程中如牛排粪，须重新洗净和消毒牛的外阴。为了避免胎衣粘在手上妨碍操作，可向子宫内灌入 500～1 000ml 10％盐水。如果病牛努责剧烈，可在腰荐间隙注射普鲁卡因。

(2)剥离方法　首先将悬吊在阴门外的胎衣理顺，并轻拧几圈握于左手，右手沿着胎衣伸入子宫进行剥离。剥离时要由近及远螺旋前进，左手要把胎衣拉紧，以便顺着它去找尚未剥离的胎盘，在剥离到子宫角尖端时更应这样做。为防止已剥出的胎衣过于沉重把胎衣拽断，可先剪掉一部分。位于子宫角尖端的胎盘最难剥离，一方面是空间过小妨碍操作，另一方面是手的长度不够。这时可轻拉胎衣，使子宫角尖端向后移或内翻以便于剥离。辨别一个胎盘是否剥过的依据是：剥过的胎盘表面粗糙，不和胎膜相连；未剥过的胎盘和胎膜相连，表面光滑。如果一次不能剥完，可在子宫内投放抗菌防腐药物，等 1～3 天再剥或留下让其自行脱落。

胎衣剥离完毕后，用虹吸管将子宫内的腐败液体吸出，并向子宫内投放抗菌防腐药物，每天或隔天 1 次，持续 1～3 次。如有子宫炎，应同时治疗。

(五)预防

奶牛怀孕期间应饲喂含矿物质和维生素丰富的优质饲料，同时防止孕牛过于肥胖，舍饲奶牛要有一定的运动时间和干奶期。产前 1 周要减少精料，搞好产房卫生消毒工作。分娩后让母牛舔子牛身上的羊水，分娩后特别是在难产后立即注射催产素或钙溶液，避免给产后奶牛饮冷水。

二、子宫内膜炎

产后子宫内膜炎为子宫内膜的急性炎症，常发生于分娩后的数天之内。如不及时治疗，炎症易于扩散，引起子宫浆膜炎或子宫周围炎，并常转为慢性炎症，最终导致长期不孕。

1. 发病原因

奶牛发生难产、胎衣不下、子宫脱出、流产、胎儿浸溶，或死胎遗留在子宫内时，使子宫弛缓、复旧延迟，均易引起子宫发炎。患布氏杆菌病、胎儿毛滴虫及其他许多侵害生殖道传染病的牛，子宫及其内膜原来就存在慢性炎症，分娩之后由于抵抗力降低及子宫损伤，可使病程加剧，转为急性炎症。

2. 临床症状

病牛频频从阴门内排出黏液或脓性分泌物，病重者分泌物呈污红色或棕色，且带有臭味，卧下时排出量多。有时病牛体温升高，精神沉郁，食欲及产奶量明显降低，表现努责和排尿姿势；病牛子宫颈稍开张，有时可见胎衣碎片或有分泌物排出，阴门及阴道肿胀或充血。

3. 治疗措施

奶牛发生子宫内膜炎时，先用防腐消毒液冲洗阴道和子宫，如 0.1%高锰酸钾或 0.1%雷佛奴尔溶液、0.5%新洁而灭等，冲洗药液冲进子宫还要再吸出来，只有这样才能将子宫内的腐败物冲洗出来，反复冲洗几遍后，向子宫内注入防腐消炎药，连续数天，直至症状消失为止。但现在大部分兽医在治疗子宫内膜炎时，只是把药物冲入子宫，没有把冲进的药液再吸出来，结果治疗好几个月也没有理想的治疗效果。如果患牛出现努责，可用长效麻醉剂进行硬膜外腔麻醉，在局部治疗的同时，于阴门两侧注射抗生素，效果很好。

第三节 奶牛其他常见疾病

一、乳腺炎

乳腺炎是奶牛的常发病，严重危害奶牛健康、养殖效益和乳品安全。据统计，我国奶牛乳腺炎的发病率占泌乳牛的 20%～60%，其中隐性乳腺炎占 20%～85%，平均为 40%～50%，临床型乳腺炎占 5%～30%左右。乳腺炎可导致牛奶的营养价值降低、乳中药物残留、继发感染其他疾病如子宫内膜炎、腹膜炎等，不能治愈的奶牛还要被迫淘汰，给奶牛养殖业造成极大的经济损失。

(一)乳腺炎发生的原因

1. 感染病原微生物

奶牛乳腺炎的发病原因有很多，其中主要是由病原微生物感染引起。能引起乳腺炎的病原有80多种，常见的有细菌、病毒、霉菌等，其中较为常见的有23种，可分为主要病原菌和次要病原菌。

(1)根据引起乳腺炎病原的致病力分

1)主要病原菌　金黄色葡萄球菌、无乳链球菌、停乳链球菌、大肠杆菌等，主要引起奶牛临床型乳腺炎的发生。

2)次要病原菌　表皮葡萄球菌、牛棒状菌、微球菌等，多引起隐性乳腺炎，不表现临床症状。

(2)根据乳腺炎病原菌的存在环境及传播途径分

1)传染性病原菌　包括葡萄球菌属的细菌，如无乳链球菌、停乳链球菌等，多存在于乳房及乳头皮肤上或乳头管中，这些病原菌感染奶牛主要发生在挤奶过程中，如洗乳房的水、毛巾、挤奶员手臂和挤奶杯上等。

2)环境致病菌　主要是指大肠杆菌、乳房链球菌等，多存在于牛床、运动场等，奶牛卧地休息时病原菌可以通过乳头孔而感染，也可经消化道、生殖道、乳房外伤等进入乳房。

2. 挤奶不当

主要是挤奶器和挤奶操作存在问题，如挤奶器负压过大，垫圈老化，加大了对乳头的刺激并易附着病菌；再者挤奶频率过高，挤奶时间过长，乳房按摩不充分或手工挤奶时，不是全握式挤奶，而是用手指捋奶，造成乳头或乳腺损伤等，均能造成乳腺炎的发生。

3. 环境卫生不良

乳腺炎的发生与环境卫生有密切的关系，牛群中奶牛乳腺炎的发生率、乳腺炎感染后的持续时间与整个奶牛场的乳腺炎的发生率成正比。患乳腺炎的病牛乳汁中含有大量的病原菌，污染环境和牛床，从而导致其他牛感染，因此，牛群中一旦有乳腺炎病牛存在，应积极采取有效措施，治愈乳腺炎病牛，减少对环境的污染，这是预防奶牛乳腺炎发生的重要措施。

4. 其他因素

多见于奶牛产后感染、胎衣不下、子宫内膜炎等，运输应激也可继发乳腺炎的发生。另外，乳房、乳区发育不均匀的牛乳腺炎的发生率较高。

(二)奶牛乳腺炎的感染特点与症状

不同病原菌引起的乳腺炎的临床症状特点不一样，这里重点向大家介绍金黄色葡萄球菌、无乳链球菌、大肠杆菌引起的乳腺炎的临床症状特点以及干奶期奶牛乳腺炎的发生规律。

1. 金黄色葡萄球菌引起的乳腺炎

金黄色葡萄球菌对乳腺组织的破坏性很强，因为金色葡萄球菌能释放较多的损伤性毒素，细菌最初破坏乳头、乳池和乳腺内皮组织，然后破坏乳导管系统，并在乳腺组织的深层形成感染囊，随后形成溃疡，瘢痕组织将细菌“封闭”起来，如果被阻塞的乳导管重新通畅，金黄色葡萄球菌又被释放到乳腺的其他区域，这个过程反复出现，导致感染乳区的不同部位发生感染与再感染的持续循环。所以我们在临床上常见到有的奶牛发生了乳腺炎，即使好了，过两天又复发的现象。

在有些病例中金黄色葡萄球菌产生的毒素，导致血管收缩和堵塞，从而切断了感染乳区的血液供应而使乳房发生坏死，脱落，甚至导致奶牛的死亡。

2. 无乳链球菌引起的乳腺炎的感染特点

无乳链球菌通常感染乳区下部的导管系统，并能广泛扩散，甚至损伤整个乳腺的泌乳功能。乳腺组织碎片和白细胞可使乳导管闭塞，导致乳汁和细菌在感染区域中积聚，导致乳腺组织形成瘢痕，泌乳功能减退，产奶量减少。

3. 大肠杆菌引起的乳腺炎的特点

大肠杆菌感染引起的乳腺炎多发生在泌乳初期，感染后常释放内毒素，急性大肠杆菌乳腺炎由于内毒素被吸收进入血液，病牛表现精神沉郁，乳汁水样，颜色发黄，含有絮状物和凝乳块，产奶量急剧下降，乳腺组织被破坏。

使用抗生素后，细菌被抗生素或白细胞杀死，奶牛在几天后恢复，产奶量可逐渐恢复到接近正常水平，有些情况下，急性大肠杆菌感染会导致泌乳完全中断，此后泌乳停止，往往要到下一个泌乳期才能恢复泌乳能力。当最初的炎症反应和白细胞仍不能杀死细菌时，就会发展成为慢性大肠杆菌乳腺炎，这种乳腺炎的特点是周期性发作，最终可能持续整个泌乳期。

4. 干奶期乳腺炎的特点

人们一般都认为在泌乳期乳腺炎的发生率高，其实在干奶期奶牛发生乳腺炎的概率也很高，尤其是在干奶早期，如果在给奶牛进行干奶时，乳房本身存在炎症或有隐性乳腺炎，使用的干奶药质量又不好的话，也易发生乳腺炎，且干奶早期发生的乳腺炎是泌乳期的6倍，因此，请广大养殖户一定要做好奶牛的干奶工作，保护乳房，减少乳腺炎的发生。

（三）乳腺炎的诊断

1. 临床型乳腺炎的诊断

临床型乳腺炎的症状明显，容易做出诊断，如可根据乳房是否有硬肿、乳汁颜色、性状的改变等进行诊断。

2. 隐性乳腺炎的诊断

常采用加州乳腺炎检测法，即CMT法，诊断时取诊断盘1个，滴加被检乳2ml、诊断液2ml，缓缓作同心圆状摇动，让被检乳和诊断液充分混合，20～25s后观察结果。

（1）阴性　如果混合物呈液体状，倾斜诊断盘时，流动流畅，无凝块，此时乳中的体细胞数为0～20万个/ml，判断为不是隐性乳腺炎。

（2）可疑　如果混合物呈液体状，诊断盘底有微量沉淀物，摇动时消失，此时乳中的体细胞数为20万～50万个/ml，判断为疑似隐性乳腺炎。

（3）弱阳性　如果诊断盘底出现少量黏性沉淀物，并没有全部形成凝胶状，摇动时，沉淀物散布于盘底，有一定的黏性。此时乳中的体细胞数为50万～80万个/ml，判断为弱阳性。

（4）阳性　如果混合后的液体全部呈凝胶状，有一定黏性，回转诊断盘时向中心集中，不易散开。此时乳中的体细胞数为 80 万～500 万个/ml，判断为阳性。

(5)强阳性　如果混合物大部分或全部形成明显的胶状沉淀物，黏稠，几乎完全黏附于盘底，旋转摇动时，沉淀于盘中心，难以散开。此时乳中的体细胞数为 500 万个/ml 以上，判断为强阳性。

(四)乳腺炎的治疗

目前，大家在治疗奶牛乳腺炎时，存在治疗方法不科学的现象，偏重关注了抗奶问题，只选择没有奶抗的药物，而市场上没有奶抗的药物，不含抗生素，而多数含有一定量的激素，结果没能用敏感抗生素尽快治愈乳腺炎，使病程拖延，损害加重，甚至无法治愈，被迫淘汰，造成巨大的经济损失。

1. 乳房给药方法

对于乳腺炎的治疗，有全身治疗、局部治疗和辅助治疗等方法。全身治疗方法有肌内注射、静脉注射、口服等方法；局部治疗是指向乳房内注入药物或将药物在发病乳区外涂抹，发生乳腺炎的乳腺由于炎症产物、组织碎片等堵塞乳导管，影响药物的分散，从而影响治疗效果，因此，在给乳房内注药时要使用乳头针，尽量将药物注入乳池内，然后轻轻按摩乳房，让药物均匀分散到其他部位，而不能仅将药物注入到乳头管内。

2. 乳腺炎治疗药物的选择

选择抗生素时，最好先进行药敏试验，选择敏感药，才能收到良好的治疗效果。由于引起乳腺炎的病原菌主要是葡萄球菌、无乳链球菌和大肠杆菌，因此，选择的抗生素要能对革兰阳性菌和革兰阴性菌具有杀灭作用。同时，由于葡萄球菌和链球菌都容易产生耐药性，因此在治疗时一定要注意用药时要用足够的剂量和合理的疗程，不能见好就收，这样很容易导致复发，复发后再治疗，病原菌就会产生耐药性，增加治疗的难度。

3. 不同类型乳腺炎的治疗

(1)葡萄球菌乳腺炎的治疗　由葡萄球菌引起的乳腺炎应在发病早期迅速使用敏感药物进行治疗，即在没有形成瘢痕组织将细菌“封闭”起来之前将金黄色葡萄球菌杀灭，避免感染循环的发生，防止造成对乳腺组织的不可恢复性损害。可选的抗生素有青霉素、林可霉素、头孢类药物等。

(2)无乳链球菌乳腺炎的治疗　要尽快使用敏感药物、杀灭病原，控制炎症的发展，并通过增加挤奶次数，去除阻塞在乳导管中的组织碎片，促进泌乳恢复。可选的抗生素有青霉素、林可霉素、头孢类药物和磺胺类药等。

(3)大肠杆菌乳腺炎的治疗　由大肠杆菌引起的乳腺炎要尽快使用敏感药物，控制炎症发展，减少毒素产生，常用的抗生素有庆大霉素、丁胺卡那霉素、环丙沙星等。

(4)辅助治疗措施　辅助治疗措施有：适当降低精料的饲喂量、增加挤奶次数、按摩乳房、热敷或冷敷等。通过减少日粮中精料及多汁饲料的喂量和适当限制饮水，以减少乳汁的产生，减轻乳房的肿胀；每 4h 挤 1 次奶，以利及时排出炎症产物，乳房肿胀较大的牛，使用乳房吊带或乳罩，改善乳房血液循环。急性型乳腺炎常用冷敷的方法,减少炎症产物产生,慢性乳腺炎常用热敷的方法,促进炎症渗出物的吸收和消散,热敷和冷敷时均可加入硫酸镁或硫酸钠,热敷时还可加入薄荷。

(五)奶牛乳腺炎的预防

奶牛乳腺炎的综合预防措施主要有以下四个方面:环境管理、挤奶管理、乳头药浴、疫苗预防。

1.环境管理

不要将患有乳腺炎病牛的乳汁随意挤在养殖环境中,对患有子宫内膜炎的病牛,要及时治疗,并单独饲养,以免病牛将大量的子宫分泌物排入养殖环境,污染环境,引起更多的奶牛发生乳腺炎。对奶牛的卧床、运动场地面要经常清扫、消毒,尤其在夏季,雨水多、蚊蝇多、微生物滋生快,更要加强对养殖环境的管理,减少乳腺炎的发生。

2.挤奶管理

要做好挤奶杯的清洗、消毒,定期对挤奶杯的内衬进行更换,挤奶器真空压力要适当,对过长、过短或异常的奶头,套挤奶杯时要多加注意。挤奶前对乳房的按摩要充分,挤奶器的脉动频率不宜过高,挤奶时间也不宜过长,手工挤奶时,不能用手指捋奶头以免造成乳腺损伤。

3.乳头药浴

选用高质量的奶牛乳头药浴液,在每次挤奶前后,对乳头进行药浴,可杀灭附着在乳头末端及其周围和乳头管中的病原体,据有关资料显示,仅此一项可使乳腺炎感染率减少50%。但是如果选用的乳头药浴液质量不好,不仅不能起到应用的预防作用,反而会刺激乳头,引发乳管炎、乳腺炎,提醒广大养殖户一定要注意。

4.疫苗预防

前面讲过,引起奶牛乳腺炎的原因主要是病原微生物感染,因此,预防奶牛乳腺炎可以使用疫苗。但目前国内还没有正式批文的乳腺炎疫苗,各奶牛场所使用的疫苗均为国外进口的。奶牛进口乳腺炎疫苗一般是在10～15天内免疫注射2次,免疫期为1年,免疫保护率可达到85%以上。使用疫苗预防,减少了药物的使用,不仅降低了奶牛乳腺炎的发病率,而且提高了乳品质量,减少了药物残留,是值得推广的预防方法。

二、奶牛蹄病

奶牛蹄病是一类严重影响奶牛健康的疾病,包括蹄病和蹄变形。蹄病指蹄已发生病理变化,临床表现红肿热痛和功能障碍,蹄变形指蹄的形状发生改变,蹄变形是蹄病的基础,临床表现出蹄病。

(一)蹄病发生的原因

1.与营养的关系

产前精料喂量过多,母牛过于肥胖,产后胎衣不下,子宫炎和酮病瘤胃酸中毒发病增多,而这些疾病可致使蹄病的发生。矿物质缺乏,特别是钙、磷的不足,比例不当,致使钙、磷代谢紊乱,临床上出现骨质疏松症,从而导致蹄病的发生。

2. 与圈舍的关系

牛舍阴暗潮湿，通风不良，氨气浓度过高，在氨的作用下，蹄底角质变性分解呈粉状，故在临床上出现“粉蹄”；炎热多雨季节，牛圈泥泞，粪尿堆积发酵，牛蹄受污物浸渍，角质变软，抵抗力下降，促使蹄病发生；生长期立于水泥地等较硬地面上，可使角质过度磨损，引起蹄底发生严重挫伤；圈舍过小，牛密度过大，奶牛缺少运动，蹄角质过度生长，出现变形、蹄裂。

3. 与管理的关系

修蹄不及时或不修蹄，蹄受多种因素影响，表现异常角质形成，出现蹄变形，则促使蹄病的发生。奶牛集中饲养时环境因素、圈舍运动场不消毒、不清扫，致使传染病、寄生虫病流行和传播，常会引起蹄病出现，如口蹄疫、坏死杆菌病、牛病毒性腹泻、锥虫病等。

4. 与遗传育种的关系

在生产实践中，奶牛场可通过淘汰有明显肢蹄缺陷，特别是那些蹄变形严重，经常发生跛行的奶牛及其后代，或使牛群肢蹄状况得到改善。

（二）奶牛常见蹄病及治疗

1. 蹄底溃疡

（1）症状　蹄底溃疡是奶牛蹄底后 1/3 处即蹄底和蹄球结合部发生角质缺失，真皮裸露，进而发生肉芽组织增生，甚至引起蹄深部组织感染。见图 10－3、图 10－4。

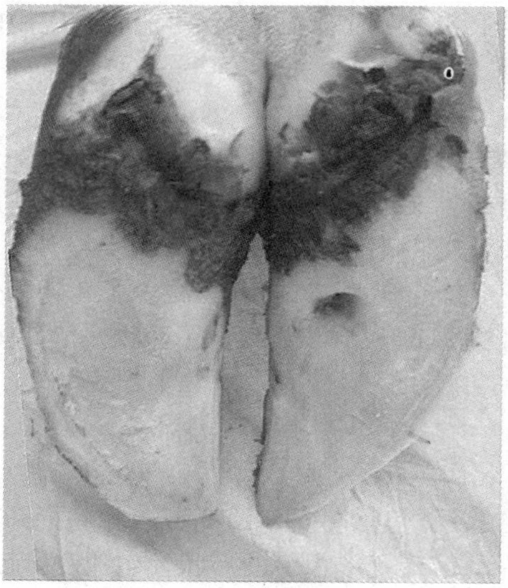

图 10－3　病变处角质坏死，呈黑色

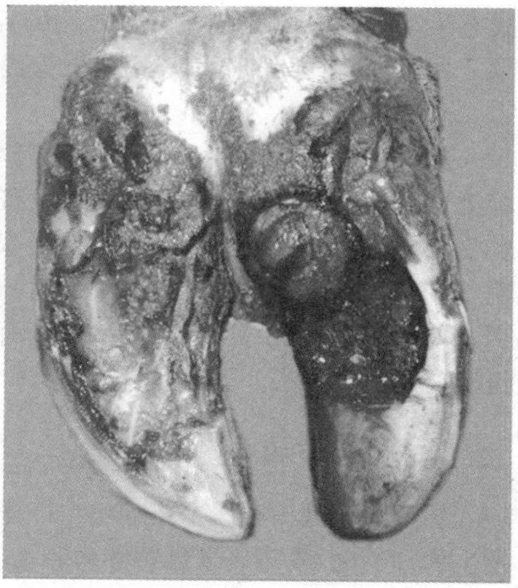

图 10－4　溃疡处形成肉芽肿，突出于角质表面

（2）治疗方法

❍ 清蹄后，彻底去除溃疡周围所有已坏死的角质和真皮，去除过度突出的肉芽组织。

❍ 适当切削蹄底轴侧部，以减少病变部负重。严重病例，可在健指（趾）下装置支撑物。

❍ 根据病情选择治疗药物和处置方法。常用药物有松馏油和魏氏流膏。上药物用蹄绷带包扎，轻度病例可不包扎。

2. 指(趾)间皮肤增殖

(1)症状　本病是指(趾)间隙皮肤的异常增殖。增殖物的结构与正常皮肤相同，但各层组织都显著增生。见图 10－5、图 10－6。

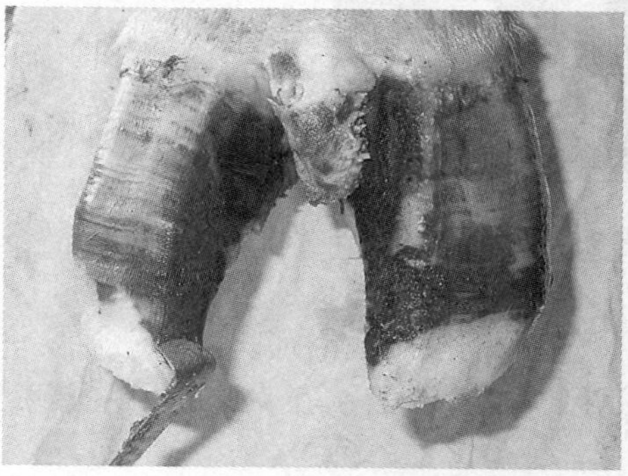
图 10－5　皮肤增殖物在指(趾)间呈舌状突起

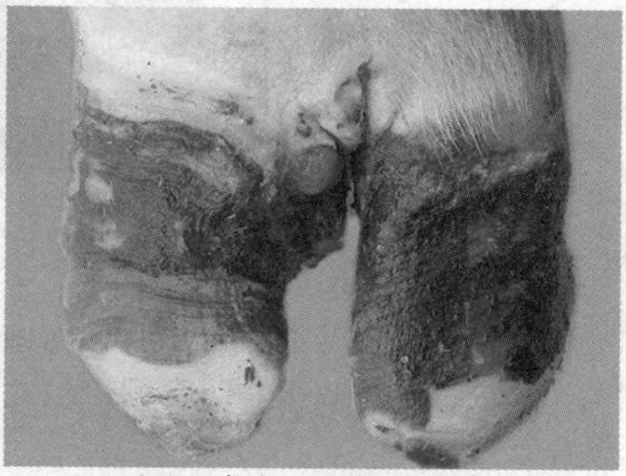
图 10－6　增殖物感染后破溃，导致蹄冠部肿胀

(2)治疗方法

❍ 对于小的增殖物，可用高锰酸钾腐蚀的方法进行治疗，但疗效不确定。

❍ 手术切除增殖物可根治。

3. 疣性皮炎

(1)症状　疣性皮炎是指(趾)间隙背侧或掌(跖)侧皮肤出现菜花样增殖物，已证实增殖物为真性纤维乳头状瘤。见图 10－7、图 10－8。

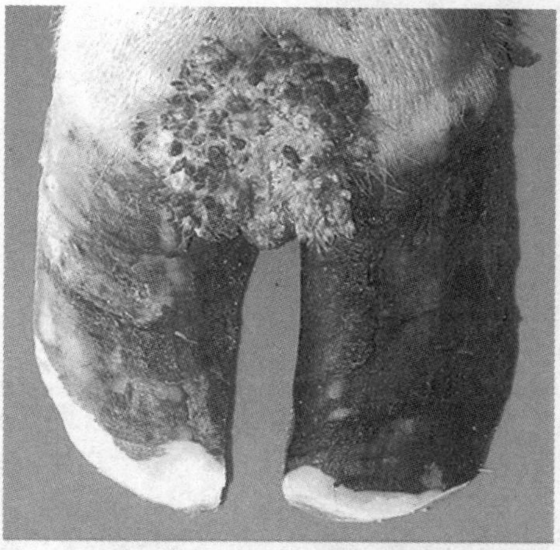
图 10－7　前蹄指(趾)间隙背侧的增殖物

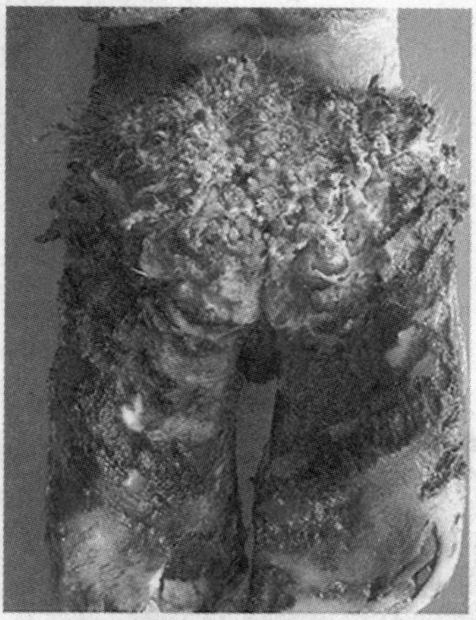
图 10－8　后蹄指(趾)间隙跖侧的增殖物

(2)治疗方法　增殖物小时可用高锰酸钾腐蚀的方法进行治疗，稍大时手术切除增殖物是最有效的治疗方法。

4. 指(趾)间皮炎

(1)症状　本病是指(趾)间皮肤表层的急性和慢性炎症，不侵及深层组织。一般认为结节状杆菌和螺旋体为本病的病原微生物 。见图 10－9。

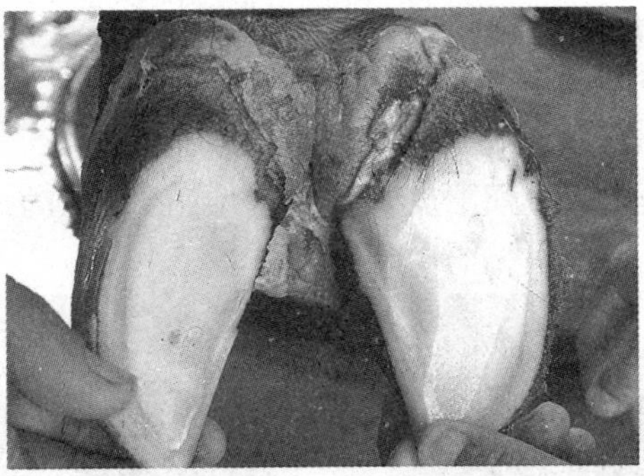

图 10-9　后蹄指(趾)间表皮增厚、充血，有渗出物

(2)治疗方法

❍ 仔细清洗蹄部，用5%甲醛溶液或4%硫酸铜液浸泡浴蹄。

❍ 局部应用收敛和防腐绷带包扎，可用土霉素、硫酸铜和磺胺二甲基嘧啶外敷后包扎。

5. 白线病

(1)症状　蹄底角质和蹄壁角质结合处的白线疾病，主要可分为白线异物、白线裂和白线脓肿。见图 10-10、图 10-11、图 10-12。

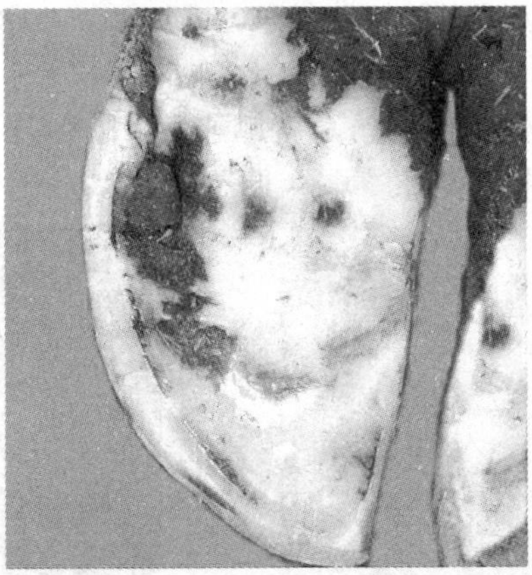

图 10-10　白线异物，一石子嵌入白线处

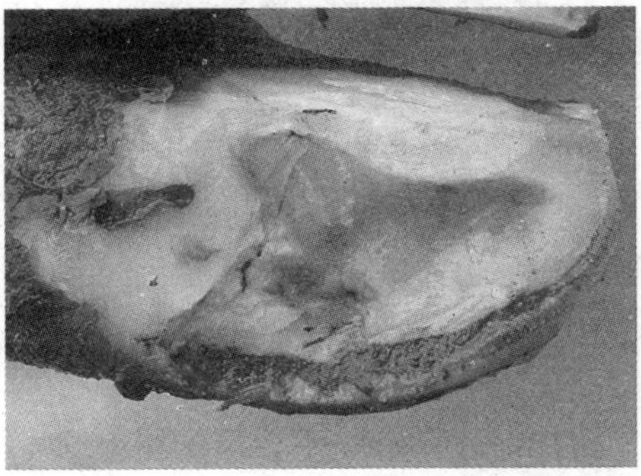

图 10-11　白线裂，裂开的白线内填塞的脏物使裂缝不断扩大

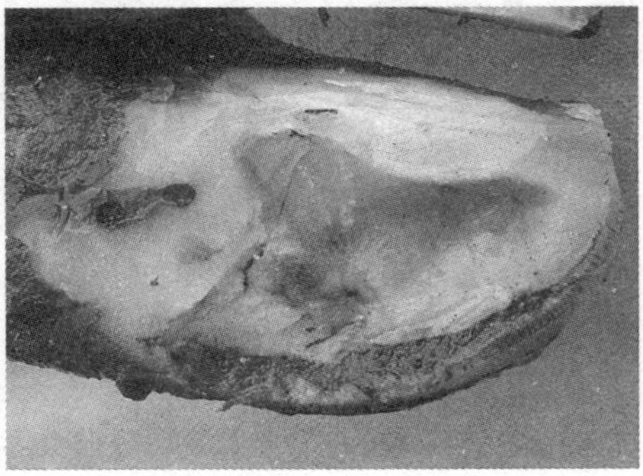

图 10-12　白线脓肿

（三）蹄部保健方法

蹄病困扰，可使奶牛体质下降，逐渐消瘦，抗病力降低，易感染其他疾病，泌乳量下降，还会影响繁殖能力。做好蹄部保健，可提高奶牛的利用年限，降低因蹄变形、蹄病造成的淘汰率。

防止奶牛蹄病，要供应平衡日粮，满足奶牛对各种营养成分的需求，其中特别注意精粗比、碳氮比和钙磷比。保持圈舍、运动场清洁、干燥，不用炉渣、石子铺运动场。保持蹄部卫生，夏天用清水每日冲洗。建立修蹄制度，每年春、秋两季各修一次蹄。坚持用药物浴蹄。浴蹄药物选择3%～5%福尔马林或4%硫酸铜。治蹄方法有喷洒治蹄和浸泡浴蹄。喷洒治蹄，用清水清洗蹄部泥土粪尿等脏物，将药液直接喷洒蹄部，夏秋季每5～7天喷洒1次，冬春季可适当延长时间。浸泡浴蹄，在奶牛必经处设蹄浴池（长3～5m、宽1m、深15cm），放置药液量为蹄浴池深度，约10cm，每日过蹄浴池，每周换药液1次。

（四）修蹄技术

1. 修蹄工具

蹄刀、蹄钳、蹄铲、木工电刨、板锉、电动砂轮、保定绳索、脱脂棉、绷带、保定架。

2. 常用药品

75%乙醇、2%～5%碘酊、紫药水、磺胺粉、硫酸铜、松馏油、鱼石脂、高锰酸钾等。

3. 修蹄方法

（1）修蹄前的检查　在修蹄前要认真进行站立与运动检查，观察牛站立、走动的情况。从前面、后面、侧面查看延长和突出部角度，对左右蹄、内外蹄进行对比，判断其蹄形、肢势，判断患病肢蹄，分清蹄病类型和蹄形类型。不同肢势、不同蹄形的修蹄方法各有不同，故修蹄时应综合各种因素，制订合理的修蹄方案，确定正常修蹄时应达到的效果。无论哪种肢势和蹄形，修蹄后都应尽可能达到蹄与肢势相适应，指（趾）轴一致，蹄底平稳，站立踏着确实，运步均衡轻快。

发育良好的蹄质地坚实、致密、无裂缝，指（趾）间隙紧密，蹄底的形状前蹄为圆形，后蹄为椭圆形。内外蹄形状、大小略有不同，前蹄的内蹄稍大些，蹄尖向外弯，外蹄比内蹄略小；后蹄的外蹄比内蹄略短小，外蹄尖多向内弯。蹄与地面形成45°～50°角；前蹄蹄前壁长为7.5～8.5 cm，与蹄踵比为2∶1.5；后蹄前壁长8.0～9.0 cm，与蹄踵比为2∶1；蹄底厚度为5.0～7.0 mm，蹄间紧密无裂缝。

（2）保定　根据牛场的具体情况和修蹄类型，选择相应的修蹄保定方式，将牛很好地保定在相应的修蹄架内。

（3）洗蹄　刷洗牛蹄，将蹄壁、指（趾）间的粪便、污泥等彻底清洗干净，用3%～5%甲醛或5%～10%硫酸铜泡蹄20～30min。充分清洗牛蹄可以软化角质，便于发现其他蹄病，并为在修削蹄过程中治疗其他蹄病创造条件。洗蹄可以用自来水，有病变者可用消毒液进行清洗。

（4）修蹄

第1步：准备好专用修蹄器具和相应的药品，检查洗后的牛蹄，按图10－13所示，量好尺寸(可随体重不同稍作改动)，从冠状带到蹄尖保留 75～80mm 或一掌的距离，用强力蹄钳剪去过长的蹄尖及尖部蹄壁边缘角质，蹄钳的钳口应与蹄底垂直。

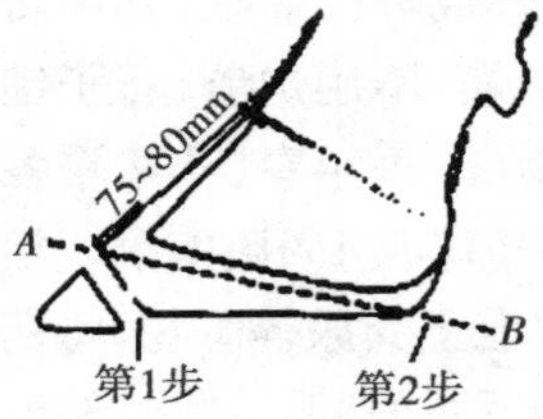

图 10－13 正确修蹄步骤

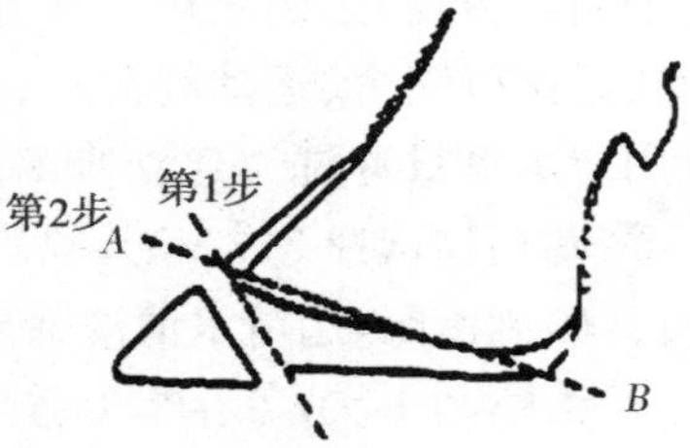

图 10－14 错误地切下 AB 线下部分

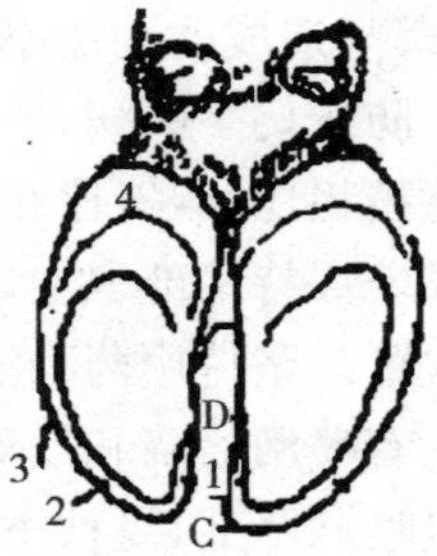

图 10－15 修后蹄的形状

第 2 步：将蹄尖与蹄踵底相连画线，用蹄刀修整外侧趾(指)或内侧趾(指)的蹄底，去除线段 AB 以下的角质部分，保留约 7mm 的蹄底厚度。在修蹄过程中，所切的蹄角质不能过长，如图 10－14 所示，若切除假想线 AB 以下部分，将暴露蹄尖底部真皮而导致严重跛行。修整后的蹄底用拇指按压其软硬及均匀程度，角质变软的马上停止修整，这时角质离真皮也就几毫米了，倘若真皮暴露，将会导致非常严重的顽固性跛行。

第 3 步：去除两趾(指)底面轴侧蝶形线过长的角质，把趾(指)间的空间稍微扩大一些，泥土等异物就不容易进入，减少了蹄腐烂、趾(指)间皮炎和趾(指)间皮肤增生等病的发生。

第 4 步：去除后蹄外侧趾、前蹄内侧趾多余角质，使两趾大小近似，外侧趾稍长 4～5mm。然后以修整好的一侧趾作为参照，将另一侧趾的蹄前壁修整至合适的长度，蹄底修整至同样的厚度，保证肢蹄负重均衡，运步轻快、舒适。

第 5 步：去除蹄踵松散及糜烂的角质，对蹄底不规则之处进行修整，修成从远轴侧壁到轴侧壁有 15°倾斜角的面。修整完成后，如图 10－15 所示的 1，2，3，4 点应在同一纵向水平面上，两个蹄底面也应在同一横向水平面上。

(5)注意事项

○ 修蹄最好用保定架保定。用保定架拴牛要注意牛的安全，操作要轻，不可粗暴。

○ 修蹄应该先修健康的蹄，再修有病变的蹄。

○ 为了保证蹄的稳定性和良好功能，尽量少削内侧趾，或使两趾等高。在奶牛站立时，新的蹄负面要和跖骨的长轴有合适的角度。

○ 要注意蹄底的倾斜度。蹄底应向轴侧倾斜，即轴侧较为凹陷。在趾的后半部，越靠近趾间隙，倾斜度也应越大。

○ 对发生角质病灶时，应将趾后方尽量削低，除去蹄底、球部和蹄壁的松脱角质，削薄角质缘并使过渡平缓。创内真皮因受刺激而增生，如果突出明显而基部狭小，可用锋利的蹄刀将这种增生的肉芽组织整个切除。

❍ 修蹄时间可安排在雨季到来前。过早修整，气温低，蹄角质坚硬，修蹄困难；过晚修蹄，天热雨水多，修后不易护理，易于感染。

❍ 修蹄过程要尽快完成，以防牛由于长时间的过度躺卧而出现站立困难等情况。

❍ 凡因蹄病（真皮损伤）而经修整处理后的病牛，应置于干净、干燥的牛舍内饲喂。保持蹄部清洁，减少感染机会。也可给患病蹄穿上蹄靴。修蹄过程中应坚持宁轻勿重的原则，对于1次不能校正的蹄形可采取多修几次，逐渐矫正的方法。

（五）修蹄失误时的补救措施

蹄部受伤出血，对出血血管结扎止血；找不到出血血管时，采用压迫或烧烙止血，创伤处理完毕后撒布防腐药品，包扎，装蹄绷带。

若蹄部受伤没有出血，患趾坏死部位用3%过氧化氢或0.1%高锰酸钾溶液清除创腔内脓血，涂布碘甘油，再用土霉素粉或云南白药粉填塞创口，用蹄绷带包扎，外涂松馏油。也可用硫酸铜和磺胺1∶4的混合物或含2.5%土霉素的甘油水溶液涂抹患病蹄部，打上蹄绷带，用白酒洗净蹄患部，把1支香烟的烟丝和少量食盐填进患部，最后包扎（或用蒲公英5份、断肠草1份、桐油1份煎成乳状，加桐油拌匀填进患部）。

第十一章 规模奶牛场生物安全与“两病”净化技术

第一节 规模奶牛场生物安全体系

规模奶牛场生物安全是指为防止和杜绝外界致病的病毒、细菌、真菌及其毒素、寄生虫等侵入牛群，扑灭、控制、减少牛群中已存在的上述病原、传染源，防止奶牛间传染性疾病、寄生虫病和媒介昆虫的传播，以保障规模奶牛场奶牛正常、健康地生长、生产，对环境不造成污染，确保奶牛场生产安全、优质、高产、高效的牛奶，避免病原微生物对奶牛、生态环境和人体健康产生潜在的威胁所采取的一系列有效的预防和控制措施。

简单地说，生物安全体系就是一种以切断传播途径为主的、包括全部良好饲养方式和管理在内的预防疾病发生的良好生产管理体系。

奶牛场生物安全体系是预防和控制奶牛疾病的根本，重点强调环境因素在保证奶牛健康中所起的决定性作用，同时充分考虑奶牛福利和奶牛养殖对周围环境的影响因素，即：使奶牛处于最佳状态的生产体系中生长，发挥其最佳的生产性能，并最大限度地减少对环境的不利影响，实现企业利益与社会责任的和谐统一。建立奶牛场生物安全体系要以生命科学为基础，根据畜牧、兽医、建筑、管理等学科原理与奶牛的生物学特性和病原、宿主、环境的辩证关系，以环境、营养和管理为基础的有机配合，集合奶牛疾病防治的先进技术，防止致病微生物侵入奶牛场及抑制其在奶牛场和奶牛群内传播与繁殖的一整套管理体系。奶牛场生物安全管理体系主要包括以下几个方面。

一、科学选址

规模奶牛场应建立在地形整齐开阔，背风向阳，地势高燥，交通便利，水量充沛，水质良好，环境幽静，无有害体、烟雾、灰沙及其他污染的地区，并且要远离村镇、学校、公共场所、居民住宅区和交通干线，要有自然隔离条件（如树林、山地）。场区要保证充足的电力供应。

要避开附近的奶牛共患疫病易感动物养殖小区（场）、集贸市场、屠宰场等有传染源隐患的场所，奶牛场与畜屠宰厂/乳品加工厂及其他牛场的距离应至少在1 000m以上，最好在2 000m以上；与主干道或居民区的距离应在1 000m以上；上风向3 000m以内不应有畜类屠宰厂、养猪场、养牛场和养羊场。要避免在原有牧场、污染区建场。要高度重视水源水质。

场址要便于排污，可防止病原微生物繁殖与传播。应具备就地无害化处理粪便和污水的足够场地和排污条件，并防止本场病原微生物污染周边环境。

二、场区的布局与设施要求

奶牛场总体布局的原则是要求各类牛舍、挤奶厅、饲料区（饲料的收购、加工、贮存、供应）、粪尿处理区和其他附属建筑物以及设施的位置与相互之间连接，要便于奶牛生产最有效、最经济地运转，并力求做到减少牛行走距离，缩短人员操作和饲料等运输距离，避免粪道与净道的重叠和交叉，便于卫生消毒和防疫；减少饲料与牛奶的污染。具体应遵循下面原则：

❍ 牛场设计要标准化，布局要合理，奶牛舍间距、牛舍结构和配套设施要合乎卫生防疫要求，适宜奶牛健康生长。场内的饲养区、生活区布置在场区的上风、高燥处，兽医室、产房、隔离病房、贮粪场和污水处理应布置在场区的下风、较低处。奶牛场要建有符合防疫要求的围墙或绿化隔离带；在场区入口处设明显的警示标志。

❍ 场区内的道路应坚硬、平坦、无积水。牛舍、运动场、道路以外地带应绿化。

❍ 场区牛舍结构力求坚固、合理，利于防暑保暖。地面、顶棚、墙壁要耐冲刷消毒。朝向最好坐北朝南，坚固耐用，宽敞明亮，排水通畅，通风良好，能有效地排出潮湿和污浊的空气，夏季应增设电风扇或排风扇等通风降温设施。

❍ 场区内应设有符合环保和生物安全要求的无害化处理设施。要保持牛场环境整洁。牛粪应堆积在下风口，发酵一定时间后，作肥料返田使用或作有机肥原料。饲养场排放的污水和患病牛的排泄物、垫料、污水和病死牛尸体应经无害化处理后才可排出饲养场外。场区内应设有防蝇、防蚊、防鼠等设施，防止病原传播。

❍ 场区内应设有符合生物安全要求的隔离消毒设施。场区出、入口处门口通道地面应设不小于3.8m×3m×0.1m的消毒池，水深保持15～20cm，所有进出场区的车辆应通过消毒池消毒；设有消毒通道、更衣室、淋浴室，并配有专用衣、帽、鞋等，人员进入饲养区必须通过消毒通道，消毒通道应同时设地面消毒、喷雾消毒或紫外线消毒设施；在饲养区和隔离区交界处设消毒间；人员、动物和物资运转应采取单一流向，道路应分为污道、净道，不重叠，不交叉。

❍ 场内应设有与生产能力相适应的兽医室、微生物学检测室、常规血清学检测室、产品质量检验室等，配备工作所需的仪器设备和经培训、考核合格的专业技术人员，并能正常开展疫病诊断和防治、畜产品质量安全、环境卫生控制等工作，以保证及时确诊并防控奶牛疫病，保证乳品质量安全和公共卫生安全。

❍ 建立隔离牛舍，对新引入的牛进行隔离观察和检疫，以防止新进场牛带入传染病牛场。隔离牛舍与牛场间隔至少 100m 以上。新引入的牛应隔离观察一段时间并经专职兽医人员检疫和实验室检测结果全部合格后方可引入牛场。

❍ 场区的供、排水系统要求。场区内应有足够的生产用水，水压和水温均应满足生产需要。如需配备贮水设施，应有防污染措施，并定期清洗、消毒。场区内应具有能承受足够大负荷的排水系统，并不得污染供水系统。

❍ 场区内有存放饲草、饲料的专用场所，有场内专用运输车辆且不出场外。

三、消毒

消毒是杀灭病原微生物、消灭传染源和切断传播途径的重要手段。奶牛场应采取以下措施进行科学合理的消毒。

1. 保持奶牛场的整洁卫生

保持奶牛场的整洁卫生是消灭传染源和减少传染、切断传播途径、保证奶牛正常生长的基础条件，是消毒的前提条件。一是牛场周围杂草、杂物要定期清理；二是场内路面、空地、牛舍周围要定期清扫，清理场内杂草、杂物；三是要保持牛舍场地、用具清洁，奶牛出栏后要彻底清扫；四是要注意饲料存放和槽内饲料卫生，防止霉变，并注意饮水卫生；五是饲养员要定期洗澡，勤换洗工作服；六是定期灭鼠、灭蝇蚊，禁养奶牛以外的任何动物。

2. 开展日常消毒

要建立完善的消毒制度。奶牛场应建立场内、舍内环境定期消毒制度，建立工作人员自身消毒制度和控制外来人员进入生产区管理制度并严格执行以上消毒制度。

要选择合适的消毒方式进行消毒。消毒方式包括机械清扫、阳光暴晒、紫外线照射、火焰烧灼、熏蒸、生物消毒和化学药品消毒等多种方式。消毒时要根据消毒对象选用合适的消毒方式，如对病牛垫草、污染物、饲料残渣等物品消毒，采用火焰焚烧方式较简便，效果也较好；对小件玻璃用具、工作衣物等消毒，则采用煮沸的方式较好；对牛舍内空气消毒，适于采用化学消毒药喷雾和熏蒸的消毒方式；对牛粪的消毒，则适于采用生物热发酵进行无害化处理。在实际消毒中往往是多种方式联合使用，比如化学药品消毒前先要清扫污物，以减少有机物存在，这样既能提高消毒效果，又能节约消毒药用量。

要正确选用消毒药物并进行科学消毒。消毒药物的选择很重要，原则上要选用广谱、高效、低毒、不损害被消毒物品、不会在牛舍及其产品中残留、在消毒环境中比较稳定、不易失去作用、使用方便和价廉易得的消毒药。在此基础上还要根据疫病流行特点、牛品种和日龄等，有针对性地选用。常用的消毒药有氢氧化钠、碘伏、高锰酸钾、甲醛、过氧乙酸、次氯酸钠、漂白粉、石灰乳、苯酚、爱迪伏、新洁而灭、来苏儿等。有些消毒药虽商品名不同，但有效成分是相同的，所以选用时要查看其有效成分。对牛场、牛舍周围环境及道路的消毒，可采用 2%～3%的氢氧化钠，每周至少消毒1次。牛场、牛舍出入口设置的消毒池内可用常规消毒药(如氧化剂类或氯制剂类消毒剂),每2天更换1次,以保持药效。产房、保育舍等每周带牛消毒2～3次,有疫情时要每天消毒1次,带牛消毒最好用无气味或低刺激的消毒剂。空栏后要彻底消毒,对地面、墙壁、顶棚可采用消毒剂喷洒、甲醛或烟熏剂熏蒸消毒等措施进行消毒。

要保持饮水清洁,并采用合适剂量的漂白粉对饮水进行消毒。可采用季铵盐消毒剂每周对牛场用具及料槽、水槽等至少消毒1次。奶牛入场运输所使用的车辆、饲料、垫料、排泄物及其他被污染物料等在动物运抵饲养场后,应进行彻底消毒。

3. 进行紧急消毒

当牛场发生传染性动物疫病时,对疑似传染病感染动物要及时隔离;对患病动物停留过的地方和污染的器具要进行消毒。要遵守重大动物疫病疫情报告制度、应急处置原则和疫情扑灭制度等。对病死牛、扑杀牛及其产品、排泄物,以及被污染或可能被污染的垫料、饲料、其他物品和清洗所产生的污水、污物进行消毒和无害化处理,对场舍、排泄物、分泌物及污染的场所、用具等进行彻底消毒。

四、防范各种应激

影响奶牛正常生理活动的内外不良刺激若过强或持续时间过长均为应激危害因素,影响奶牛的正常生长发育,降低牛体抵抗力,有利于病原微生物繁殖,从而易诱发各种疫病。

应激因素主要有以下几种:一是环境应激危害因素。包括温度、湿度、通风、光照突然改变或不适宜牛群生长要求,牛舍中有毒有害气体严重超出正常范围等。二是管理应激危害因素。包括限饲、免疫、清粪、换料、缺水、断电等。三是生理性应激危害因素,如遗传缺陷等。四是疫病应激危害因素。多种疫病除造成机体损伤外,也会产生应激危害因素,诱发其他疾病的发生。五是对奶牛的处理,如人工授精、疫苗接种、分群和转群的驱赶和运输等,应严格按操作规程进行,并尽量减少奶牛应激。

应该认真分析饲养全程的各种危害因素,最大限度地避免各种应激因素发生。在能预计可能发生的各种应激前后要设法改善饲养环境和营养,适当添加多种维生素和营养物质,或采用一定时间的过渡适应期等,可起到一定的减缓与适应作用。

五、奶牛疫病控制

(一)疫苗免疫接种

科学使用疫苗进行疫病的预防免疫接种是建立奶牛养殖场生物安全体系的内容之一,所谓科学使用疫苗包含两个方面的含义:一是选择适合的疫苗,二是选择科学合理的免疫程序。奶牛场应根据本地疫病流行状况、奶牛来源和遗传特征、养殖场防疫状况和隔离水平等,在奶牛防疫监督机构或兽医人员的监督指导下,选择合适的疫苗种类和适合本场实际的免疫程序进行科学的免疫接种。接种前一定要进行母源抗体水平和免疫抗体水平的监测，选择与当地和本场流行毒株相同血清型的疫苗进行预防接种；疫苗的贮存要符合要求，免疫途径、剂量、免疫器具消毒正确、合理、规范及操作的严谨程度。检测结果可作为弱毒活疫苗首次免疫和加强免疫程序制定的依据，奶牛场重点动物疫病的免疫抗体水平在有效保护范围内。所使用的预防用生物制品，必须为正规生产厂家经国家有关部门批准生产的合格产品。

（二）加强疫病监测

监测是及时发现疫情隐患、评价疫苗免疫效果和免疫保护效果的重要手段，制定合理免疫程序、确定免疫效果以及对某些疫病的诊断和净化等都离不开相应的监测工作。奶牛场应建立兽医诊断实验室并具备满足需要的专业技术人员，通过流行病学、临床监测、实验室监测（包括：病理学、病原学、血清学等方法），定期监测奶牛的口蹄疫、结核病、布病等重点奶牛疫病，制订出切实可行的监测、疫病防控、病畜处置、疫苗免疫等方案并严格执行，对口蹄疫、奶牛布氏杆菌病、结核等重点疫病进行检测和净化，做到防患于未然。每次监测结果均应做好详细的记录，并根据监测结果分析奶牛群的健康状态，有目的地进行疫病控制和免疫。

（三）实施重点疫病净化

奶牛场对危害严重的重大奶牛疫病应有计划地实施净化。疫病净化的标准为：种用奶牛群重点净化疫病血清学阳性率低于 0.2%，一般奶牛群低于 1%。净化的方法：依据奶牛群疫病监测结果，对奶牛群进行重点净化疫病的血清学全群检疫，隔离并淘汰阳性奶牛；实施疫病净化后 3～6 个月，对奶牛群再次进行疫病监测，确定种奶牛群是否达到疫病净化标准。

（四）科学合理用药

抗生素是我国奶牛养殖场常用的用于奶牛疫病治疗和预防药物，以及提高奶牛生产性能的饲料药物添加剂，抗生素的广泛使用导致了病原体抗药性增强和奶牛产品药物残留的后果，是影响生物安全的因素之一。一般情况下，奶牛患病如果不是很严重，尽量不要使用抗生素。如果必须使用抗生素时，最好采用注射方式和局部用药，如奶牛乳腺炎用药时最好使用乳房内注射给药，尽量不采用口服给药，以免奶牛瘤胃的部分有益微生物被杀死，从而造成奶牛瘤胃中微生物群落失衡。使用抗生素后，要根据药物在体内的代谢时间将药物完全代谢前奶牛生产的牛奶弃去。

为提高奶牛养殖生物安全性，目前各国都在积极研究新型的微生物饲料添加剂——益生素，目前投放市场的主要是各种奶牛肠道常在菌制剂，对疫病有一定的预防作用，但距离提供全面的保护还有较大的差距。因此，当前奶牛养殖场应积极试验应用益生素，尽可能减少抗生素的使用。

六、加强饲养管理

规模奶牛场应坚持自繁自养和全进全出的饲养管理模式，以防止外来疫病源的传入;推行全进全出饲养制度,便于出栏后彻底清洁消毒和利用空栏闲置消灭病原微生物,阻断病原微生物循环传播。

在某一区域中,奶牛和病原微生物在保持相对的平衡与稳定时,可不发生疫病。随着环境、饲料和饲养员的改变对奶牛易产生应激,使奶牛抵抗力下降,造成新的不平衡,病原微生物乘虚而入,则易发生疫病。因此,尽可能不要购入奶牛饲养。如确需引种,引入后对其采取符合标准要求的消毒、隔离、观察、检测等措施。新进牛调入后要做到至少 45 天以上的隔离观察饲养,并做好消毒与免疫注射等工作,确保调入奶牛健康之后,才能与本场原有牛群混合饲养。

要选用优质高效营养价值高的饲料、饲草饲喂奶牛。奶牛所用饲草、饲料和各种添加剂卫生应符合 GB 13078 的规定并建立记录档案,接受畜牧兽医行政主管部门的定期检查和对人体健康危害较大饲料药物添加剂残留的抽样检验;禁止使用反刍动物源性和口蹄疫感染动物源性肉骨粉,严禁从口蹄疫疫区调运饲草、饲料;奶牛场要严格执行国家关于兽药和药物饲料添加剂使用休药期的规定。饮水卫生应符合 GB 5749 的规定;饮水池应定期清洗、换水,饮水温度合适,不饮冰水。对饮水和饲料应定期进行细菌、霉菌和有害物质的检测。

奶牛场内不得饲养其他可共患疫病易感动物,制定控制外来可共患疫病易感动物进入场区的措施并严格执行。场区内应定期或在必要时清除杂草,除虫灭鼠,但应防止药物直接触及牛体和盛奶用具。

要保持圈舍、运动场等环境和垫料的通风、干燥、清洁及牛适当的运动,经常铺换褥草,每天清洗乳房和牛体上的粪便污垢,保持牛舍、牛体的清洁。要加强日常的饲养管理,保持牛圈清洁卫生,定期打扫通风可保持空气清新,大大降低疾病的发生率。每年春、秋两季定期进行修蹄,平常进行蹄部定期药浴,蹄形定期整修,以防肢蹄病的发生。夏季注意采取防暑降温措施,并保证充足的饮水;冬季要采取防寒保暖措施。严禁饲喂霉烂变质饲料、冰冻饲料、农药残毒污染严重的饲料和被病菌或黄曲霉污染的饲料,要清除饲料中的金属异物。

奶牛场要根据饲养奶牛的品种、圈舍条件、气候状况、防疫要求以及奶牛福利确定合理的饲养密度。

七、加强人员管理

对牛场要实行封闭式管理,饲养员应吃住在奶牛场内,严禁随意带入奶牛、奶牛产品,也不能随意离开牛场。离开牛场要尽可能避免与奶牛、奶牛产品相关场所与人员的接触,回来后要立即消毒,经更衣、洗澡、消毒后方能进入奶牛舍。外来人员禁止随意进入牛场。必须进入时,要做好消毒。要严禁牛贩子、兽药饲料销售人员和其他牧场人员等业内相关人员进入奶牛场区。从严做好人员出入登记,要写明进入人员的单位、理由、时间、更衣和消毒等情况。

八、做好病死奶牛的无害化处理

每天注意观察牛群饮食、精神和运动等健康状况,一旦发现有异常病牛,要及时开展调查、诊断和监测，对治疗价值不大的病奶牛尽快淘汰，对病死牛要做好无害化处理。对疫病还要做好隔离、消毒和紧急免疫注射等综合防控措施并及时向兽医主管部门汇报。对病死奶牛做到不准买卖、不准宰杀、不准运输、不准加工、不准食用、及时无害化处理的“五不准一处理”的防控措施，防止病原微生物传播。广大奶牛养殖场户和兽医、饲料兽药经营户、奶牛贩子、屠商等奶牛业相关从业人员以及政府职能部门，切实按照生物安全体系规范要求自己，各司其职，控制病原微生物传播、改善奶牛饲养环境与营养、加强监测与监管，奶牛养殖健康、生产优质高产原料奶、获得良好养殖效益的养殖目标一定会实现。

九、奶牛群的控制和奶牛福利

（一）奶牛群的控制

奶牛群的控制，包括两个方面的含义：一是通过奶牛育种和检疫，尽可能减少在奶牛进入养殖场之前的病原携带；二是通过日常饲养管理，增强奶牛群的抗病能力和减少疫病的侵袭。

不同类型、品种或品系的奶牛，对特定疫病的易感性存在很大差异，在育种过程中应有目的地加以控制和利用，逐步淘汰对特定疫病易感性强的奶牛，因生产性能优良需要保留和利用的奶牛，则应注意对其易感性特定疫病加强防范。

（二）奶牛群结构的控制

奶牛群结构的控制包含了以下几个方面的要求：一是引进对病原控制清楚的奶牛群，养殖场引进奶牛均应来自非疫区无特定奶牛疫病的种畜场，引进的奶牛必须进行严格的检疫；二是避免将不同来源的奶牛混群饲养，不同品种、年龄和来源的奶牛应尽可能分舍隔离饲养，特别是新引进的种奶牛至少要隔离饲养一个月以上，确认无病，方可与本场奶牛配种或混群饲养。

（三）奶牛福利问题

奶牛福利是近年来欧美发达国家，特别是欧洲国家提出的新的奶牛饲养观念，其内容是尊重奶牛作为生命应享有的权利，为家畜尽可能提供舒适的相对自由的“接近天然的”饲养环境和饲养条件。奶牛生物安全体系中的奶牛福利与奶牛疫病综合性防治中的加强饲养管理不同，前者的出发点是奶牛，目的是能够使奶牛“享受到像奶牛一样生活的欢乐”，后者的出发点是人类，目的是减少奶牛的应激，增强奶牛的抗病能力和为人类提供优质的奶牛产品。目前，欧洲许多国家正通过立法等手段确立和保护奶牛福利。而我国近年来兴起的生态养殖或绿色养殖，在模拟自然环境中以自然光照、天然饲料养殖家畜，使奶牛具有充分的运动空间，并尽可能地减少药物和疫苗的使用。尽管出发点明显不同，但是实质上是充分照顾了奶牛福利的养殖方式。可以肯定随着我国人民对无公害、天然和绿色乳品需求的增加，这种奶牛养殖方式将越来越普遍和广泛。

第二节　奶牛布氏杆菌病、结核病防控和净化

一、布氏杆菌病

布氏杆菌病是由布氏杆菌属细菌引起的人兽共患的常见传染病。世界动物卫生组织(OIE)列为法定报告传染病，我国将其列为二类动物疫病。本病主要引起雌性动物流产、不孕等为特征，故又称之为传染性流产病；雄性动物则出现睾丸炎；人也可感染，表现为长期发热、多汗、关节痛、神经痛及肝、脾肿大等症状。本病严重损害人和动物的健康。

1. 病原学

布氏杆菌又名布鲁杆菌，为布氏杆菌属(*Brucella*)，革兰阴性短小杆菌，初次分离时多呈球状和卵圆形，传代培养后渐呈短小杆状。菌体无鞭毛，不形成芽孢，有毒力的菌株可带菲薄的荚膜。根据布氏杆菌的病原性、生化特性等可分为 6 个种，即马耳他布氏杆菌(羊布氏杆菌)、流产布氏杆菌(牛布氏杆菌)、猪布氏杆菌、绵羊附睾种布氏杆菌、沙林鼠布氏杆菌和犬布氏杆菌(见表 11－1)。多种动物和人对布氏杆菌易感。由于种的不同，所受害的动物也不完全一致。临诊上以羊、牛、猪三种布氏杆菌病的意义最大，羊布氏杆菌的致病力最强，其次为牛布氏杆菌。

表 11－1　布氏杆菌属的 6 个种和主要易感动物

种	主要易感动物
羊种布氏杆菌(*Brucella melitensis*)	羊、牛
牛种布氏杆菌(*Brucella abortus*)	牛、羊
猪种布氏杆菌(*Brucella suis*)	猪
绵羊附睾种布氏杆菌(*Brucella ovis*)	绵羊
犬种布氏杆菌(*Brucella canis*)	犬
沙林鼠种布氏杆菌(*Brucella neotomae*)	沙林鼠

布氏杆菌在自然环境中生命力较强，在患病动物的分泌物、排泄物及病死动物的脏器中能生存 4 个月左右；在干燥的土壤中，可生存 2 个月以上；在毛、皮中可生存 3～4 个月之久。但由于气温、酸碱度的不同，各个种的细菌在自然条件下的生存时间则有差异。在日光直射、消毒药的作用下和干燥条件下，抵抗力较弱，在腐败的动物体中很快死亡；60℃ 30min、80～95℃ 5min 可将其杀死；对常用化学消毒剂均较敏感。

2. 流行病学

布氏杆菌是一种细胞内寄生的病原菌，主要侵害动物的淋巴系统和生殖系统。病畜主要通过流产物、精液和乳汁排菌，污染环境。

牛、羊、猪的易感性最强。母畜比公畜,成年畜比幼年畜发病多。在母畜中,第一次妊娠母畜发病较多。带菌动物,尤其是病畜的流产胎儿、胎衣是主要传染源。消化道、呼吸道、生殖道是主要的感染途径,也可通过损伤的皮肤、黏膜等感染。常呈地方性流行。

人主要通过皮肤、黏膜、消化道和呼吸道感染,尤其以感染羊种布氏杆菌、牛种布氏杆菌最为严重。猪种布氏杆菌感染人较少见,犬种布氏杆菌感染人罕见,绵羊附睾种布氏杆菌、沙林鼠种布氏杆菌基本不感染人。

本病一年四季都有发生,但有明显的季节性。羊种布氏杆菌病春季开始,夏季达高峰,秋季下降;牛种布氏杆菌病以夏秋季节发病率较高。牧区发病率明显高于农区,牧区存在自然疫源地,但其流行强度受布氏杆菌种、菌型及气候、牧场管理等情况的影响。检疫制度不健全,集市贸易和频繁的流动,毛、皮收购与销售等,都能促进布氏杆菌病的传播。暴风雪、洪水或干旱的袭击,迫使家畜到处流窜,也很容易增加传播机会,甚至暴发成灾。动物是长期带菌者,除相互传染外,还能传染给人。

3. 临诊症状

潜伏期一般为 14～180 天。

最显著症状是怀孕母畜发生流产,流产后可能发生胎衣滞留和子宫内膜炎,从阴道流出污秽不洁、恶臭的分泌物。新发病的畜群流产较多;老疫区畜群发生流产的较少,但发生子宫内膜炎、乳腺炎、关节炎、胎衣滞留、久配不孕的较多。早期流产的犊,常在流产前已经死亡。发育完全的犊牛,流产后可存活 1～2 天。公畜往往发生睾丸炎、附睾炎或关节炎。公牛发生睾丸炎和附睾炎,睾丸肿大,触之疼痛。

4. 病理变化

主要病变为生殖器官的炎性坏死,脾、淋巴结、肝、肾等器官形成特征性肉芽肿(布氏杆菌病结节)。有的可见关节炎。胎儿主要呈败血症病变,浆膜和黏膜有出血点和出血斑,皮下结缔组织发生浆液性、出血性炎症。

5. 诊断

布氏杆菌病的诊断主要是依据流行病学、临诊症状和实验室检查。根据流行病学和临诊症状发现可疑患病动物时,要通过实验室的细菌学、生物学或血清学检测进行确诊。

(1)样品采集　病原学检测用样品可采集流产胎儿、胎盘、阴道分泌物或乳汁、肝、脾、淋巴结等组织样品。血清学检测用样品可采集发病动物的血液并制备血清。

(2)病原学诊断

1)镜检　采集流产胎衣、绒毛膜水肿液、肝、脾、淋巴结、胎儿胃内容物等组织,制成抹片,用柯兹罗夫斯基染色法染色,镜检,布氏杆菌为红色球杆状小杆菌,而其他菌为蓝色。

2)分离培养　新鲜病料可用胰蛋白胨琼脂面或血液琼脂斜面、肝汤琼脂斜面、3%甘油 0.5%葡萄糖肝汤琼脂斜面等培养基培养;若为陈旧病料或污染病料,可用选择性培养基培养。培养时，一份在普通条件下，另一份放于含有5%～10%二氧化碳的环境中，37℃培养7～10天。然后进行菌落特征检查和单价特异性抗血清凝集试验。为使防治措施有更好的针对性，还需做种型鉴定。

如病料被污染或含菌极少时，可将病料用生理盐水稀释5～10倍，健康豚鼠腹腔内注射0.1～0.3ml/只。如果病料腐败时，可接种于豚鼠的股内侧皮下。接种后4～8周，将豚鼠扑杀，从肝、脾分离培养布氏杆菌。

(3)血清学诊断　动物感染布氏杆菌后5～7天，血液中即可出现凝集素并在流产后7～15天达到最高峰，经一定时期逐渐下降。血清中的补体结合抗体的出现晚于凝集素，一般出现于感染后2周左右，但持续时间长；通常凝集试验滴度降至疑似或阴性时，补体结合反应仍为阳性。因此，检查血液中所出现的各种抗体，对分析病情的发生发展具有一定意义。常用的检测方法包括布氏杆菌抗原凝集试验、补体结合试验、间接酶联免疫吸附试验和布氏杆菌皮肤变态反应等。

- 虎红平板凝集试验(RBPT)(见GB/T 18646)
- 全乳环状试验(MRT)(见GB/T 18646)
- 试管凝集试验(SAT)(见GB/T 18646)
- 补体结合试验(CFT)(见GB/T 18646)

(3)结果判定　县级以上动物防疫监督机构负责布氏杆菌病诊断结果的判定。

凡符合布氏杆菌病流行病学特征、临床症状和病理变化的动物判为疑似疫情，在符合疑似的前提下，病原学检诊断结果中任何一项为阳性的判为患病动物。

未免疫牛的结果判定如下：

虎红平板凝集试验或全乳环状试验结果阳性时，判定为疑似患病动物。分离培养或试管凝集试验或补体结合试验结果阳性时，判定为患病动物。

判定为疑似患病动物前提下，若试管凝集试验或补体结合试验结果任一项为阴性时，30天后应重新采样检测，虎红平板凝集试验或试管凝集试验或补体结合试验结果为阳性的判定为患病动物。

6.疫情报告及处置

(1)报告　任何单位和个人发现疑似疫情，应当及时向当地动物防疫监督机构报告。动物防疫监督机构接到疫情报告并确认后，按《动物疫情报告管理办法》及有关规定及时上报。

(2)处置　发现疑似疫情，畜主应限制动物移动；对疑似患病动物应立即隔离。并由动物防疫监督机构及时派员到现场进行调查核实，开展实验室诊断。当确诊为布氏杆菌病患病牛后，当地人民政府应组织有关部门按下列要求处理：一是对患病动物全部扑杀。二是对受威胁的畜群(病畜的同群畜)实施隔离，可采用圈养和固定草场放牧两种方式隔离。三是对患病动物及其流产胎儿、胎衣、排泄物、乳、乳制品等按照GB 16548—1996《畜禽病害肉尸及其产品无害化处理规程》进行无害化处理。

当地动物防疫监督机构应及时开展流行病学调查和疫源追踪，对同群动物进行检测。

要对患病动物污染的场所、用具、物品进行严格消毒。饲养场的金属设施、设备可采取火焰、熏蒸等方式消毒；养畜场的圈舍、场地、车辆等，可选用2%氢氧化钠等有效消毒药消毒；饲养场的饲料、垫料等，可采取深埋发酵处理或焚烧处理；粪便消毒采取堆积密封发酵方式。皮毛消毒用环氧乙烷、福尔马林熏蒸等。

7. 预防和控制

布氏杆菌病的传播机会较多，在防控方法上，必须采取综合性防控措施，早期发现病畜，彻底消灭传染源和切断传播途径，防止疫情扩散。对非疫区以监测为主；稳定控制区以监测净化为主；控制区和疫区实行监测、扑杀和免疫相结合的综合防治措施。

布氏杆菌病的非疫区，应通过严格的动物检疫阻止带菌动物引入该区；加强动物群的保护措施，不从疫区引进可能被病菌污染的饲草、饲料和动物产品；尽量减少动物群的移动，防止误入疫区。

疫区应采取有效措施控制其流行。对易感动物群每2～3个月进行一次检疫，检出的阳性动物及时清除淘汰，直至全群获得两次以上阴性结果为止。如果动物群经过多次检疫并将患病动物淘汰后仍有阳性动物不断出现，则可应用菌苗进行预防注射。

（1）免疫接种　采用菌苗接种，提高畜群免疫力，是综合性防控措施中的重要一环。除不受感染威胁的健康畜群及清净的种畜场外，其他畜群均宜进行预防接种。如畜群中有散在的阳性病畜和有受外围环境侵入的危险时，应及早进行接种。

当布氏杆菌疫情呈地方性流行的区域，应采取免疫接种的方法免疫接种范围内的牛。根据当地疫情，确定免疫对象。疫苗可选择布病疫苗S2株、A19株、M5、S19株以及经农业部批准生产的其他疫苗。

各种活菌苗，虽属弱毒菌苗，但仍具有一定的剩余毒力，为此防疫中的有关人员应注意加强自身的生物安全防护。

（2）监测　监测方法可采用流行病学调查、血清学诊断方法，结合病原学诊断进行监测。在免疫地区：对新生动物、未免疫动物、免疫一年半或口服免疫一年以后的动物进行监测。监测至少每年进行一次，牧区县抽检300头（只）以上，农区和半农半牧区抽检200头（只）以上。非免疫地区：监测至少每年进行一次。达到控制标准的牧区县抽检1 000头（只）以上，农区和半农半牧区抽检500头（只）以上；达到稳定控制标准的牧区县抽检500头（只）以上，农区和半农半牧区抽检200头（只）以上。

所有的奶牛、奶山羊和种畜每年应进行两次血清学监测。对成年动物监测时，羊在5月龄以上，牛在8月龄以上，怀孕动物则在第一胎产后半个月至1个月间进行；对S2、M5、S19疫苗免疫接种过的动物，在接种后18个月进行。

要按要求使用和填写监测结果报告，并及时上报。当判断为患病动物时，按疫情处置规定处理。

（3）检疫　切断传播途径，防止疫情扩大。杜绝污染群、病牛群与清净地区的牛群接触，人员往来、工具使用、牧区划分和水源管理等必须严加控制。异地调运的动物，必须来自非疫区，凭当地动物防疫监督机构出具的检疫合格证明调运。动物防疫监督机构应对调运的种用、乳用、役用动物进行实验室检测。检测合格后，方可出具检疫合格证明。调入后应隔离饲养30天，经当地动物防疫监督机构检疫合格后，方可解除隔离。

(4)防疫监督　世界动物卫生组织列为法定报告传染病，我国将其列为二类动物疫病。布氏杆菌病监测合格应为奶牛场、种畜场《动物防疫合格证》发放或审验的必备条件。动物防疫监督机构要对辖区内奶牛场、种畜场的检疫净化情况监督检查。鲜奶收购点(站)必须凭奶牛健康证明收购鲜奶。

8.公共卫生

人类布氏杆菌病的流行特点是患病与职业有密切关系，凡与病畜、染菌畜产品接触多的如畜牧兽医人员、屠宰工人、皮毛工等，其感染和发病显著高于其他职业。本病虽然一年四季各月均有发病，但有明显季节性。夏季由于剪羊毛、挤奶，有吃生奶者，为发病高峰。人对布氏杆菌病的易感性，主要取决于接触传染机会的多少，与年龄、性别无关。羊种布氏杆菌对人有较强的侵袭力和致病性，易引起暴发流行，疫情重，且大多出现典型临床症状；牛种布氏杆菌疫区，感染率高而发病率低，呈散在发病。

人感染布氏杆菌病潜伏期长短不一。其长短与侵入机体病原菌的菌型、毒力、菌量及机体抵抗力等诸因素有关。一般情况下，潜伏期为1～3周，平均为2周。多数病例发病缓慢(占90%)。

发病缓慢者，常出现前驱期症状。其临床表现颇似重感冒，全身不适，乏力倦怠，食欲减退，肌肉或大关节酸痛、头痛、失眠、出汗等。发病急者，一般没有前驱期症状，或易被忽略，一开始就表现为恶寒、发热、多汗等急性期症状。

急性期和亚急性期主要症状是持续性发热。有的患者热型呈波浪状，但多数病例的体温呈间歇热、弛张热型，或是不规则的长期低热。出汗是急性期布氏杆菌病的另一主要症状。骨关节、肌肉和神经痛等，也是重要的症状。其他症状还有乏力衰弱，食欲不振，腹泻或便秘，部分病人有顽固性咳嗽，少数女患者可出现乳房肿痛，极个别情况下可流产。个别病例可侵害到肠系膜淋巴结而出现剧烈腹痛，往往被误诊为“急腹症”。

慢性期患者主要表现为乏力、倦怠、顽固性的关节和肌肉疼痛。性质多为持续性钝痛或游走痛，肢体活动受障碍。部分患者最后可导致骨质破坏，关节面粗糙或关节强直。有的患者出现关节腔积液，滑液囊炎，腱鞘炎，关节周围小脓肿样的包块。有的患者肢体不能伸直。

对人的布氏杆菌病防疫措施如下：

(1)加强个人防护　主要防护装备有工作服、口罩、帽子、胶鞋、围裙、橡胶或乳胶手套、线手套、套袖、面罩等。工作人员可根据工作性质不同，酌情选用。

各种防护装备的作用在于保护人体，防止布氏杆菌侵入体内。因此，必须合理使用，妥善保管，认真消毒。

(2)提高人群的免疫力　接种104M菌苗使人群对布氏杆菌的易感性降低，但由于布氏杆菌苗重复接种会产生迟发性变态反应，甚至造成病毒损害。所以在接种前要进行皮内变态反应检查，阴性者方可接种，阳性者不应接种。

我国对人应用 104M 菌苗免疫，接种方法为皮上划痕，剂量为 50 亿菌体/人。严禁肌内、皮下或皮内注射。

接种对象为密切接触布病疫区家畜和畜产品的人员，以及其他可能遭受布病威胁的人员，但需经布氏菌素皮内变态反应检查和血清学检查为阴性者。

农牧区人群的接种，应在家畜产子旺季前 2～3 个月进行。其他职业人群，宜在生产旺季前 2～3 个月接种。

(3)定期进行健康检查，规范免疫操作　饲养人员每年要定期进行健康检查，发现患有布氏杆菌病的应调离岗位，及时治疗。由于弱毒疫苗对人有一定的致病力，免疫人员大量接触可引起感染，因此在进行牛群布氏杆菌病疫苗免疫时，应加强人员防护，并对用过的器具和疫苗瓶采取焚烧、煮沸、高压、深埋等方法进行消毒和无害化处理。

二、牛结核病

牛结核病(*Bovine Tuberculosis*)是由牛型结核分枝杆菌(*Mycobacterium bovis*)引起的一种人兽共患的慢性传染病。临诊特征是病程缓慢、渐进性消瘦、咳嗽、衰竭，病理特征是在体内多种组织器官中形成特征性肉芽肿、干酪样坏死和钙化的结节性病灶。世界动物卫生组织列为法定报告传染病，我国将其列为二类动物疫病。

1. 病原学

结核分枝杆菌主要分三个型：即牛分枝杆菌(牛型)、结核分枝杆菌(人型)和禽分枝杆菌(禽型)。牛结核病的病原主要为牛型，人型、禽型也可引起本病。

本菌为平直或微弯的细长杆菌，大小为(0.2～0.6)μm×(1.0～10)μm，在陈旧培养基上或干酪性淋巴结内的菌体，偶尔可见分枝现象，常呈单独或平行排列。不产生芽孢，无荚膜，不能运动。牛分枝杆菌比人型短而粗，菌体着色不均匀，常呈颗粒状。革兰染色阳性，用可鉴别分枝杆菌的 Ziehl－Neelsen(齐尼)抗酸染色法染成红色。

本菌对外界环境有较强的抵抗力，特别是对干燥、腐败及一般消毒药耐受性强，在干燥的痰中可生存 10 个月，粪便内可生存 5 个月，在奶中可存活 90 天。对低温抵抗力强，在 0℃可存活 4～5 个月。对直射阳光和湿热的抵抗力较弱，水中 60～70℃经 10～15min、100℃水中立即死亡，对紫外线敏感，波长 265nm 的紫外线杀菌力最强。一般的消毒药作用不大，对无机酸、有机酸、碱类和季铵盐类有抵抗力。5%来苏儿 48h，5%甲醛溶液 12h 方可杀死本菌，而在 70%的乙醇溶液、10%漂白粉溶液中很快死亡，碘化物消毒效果最佳。

本菌对磺胺药、青霉素和其他广谱抗生素均不敏感，而对链霉素、异烟肼、利福平、乙胺丁醇、卡那霉素、对氨基水杨酸、环丝氨酸等药物有不同程度的敏感性。但长期应用上述药物治疗结核病易产生抗药菌株。白及、百部、黄芩等中草药对本菌有一定程度的抑制作用。

2. 流行病学

本病奶牛最易感，其次为水牛、黄牛、牦牛。人也可被感染。病牛是本病的主要传染源。牛型结核分枝杆菌随鼻汁、痰液、粪便和乳汁等排出体外，健康牛可通过被污染的空气、饲料、饮水等经呼吸道、消化道等途径感染。犊牛的感染主要是吮吸带菌奶或喂了病牛奶而引起。成年牛多因与病牛、病人直接接触而感染。

牛结核病多呈散发性。无明显的季节性和地区性。各种年龄的牛均可感染发病。饲养管理不当，营养不良，使役过重，牛舍过于拥挤、通风不良、潮湿、阳光不足、卫生条件差、缺乏运动等是造成本病扩散的重要因素。

3. 临床症状

潜伏期一般为3～6周，有的可长达数月或数年。

临床通常呈慢性经过，以肺结核、乳房结核和肠结核最为常见。

肺结核：以长期顽固性干咳为特征，且以清晨最为明显。患畜容易疲劳，逐渐消瘦，病情严重者可见呼吸困难。

乳房结核：一般先是乳房淋巴结肿大，继而后方乳腺区发生局限性或弥漫性硬结，硬结无热无痛，表面凹凸不平。泌乳量下降，乳汁变稀，严重时乳腺萎缩，泌乳停止。

肠结核：多见于犊牛，消瘦，持续下痢与便秘交替出现，粪便常带血或脓汁，味腥臭。

淋巴结核：不是一个独立病型，各种结核病的附近淋巴结都可能发生病变。常见肩前、股前、腹股沟、颌下、咽及颈淋巴结等肿大，无热痛。

神经结核：中枢神经系统受侵害时，在脑和脑膜等可发生粟粒状或干酪样结核，常引起神经症状，如癫痫样发作，运动障碍等。

4. 病理变化

在肺脏、乳房和胃肠黏膜等处形成特异性白色或黄白色结节。结节大小不一，切面干酪样坏死或钙化，有时坏死组织溶解和软化，排出后形成空洞。胸膜和肺膜可发生密集的结核结节，呈粟粒大至豌豆大的半透明灰白色坚硬的结节，形似珍珠状，称为“珍珠病”。胃肠黏膜可能有大小不等的结核结节或溃疡。乳房结核多发生于进行性病例，剖开可见有大小不等的病灶，内含有干酪样物质。

5. 诊断

当发现动物呈现不明原因的逐渐消瘦、咳嗽、肺部异常、慢性乳腺炎、顽固性下痢、体表淋巴结慢性肿胀等症状时，可怀疑为本病。确诊需进一步做病原学诊断或免疫学诊断等实验室诊断。

(1)病原学诊断　采集病牛的病灶、痰、尿、粪便、乳及其他分泌物样品，做抹片或集菌处理后抹片，用抗酸染色法染色镜检，并进行病原分离培养和动物接种等试验。

痰液或乳汁等样品，由于含菌量较少，如直接涂片镜检往往是阴性结果。此外，在培养或做动物试验时，常因污染杂菌生长较快，使病原结核分枝杆菌被抑制。下列几种消化浓缩方法可使检验标本中蛋白质溶解、杀灭污染杂菌，而结核分枝杆菌因有蜡质外膜而不死亡，并得到浓缩。

1)硫酸消化法　用4%～6%硫酸溶液将痰、尿、粪或病灶组织等按1∶5之比例加入混合，然后置37℃作用1～2h，经3 000～4 000转/min离心30min，弃上清，取沉淀物涂片镜检、培养和接种动物。也可用硫酸消化浓缩后，在沉淀物中加入3%氢氧化钠中和，然后抹片镜检、培养和接种动物。

2)氢氧化钠消化法　取氢氧化钠35～40g，钾明矾2g，溴麝香草酚蓝20mg(预先用60%乙醇配制成0.4%浓度，应用时按比例加入)，蒸馏水1 000ml混合，即为氢氧化钠消化液。

将被检的痰、尿、粪便或病灶组织按1∶5的比例加入氢氧化钠消化液中，混匀后，37℃作用2～3h，然后无菌滴加5%～10%盐酸溶液进行中和，使标本的pH调到6.8左右(此时显淡黄绿色)，以3 000～4 000转/min离心15～20min，弃上清液，取沉淀物涂片镜检、培养和接种动物。

在病料中加入等量的4%氢氧化钠溶液，充分振摇5～10min，然后用3 000转/min离心15～20min，弃上清，加1滴酚红指示剂于沉淀物中，用2N盐酸中和至淡红色，然后取沉淀物涂片镜检、培养和接种动物。

在痰液或小脓块中加入等量的1%氢氧化钠溶液，充分振摇15min，然后用3 000转/min离心30min，取沉淀物涂片镜检、培养和接种动物。

对痰液的消化浓缩也可采用以下较温和的处理方法：取1N(或4%)氢氧化钠水溶液50ml，0.1mol/l柠檬酸钠50ml，N-乙酰-L-半胱氨酸0.5g，混合。取痰一份，加上述溶液2份，作用24～48h，以3 000转/min离心15min，取沉淀物涂片镜检、培养和接种动物。

3)安替福民(Antiformin)沉淀浓缩法

溶液A：碳酸钠12g、漂白粉8g、蒸馏水80ml。

溶液B：氢氧化钠15g、蒸馏水85ml。

应用时A、B两液等量混合，再用蒸馏水稀释成15%～20%后使用，该溶液须存放于棕色瓶内。

将被检样品置于试管中，加入3～4倍量的15%～20%安替福民溶液，充分摇匀后37℃作用1h，加1～2倍量的灭菌蒸馏水，摇匀，3 000～4 000转/min离心20～30min，弃上清沉淀物加蒸馏水恢复原量后再离心一次，取沉淀物涂片镜检、培养和接种动物。

(2)免疫学试验　按照GB/T 18645—2002方法进行牛型结核分枝杆菌PPD(提纯蛋白衍生物)皮内变态反应试验(即牛提纯结核菌素皮内变态反应试验)。

(3)结果判定　本病依据流行病学特点、临床特征、病理变化可做出初步诊断。确诊需进一步做病原学诊断或免疫学诊断。①分离出结核分枝杆菌(包括牛结核分枝杆菌、结核分枝杆菌)判为结核病牛。②迟发性过敏试验：皮内注射牛结核菌素，72h后测量注射部位的肿胀程度(本法为测定牛结核病的标准方法，也为国际贸易指定的诊断方法)。牛型结核分枝杆菌PPD皮内变态反应试验阳性的牛，判为结核病牛。

❍ 阳性反应：局部有明显的炎性反应，皮厚差大于或等于 4.0mm。

❍ 疑似反应：局部炎性反应不明显，皮厚差大于或等于 2.0mm、小于4.0mm。

❍ 阴性反应：无炎性反应。皮厚差在 2.0mm 以下。

凡判定为疑似反应的牛，于第一次检疫 60 天后进行复检，其结果仍为疑似反应时，经 60 天再复检，如仍为疑似反应，应判为阳性。

6. 疫情报告及处置

(1)报告　任何单位和个人发现疑似病牛，应当及时向当地动物防疫监督机构报告。动物防疫监督机构接到疫情报告并确认后，按《动物疫情报告管理办法》及有关规定及时上报。

(2)处理　发现疑似疫情，畜主应限制动物移动；对疑似患病动物应立即隔离。动物防疫监督机构要及时派员到现场进行调查核实，开展实验室诊断。确诊后，当地人民政府组织有关部门按下列要求处理：

一是对患病动物全部扑杀。二是对受威胁的畜群（病畜的同群畜）实施隔离，可采用圈养和固定草场放牧两种方式隔离。隔离饲养用草场，不要靠近交通要道、居民点或人畜密集的地区。场地周围最好有自然屏障或人工栅栏。对隔离畜群的结核病净化，按净化措施进行。三是对病死和扑杀的病畜，要按照 GB 16548—1996《畜禽病害肉尸及其产品无害化处理规程》进行无害化处理。四是要及时开展流行病学调查和疫源追踪；对同群动物进行检测。

对病畜和阳性畜污染的场所、用具、物品进行严格消毒。对饲养场的金属设施、设备可采取火焰、熏蒸等方式消毒；养畜场的圈舍、场地、车辆等，可选用 2%氢氧化钠等有效消毒药消毒；饲养场的饲料、垫料可采取深埋发酵处理或焚烧处理；粪便采取堆积密封发酵方式，以及其他相应的有效消毒方式。

发生重大牛结核病疫情时，当地县级以上人民政府应按照《重大动物疫情应急条例》有关规定，采取相应的疫情扑灭措施。

7. 预防与净化

采取以“监测、检疫、扑杀和消毒”相结合的综合性防治措施。该病的综合性防控措施通常包括以下几方面，即加强引进动物的检疫，防止引进带菌动物；净化污染群，培育健康动物群；加强饲养管理和环境消毒，增强动物的抗病能力、消灭环境中存在的牛分枝杆菌等。

(1)监测　引进动物时，应进行严格的隔离检疫，经结核菌素变态反应确认为阴性时方可解除隔离、混群饲养。

每年对牛群进行反复多次的普检，淘汰变态反应阳性病牛。通常牛群每隔 3 个月进行 1 次检疫，连续 3 次检疫均为阴性者为健康牛群。检出的阳性牛应做无害化处理，其所在的牛群应定期进行检疫和临诊检查，必要时进行病原学检查，以发现可能被感染的病牛。

监测比例为：种牛、奶牛 100%，规模场肉牛 10%，其他牛 5%，疑似病牛 100%。如在牛结核病净化群中（包括犊牛群）检出阳性牛时，应及时扑杀阳性牛，其他牛按假定健康群处理。

成年牛净化群每年春、秋两季用牛型结核分枝杆菌PPD皮内变态反应试验各进行一次监测。新生犊牛，应于20日龄时进行第一次监测。并按规定使用和填写监测结果报告，及时上报。

(2)检疫　异地调运的动物，必须来自非疫区，凭当地动物防疫监督机构出具的检疫合格证明调运。

动物防疫监督机构应对调运的种用、乳用、役用动物进行实验室检测。检测合格后，方可出具检疫合格证明。调入后应隔离饲养30天，经当地动物防疫监督机构检疫合格后，方可解除隔离。

(3)人员防护　饲养人员每年要定期进行健康检查。发现患有结核病的应调离岗位，及时治疗。

(4)防疫监督　结核病监测合格应为奶牛场、种畜场《动物防疫合格证》发放或审验的必备条件。动物防疫监督机构要对辖区内奶牛场、种畜场的检疫净化情况监督检查。鲜奶收购点(站)必须凭奶牛健康证明收购鲜奶。

(5)净化　被确诊为结核病牛的牛群(场)为牛结核病污染群(场)，应全部实施牛结核病净化。

1)牛结核病净化群(场)的建立　污染牛群的处理：应用牛型结核分枝杆菌PPD皮内变态反应试验对该牛群进行反复监测，每次间隔3个月，发现阳性牛及时扑杀。

犊牛应于20日龄时进行第一次监测，100～120日龄时，进行第二次监测。凡连续两次以上监测结果均为阴性者，可认为是牛结核病净化群。

凡牛型结核分枝杆菌PPD皮内变态反应试验疑似反应者，于42天后进行复检，复检结果为阳性，则按阳性牛处理；若仍呈疑似反应则间隔42天再复检一次，结果仍为可疑反应者，视同阳性牛处理。

2)隔离　疑似结核病牛或牛型结核分枝杆菌PPD皮内变态反应试验可疑畜须隔离复检。

3)消毒　①临时消毒。奶牛群中检出并剔出结核病牛后，牛舍、用具及运动场所等按照规定进行紧急消毒处理。常用的消毒药为20%石灰水或20%漂白粉悬液。②经常性消毒。饲养场及牛舍出入口处，应设置消毒池，内置有效消毒剂，如3%～5%来苏儿溶液或20%石灰乳等。消毒药要定期更换，以保证一定的药效。牛舍内的一切用具应定期消毒；产房每周进行一次大消毒，分娩室在临产牛生产前及分娩后各进行一次消毒。

(6)加强饲养环节的管理　牛饲养场生产区应与生活区严格分开；奶牛场内不应饲养猫、狗、猪、鸡、鸭等动物，并应禁止其他动物出入；消灭鼠、蝇等传播媒介。

8. 公共卫生

病人和牛互相感染的现象在结核病防控中应当充分注意。人结核病多由牛分枝杆菌所致，特别是儿童常因饮用带菌牛奶而感染，所以饮用消毒牛奶是预防人患结核病的一项重要措施。但为了消灭传染源，必须对牛群进行定期检疫，无害化处理病牛才是最有效的办法。

附录1

中国荷斯坦母牛编号规则

一、编号规则

牛编号由12个字符组成,分为4个部分,2位省(区市)代码+4位牛场号+2位出生年度号+4位牛号如下图所示:

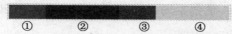

(1)省(区、市)代码　统一按照国家行政区划编码确定,由2位数组成,第一位是国家行政区划号,第二位是区划内编号。例如,北京市属"华北",编码是"1","北京市"是"1"。因此,北京编号为"11"。各省(区、市)代码见表1:

表1　全国省(区、市)编码

省别	代码	省别	代码	省别	代码
北京	11	安徽	34	贵州	52
天津	12	福建	35	云南	53
河北	13	江西	36	西藏	54
山西	14	山东	37	重庆	55
内蒙古	15	河南	41	陕西	61
辽宁	21	湖北	42	甘肃	62
吉林	22	湖南	43	青海	63
黑龙江	23	广东	44	宁夏	64
上海	31	广西	45	新疆	65
江苏	32	海南	46	台湾	71
浙江	33	四川	51		

(2)牛场编号由4位数组成　第一位用英文字母代表并顺序编写如A,B,C,D,C,E,F,G,…,Z,后3位代表牛场顺序号,则用阿拉伯数字表示,即1,2,3,4,5,6……

例如,A001……A999时,应编写B001……B999后,应编写C001……C999,依次类推。本编号由各省(区、市)畜牧行政主管部门统一编制,编号报送农业部备案,并抄送中国奶协数据处理中心。

(3)牛只出生年度编号由2位数组成　统一采用年度的后2位数。例如,2007

年出生即为“07”。

(4)牛只出生顺序号由 4 位数组成　用阿拉伯数字表示,即 1,2,3,4,5,6……不足 4 位数的用 0 补齐,顺序号由牛场(小区或专业户)自行编订。

二、编号使用

- 本编号标准用于荷斯坦奶牛的登记。
- 12 位牛只登记号只出现在牛只档案或谱系上。
- 在登记时,对现有在群牛只如与登记标准不符的,必须使用本标准重新进行编号,若出生日期不详的牛只,则不予登记。
- 牛只编号标准考虑到牛场内部的管理与使用,可采用编号的后 6 位作为牛场内管理使用号。

举例:北京市西郊一队奶牛场,一头荷斯坦母牛出生于 2007 年,出生顺序为第 89 个,其编号办法如下:

北京市编号为 11,该牛场在北京的编号为 A001,牛只出生年度编号为 07,出生顺序号为 0089。因此,该母牛国家统一编号为 11A001070089,牛场内部管理号为 070089。

附录 2

DHI测定采样操作规范

1 采样前准备

清点所用流量计数量，采样瓶数量，采样记录表等。

开始挤乳前15min安装好流量计，安装时注意流量计的进乳口和出乳口，确保流量计倾斜度在±5°，以保证读数准确。在采样记录表上填好牛场号、班组号、产乳量。

2 采样操作

2.1 每头牛的采样量为40ml，三次挤乳一般按4∶3∶3(早∶中∶晚)比例取样。

2.2 每次采样要准确读数，正确记录。读数时眼睛应平视流量计刻度。发现流量计流量有明显出入时，应及时查明原因并予处理。

2.3 每次采样必须经过两个容器反复混合至少三次，再倒入采样瓶。

2.4 将乳样从流量计中取出后，应把流量计中的剩乳完全倒空，不能有叠乳现象。

2.5 每完成一次取样，确保采样瓶中的防腐剂完全溶解，并与乳样混匀。

2.6 采样结束后，样品箱必须放在安全的地方，天气炎热时，可将乳样放置于冷藏室(2～7℃)，不可冷冻，或放在通风阴凉处，避免阳光直射。

2.7 若有样品倒翻，在采样记录表上做好记录，确保采样记录表上的数量与样品箱内的数量相符。

2.8 样品筐(箱)的标签上应准确填写牛场名称、牛舍号或筐(箱)号；采样记录表应填写取样日期、牛场名称、牛舍或筐(箱)号、牛号、日产乳量，核对后由取样人签名。

3 流量计的清洗

每班次采样结束后，应将流量计清洗干净。

4 不同挤乳方式的采样注意点

4.1 管道式挤乳

流量计的个数与挤乳杯组数一致，流量计的悬挂必须与地面垂直。保证计量准确。

4.2 挤乳台挤乳

采样前先将牛号从小到大排序，以方便查找和记录。有自动产量记录功能的无须在采样记录表上填写。

4.3 手工挤乳

附录 3

河南省畜牧局
实施奶牛单产提升行动方案

各省辖市、省直管试点县(市)畜牧局:

为贯彻落实《河南省人民政府办公厅关于实施千万吨奶业跨越工程的意见》(豫政〔2011〕110 号)(以下简称“意见”),在大力发展标准化规模养殖、迅速扩张奶牛种群数量的同时,依靠科技进步,挖掘内涵潜力,快速提升奶牛平均单产,提高养殖效益,激发养殖积极性,做大做强奶业发展基础,确保千万吨奶业目标的顺利实现,省畜牧局决定在全省实施奶牛单产提升行动。

一、工作思路

以“意见”和河南省畜牧局《贯彻落实〈河南省人民政府办公厅千万吨奶业跨越工程的意见〉的实施方案》为指导,重在“持续、提升、统筹、为民”,以省奶业产业体系专家组、省市奶牛单产提升行动专家服务团和广大产学研奶牛科技工作者为技术骨干,以 100 头以上规模养殖场区为主要对象,以研发、培训、指导、咨询等为主要手段,以“全混合日粮技术、紫花苜蓿生产、全株玉米青贮、秸秆饲料加工调制、奶牛专用饲料调配与应用、性控冻精应用、高产奶牛冻精推广、生产性能测定与应用、排泄物无害化处理与资源化利用、奶牛乳腺炎、肢蹄病、代谢病等综合防治以及‘两病’筛查净化等实用技术”等奶牛高产综合配套技术为主要支撑点,以提高奶牛单产和养殖综合效益为目标,“生产、培训、研发”三结合,“行政推动、科技服务、项目扶持”三驱动,抓典型,搞示范,以点带面,快速提升全省奶牛平均单产水平和奶牛养殖效益。

二、发展目标

到 2015 年,全省奶牛平均单产由目前的 5.5t 达到 6.5t,其中单产水平超 8t 的高产奶牛场达到 40 个;2020 年,全省奶牛平均单产达到 7.5t 以上,单产水平超 8t 的高产奶牛场占总规模场数的 50%,单产水平超 9t 的奶牛核心育种场达到 30 个以上。

三、建立充实四支队伍

一是组建河南省奶业产业体系专家组。吸纳理论知识扎实、实践经验丰富的知名专家,重点瞄准奶牛养殖环节关键技术,开展联合攻关,解决重大关键技术难题；制定完善各类技术规范，熟化组装关键配套技术，编制奶牛单产提升技术手册；组织专家会诊，重点指导高产奶牛核心育种场、高产奶牛标准化示范场、省人才孵化中心建设。

二是组建省市奶业技术专家服务团。省市两级分别组建奶牛单产提升专家技术服务团，吸纳具有丰富实践经验的专家和一线技术人员参加，重点对不同单产水平的奶牛场，按不同岗位、不同工种、不同内容进行全覆盖培训、咨询和指导，解决奶牛场实际问题；省服务团、市服务团以及各级畜牧部门应分工协作，密切配合，突出重点，有所侧重，优势互补；注重发挥合作专家的作用，合作专家由省专家组和省专家服务团共同审定，并报省局奶业管理办公室备案。

三是建立省奶业人才孵化中心。依托中荷河南奶业培训示范中心，建立河南省奶业人才孵化中心，重点对有意愿自主创业的优秀大学生、小区养殖户和有一定资本、愿意投资奶牛场的经营者，采取实践性操作培训为主，通过现场指导和示范，结合牛场生产中的奶牛生长流程、饲养管理、疾病防治、粗饲料制作、挤奶、排泄物处理、奶牛保健、质量安全等八大环节，学员深入牛场，把养殖理论融于实践，亲自操作，掌握专业养殖技能和日常管理经验，成为懂技术、会管理、善经营的全能型奶牛场人才。

四是加强省奶业协会机构建设，充实力量，完善职能，健全机制，把奶牛单产提升行动纳入协会重点工作计划，全省所有规模奶牛场都应加入奶业协会。

各地也要结合实际，建立充实相应组织队伍，合力提升奶牛单产水平。

四、积极开展十大活动

一是实施奶业科技联合攻关。由省奶业产业体系专家组在充分调研的基础上，确立攻关方向和课题，开展攻关研究，解决重大关键技术难题。2012 年要制定河南省高产奶牛生产技术规范，关键技术配套和熟化，重点解决乳腺炎防治、“两病”防控程序等。

二是实施全覆盖奶牛单产提升技术培训。省级专家服务团按照片区划分，每年至少对所辖规模养殖场全部轮训一遍。采取现场培训、专家会诊、巡回指导、热线电话、远程网络咨询、24 小时在线服务等多种方式推广奶牛单产提升技术。河南省人才孵化中心要积极开展人才孵化活动，每年至少培训 50 名全能型奶牛场人才。

三是组织开展高产奶牛标准化示范场创建活动。对于设计合理、管理规范、技术精湛、生产水平高、综合效益好的规模养殖场，省局将其作为省高产奶牛标准化示范培训基地，推广其高产经验，充分发挥示范带动作用。

四是组织开展奶牛核心育种场创建活动。在全省范围内，选择一批存栏规模超千头、单产水平超 7t 的标准化规模奶牛场，重点培育，创建奶牛核心群场。达标后，核心育种场单产水平 9t 以上，平均乳脂率 3.7%，乳蛋白率 3.2%。

五是积极开展技术嫁接活动。借鉴外省技术力量或鼓励外省高产奶牛养殖企业，特别是北京、上海、天津等地的高产奶牛养殖企业，与我省奶牛场开展多种形式的技术合作，包括技术承包或托管，嫁接外地技术；省内奶牛养殖企业之间也可参照同样办法，积极开展技术合作和嫁接，提高奶牛单产；选择组织一批饲养管理水平相对较高、发展潜力较大的养殖场，到全国优秀奶牛养殖企业参观学习高产经验，现场培训技术。

六是开辟河南畜牧信息网奶业专栏，及时宣传报道奶牛单产提升行动工作动态、成效经验、技术规范等，并公布奶业专家名单及专业特长，发布技术市场信息；设立专家 120 热线，为奶牛养殖提供技术咨询等。

七是积极开展借脑借智借力活动。结合国家奶牛产业体系岗位科学家举办的金钥匙培训工程、中国奶业协会主办的全国奶业大会和荷斯坦奶农俱乐部等活动，组织奶牛养殖企业积极参与，将我省单产提升行动融入国家奶业培训计划。

八是组织开展奶牛单产提升现场诊断活动。各市县畜牧部门和省市专家服务团要建立规模奶牛场巡诊制度，一年一次，摸清规模奶牛场存在的个性问题，提高技术服务的针对性和实用性；专家组要开展联合会诊，半年一次，对奶牛养殖企业经营管理存在的问题解剖分析，提出解决方案，并组织奶牛养殖企业现场观摩学习培训。计划今年 3 月，结合专家现场会诊，举行奶牛单产提升行动现场推进会。

九是召开奶牛精细化管理经验交流现场会。每年年底组织奶牛养殖企业召开一次精细化管理经验交流现场会，重点推广 TMR 等技术。各地，特别是奶牛养殖大县，要学习偃师经验，建立奶牛养殖例会制度，积极组织奶牛养殖企业开展经验交流等活动。

十是积极开展河南省奶牛单产提升行动考评活动，每两年一次。省局将把奶牛单产提升行动纳入各级畜牧部门考核体系，对奶牛存栏 5 000 头、年单产提升 300 千克以上的县，授予“河南省奶牛单产提升先进县”称号；对单产水平达到 9t、8t、7t 和 6t 的奶牛场分别授予河南省奶牛养殖特级场、一级场、二级场和三级场称号，并发布“河南省奶牛场单产水平排行榜”；对单产排名前 20 名的奶牛发布“河南省奶牛高产排行榜”，对获得单产前三名的奶牛分别授予“河南省奶牛单产金牛杯”、“银牛杯”和“铜牛杯”，对奶牛主分别奖励 5 万元、3 万元和 2 万元；对平均单产连续三年每年增幅超过 300 千克的奶牛场承包服务的专家，将给予表彰。各地也要研究建立激励机制，切实推动奶牛单产提升行动的实施。

五、认真实施五大项目

一是推广性控冻精和高产奶牛冻精技术，提升奶牛品质。各地要借助国家和省奶牛良种补贴项目、高产奶牛性控技术推广项目等，大力推广良种奶牛冻精和性控冻精，快速提升全省奶牛品质。2012 年推广性控冻精 4 万剂，到 2015 年达到 20 万剂。

二是积极开展生产性能测定。各地要大力宣传生产性能测定的意义，协助河南省奶牛生产性能测定中心做好组织工作，力争使奶牛测定数量由目前的 2 万头扩大到 2015 年的 20 万头，2020 年扩大到 50 万头。

三是实施千万吨全株玉米青贮计划。各地要积极引导奶牛养殖企业推广专用饲料玉米品种，大力开展全株玉米青贮。鼓励奶牛大县转变观念，创新机制，探索组建玉米青贮专业服务公司，搞好种植、加工、服务一体化经营。要积极争取农机补贴资金向青贮收割机、运输车辆、铡草机、取料机和TMR机倾斜，抓好对玉米青贮的机械配套服务。到2020年，全省全株青贮玉米1 000万t以上。

四是实施振兴奶业苜蓿发展行动。农业部今年将实施振兴奶业苜蓿发展行动，各地要按3 000亩一个单元，搞好规划，落实地点、落实企业、落实面积，积极申报。到2020年，种植优质紫花苜蓿100万亩，实现草畜配套。

五是大力实施奶牛标准规模场建设。各地要充分利用好国家奶牛标准化规模养殖场区改造资金、省现代农业发展奶牛大县资金和省实施千万吨奶业跨越工程专项资金等，搞好标准化规模养殖场建设，特别要抓好TMR机、排泄物治理、清洁饮水、奶牛福利（卧床、运动场）、消毒净化、可视化等薄弱环节的设施设备建设完善，2015年前，所有规模奶牛场完成标准化改造。要采用出租、转让、收购、租赁、合作、股份等形式，引导养殖小区向规模场集约经营发展转型，逐步实现奶牛养殖一体化管理、标准化生产。

六、切实抓好三项保障

一抓行政推动。奶牛单产水平直接影响奶牛养殖效益，也是衡量奶业发展水平的重要指标。搞好奶牛单产提升行动，对加快我省奶业发展，更好地实施千万吨奶业跨越工程具有重大意义。各地要切实提高认识，把奶牛单产提升行动作为实施千万吨奶业跨越工程的重要抓手，摆上工作日程，科学谋划，制定方案，认真实施，切实抓紧、抓实、抓好；要加强组织领导，指定专门机构和人员，明确任务，落实目标责任。认真开展100头以上奶牛规模养殖场生产经营状况摸底调查，将所有规模奶牛场按单产水平5t以下，5～6t，6～8t和8t以上分类，并与省市专家服务团结合，科学制定每个规模场单产提升措施及目标，从落实每项措施入手，一年一个目标，确保单产提升行动扎实有效；抓典型，搞示范，以点带面。各地要突出重点，优先选择业主积极性高、基础条件较好、增产潜力较大的规模养殖场为对象，根据专家诊断结果，科学制定单产提升的技术路线和方案，尽快培育一批单产提升效果显著的典型，通过现场培训、观摩、经验交流等多种方式，以点带面，逐步推开。

二抓科技服务。省市县三级要形成奶牛单产提升行动“金字塔”服务梯队：县级畜牧部门要组织技术人员与奶牛场建立一对一联系帮扶机制，访场巡诊，摸清家底，完善档案，及时解决奶牛场一般性技术管理问题，反映重大难题；市级畜牧部门和专家服务团要积极与省级专家服务团协作配合，积极做好访场巡诊，充分掌握第一手资料，开展培训、指导和技术咨询，及时解决难度较大的技术管理问题；省级服务团要在市县巡诊的基础上，充分掌握规模奶牛场共性和个性情况，积极开展多种形式的技术培训、指导和咨询，必要时开展现场诊断活动，解决重大技术管理问题；省奶业产业体系专家组重点对市县技术人员培训，必要时组织开展联合会诊，解决重大技术管理疑难问题。

三抓项目扶持。省局将根据资金情况加大对单产提升行动的项目支撑。每年年底将对各省辖市、县(市、区)和规模奶牛场单产提升情况组织考评,考核结果作为次年安排奶牛养殖专项经费的重要依据,对平均单产 7t 以上的县、规模场重点扶持;省局每年将安排一定经费用于奶牛标准化规模场建设、性控冻精推广、高产奶牛冻精推广、生产性能测定、全株玉米青贮、苜蓿发展行动等项目;每年安排一定经费用于专家组和省级专家服务团开展培训、指导、咨询等技术服务活动,各市县也要根据实际安排一定专项经费。

二〇一二年三月二十日

河南省畜牧局
关于成立河南省奶业产业体系专家组的决定

各有关单位：

为深入贯彻执行中共中央《关于加快推进农业科技创新，持续增强农产品供给保障能力的若干意见》精神，推进千万吨奶业跨越工程的科学实施，加快中原经济区建设步伐，与时俱进地研究和解决影响我省奶业发展的重大科技难题，不断加快奶业农科教、产学研一体化进程，持续提升奶业科技进步水平，切实增强科技对奶业的支撑能力，经研究决定成立河南省奶业产业体系专家组。

一、专家组组成

河南省奶业产业体系专家组主要以大专院校、科研院所的全国知名专家为主，适当吸收奶业生产一线专家参与，突出发挥专家的前沿基础理论、研发创新和攻关能力等优势。

专家组组长：高腾云。

专家组副组长：刘太宇。

专家组成员：高腾云、刘太宇、徐照学、王成章、张震、刘伟、闫若潜。

二、专家组职责

1. 根据河南省奶业发展特点及阶段性变化特征，及时向省政府有关部门就全省奶业发展重大事项献计献策。

2. 全面调查和把握全省奶业生产需要解决的重大科技难题，科学选择科研课题，组织立项申报并实施好项目攻关。当前要重点围绕“奶牛不同养殖模式及营养高效调控技术集成”，“奶牛高效繁殖生物技术组装与集成”，“奶牛性能测定在奶牛选育和饲养管理中的应用”，“紫花苜蓿优质高产栽培及干草收获加工贮藏利用技术集成”，“奶牛乳腺炎、慢性子宫内膜炎、肢蹄病和代谢病综合防治集成”，“奶牛清洁生产与生鲜乳质量安全技术集成”，“不同规模奶牛场种养一体化循环模式研究”等，组织联合攻关，尽快形成成果，指导生产。

3. 针对全省奶业生产实际问题、技术需求、灾情、疫情等有关情况，组织综合会诊，提出科学处理意见和建议，当好政府参谋，为政府有关决策部门提供科学依据。

4. 时刻跟踪国际奶业新技术研发应用前沿情况，做好与国内外、省内外有关专家，特别是国家奶业产业体系岗位科学家的技术交流、技术引进和技术合作等相关事宜，不断提升我省奶业专家科技服务水平和全国影响力。

5. 对省辖市、省直管试点县科技人员进行业务培训，提高市、县两级奶业师资水平；指导省奶业专家服务团开展现场培训、指导和咨询等服务，提高全省奶业生产一线人员科技素质；指导全省奶牛高产核心群场创建和全省高产奶牛科技示范场创建工作；编写《奶牛单产提升技术手册》和《奶牛单产提升紫花苜蓿生产手册》等培训教材。

三、有关要求

1. 专家组成员由河南省畜牧局聘任，任期 4 年。

2. 专家组实行组长负责制。

3. 根据千万吨奶业跨越工程的要求，围绕专家组职责，专家组组长负责制定年度活动计划并报省畜牧局批准后实施。省畜牧局将根据实际需要，适当安排活动经费。

4. 参照国家奶业产业体系岗位科学家管理办法，对专家组实行绩效考核。专家组要认真搞好年度工作总结和次年工作计划并报省畜牧局奶业管理办公室，对绩效考核成就突出的专家，省畜牧局将给予表彰奖励。对单产水平 10t 以上奶牛场的技术承包或托管的专家授予“河南省奶牛养殖技术能人”称号，并予以表彰。

5. 通过专家组、专家服务团、全省科技人员和广大养殖户的共同努力，力争到 2015 年，全省奶牛平均单产提高 1 000 千克以上。

河南省畜牧局

二〇一二年二月二十日

附：河南省奶业产业体系专家组成员名单

河南省奶业产业体系专家组成员名单 2012.2.15

姓名	职务/职称	专业	单位	联系电话
高腾云	教授	奶牛养殖与环境	河南农业大学	13007530689
王成章	系主任/教授	牧草营养	河南农业大学	0371－63558180
徐照学	所长/研究员	奶牛繁殖	河南省农科院	0371－65714519
张震	奶牛博士	遗传育种	郑州鼎元种牛育种有限公司	13837103188
刘伟	副总经理/研究员	经营管理	河南花花牛集团	13503869985
闫若潜	科长/研究员	兽医	省畜牧局疫病防控中心	0371－65778930
刘太宇	处长/教授	营养调控	郑州牧业高等专科学校	0371－65765177

组长高腾云，副组长刘太宇。

河南省畜牧局
关于成立河南省奶牛单产提升行动专家服务团的通知

各有关单位：

奶牛单产水平直接影响奶牛养殖效益和养殖积极性，也是衡量奶业发展水平的重要指标，更是实现千万吨奶业发展目标任务的基础。奶牛单产水平高低主要取决于遗传品质和饲养管理。目前我省奶牛品种以荷斯坦为主，按现阶段遗传潜力估算，平均单产应在6.5t以上，但现状是相当一部分奶牛场户远低于这一水平。为了切实解决奶牛养殖一线人员科技意识不强、科技应用率不高、技术操作不规范、饲养管理水平低等问题，省局决定成立河南省奶牛单产提升行动专家服务团（以下简称专家服务团），特通知如下：

一、专家服务团组成

河南省奶业专家服务团以技术推广和生产一线专家为主，适当吸收大专院校和科研院所行业知名专家，注重发挥专家成员丰富的生产实践经验和解决实际问题的能力。

服务团成员：

第一组：耿繁军、胡建和、邓红雨、白跃宇、胡贵平、王新庄。

第二组：宋洛文、魏成斌、席磊、禹学礼、张德勋、蒋士传。

第三组：茹宝瑞、王相根、孙宇、刘俊明、吴胜耀、石冬梅。

第四组：郑春雷、严学斌、郭孝、冯长松、朱永、王彦华。

第一组负责安阳、鹤壁、焦作、济源、濮阳、新乡、滑县和长垣县技术咨询、培训和指导。

第二组负责郑州、开封、洛阳、三门峡、巩义市和兰考县技术咨询、培训和指导。

第三组负责漯河、许昌、周口、信阳、平顶山、南阳、商丘、驻马店、汝州市、邓州市、永城市、固始县、鹿邑县和新蔡县技术咨询、培训和指导。

第四组负责振兴奶业苜蓿发展行动项目技术咨询、培训和指导。

服务团团长高永革，副团长郑春雷、耿繁军、宋洛文和茹宝瑞，4个小组组长分别由副团长兼任。

二、专家服务团任务

贯彻执行中共中央《关于加快推进农业科技创新，持续增强农产品供给保障能力的若干意见》精神，根据全省奶业生产需要，围绕奶牛单产提升行动，对全省奶牛养殖从业人员进行技术培训、生产指导和技术咨询等服务，指导省高产奶牛标准化示范场创建活动。重点推广全混合日粮技术、紫花苜蓿生产、全株玉米青贮、秸秆饲料加工调制、奶牛专用饲料调配与应用、性控冻精应用、高产奶牛冻精推广、生产性能测定与应用、排泄物无害化处理与资源化利用、奶牛乳腺炎、肢蹄病、代谢病等综合防治以及"两病"筛查净化等实用技术。

三、具体要求

1. 专家服务团成员由省畜牧局聘任，任期4年。

2. 专家服务团实行团长负责制。

3. 专家服务团团长每年要制定活动计划并报请省畜牧局批准后实施。专家团活动实行分片或区域包干制，由每位副团长负责具体实施。

4. 在河南省奶业产业体系专家组指导下，专家服务团要根据所负责的区域，对单产水平不同的奶牛养殖场户进行分级分类(5t以下，5～6t，6～8t和8t以上)，科学指导，确保所有奶牛养殖场户受到培训，确保培训效果。

5. 鼓励专家服务团和广大科技工作者开展多种形式的科技服务。按照自愿原则，鼓励专家开展单项、多项、综合等科技承包、科技托管，或采取会员制服务机制，因地制宜，多线并行。按照承包一批、带动一批、辐射一批的思路，逐步提高奶牛场单产水平。2012年全省要力争实现承包30个场，辐射带动150个场。对取得较好实际效果的技术人员，鼓励按比例提成，实现技术人员和养殖场户的双赢。对培训合格的养殖一线人员，将统一颁发技术培训证书，实行岗位技术等级管理。

6. 依托中荷河南奶业培训示范中心，建立河南省奶业人才孵化中心，加快懂技术、会管理、善经营的全能型奶牛场主人才培养。

7. 专家服务团实行绩效管理，省畜牧局对表现突出的科技人员予以表彰奖励。对单产水平9t以上奶牛场的技术承包或托管的专家授予"河南省奶牛单产提升行动技术推广先进工作者"，并予以表彰。专家服务团每年年底应提交年度总结报告和次年工作计划。

8. 各省辖市、省直管试点县都要根据自身实际成立奶业专家服务团，积极开展技术服务，并将有关情况及时上报省局奶业管理办公室。

9. 通过专家服务团和奶业产业体系专家组、全省奶业科技工作者、广大养殖场户的共同努力，力争到2015年，全省奶牛单产平均水平提高1 000千克以上。

河南省畜牧局

二〇一二年三月二十日

附:河南省奶业专家服务团名单

河南省奶业专家服务团成员名单

姓名	职务/职称	专业	单位	联系电话
高永革	秘书长/研究员	草地生态	省奶业协会	13603988266
耿繁军	董事长/高级畜牧师	畜牧	郑州鼎元种牛育种有限公司	0371－65778558
胡建和	教授	兽医	河南科技学院	0373－3693116
魏成斌	研究员	畜牧	河南省农科院	0371－65727015
邓红雨	教授	畜牧	郑州牧专	13213008760
胡贵平	总经理/高级畜牧师	经营管理	焦作多尔克司公司	15978715533
茹宝瑞	副站长/研究员	畜牧	省畜禽改良站	0371－65778913
席磊	副处长/副教授	兽医	郑州牧专	0371－65765160
禹学礼	教授	畜牧	河南科技大学	0379－64280346
张德勋	副总/高级畜牧师	畜牧	洛阳巨尔乳业公司	13603960608
蒋士传	总经理/高级畜牧师	畜牧	河南花花牛集团	13503819489
王新庄	教授	兽医	河南农业大学	13607667013
宋洛文	副秘书长/研究员	畜牧	省奶业协会	13603981982
白跃宇	研究员	畜牧	河南省动物卫生监督所	13608689666
王相根	主任/高级兽医师	兽医	DHI中心	13608699917
孙宇	副教授	畜牧	河南农业大学	13837186374
刘俊明	高级兽医师	畜牧	金丝猴集团	13033935350
吴胜耀	总畜牧师	畜牧兽医	河南花花牛集团	13703713820
石冬梅	副教授	兽医	郑州牧专	15838338058
郑春雷	站长/研究员	畜牧兽医	河南省饲草饲料站	13700888177
严学斌	教授	牧草栽培	河南农业大学	13838210932
郭孝	教授	牧草营养	郑州牧专	13014539610
冯长松	副研究员	牧草管理	河南省农业科学院	13523528759
王彦华	博士	牧草营养	河南省饲草饲料站	13676938371
朱永	兽医师	兽医	河南省奶业协会	13383818901

河南省畜牧局
关于创建高产奶牛标准化示范场的通知

各省辖市、省直管试点县(市)畜牧局：

为贯彻落实《河南省人民政府办公厅关于实施千万吨奶业跨越工程的意见》(豫政〔2011〕110号)(以下简称“意见”),发挥高产奶牛场科技示范带动作用,加快我省奶业生产方式转变,提高奶牛养殖效益,保护奶农养殖积极性,省局决定开展高产奶牛标准化示范场创建活动。

一、目的

通过开展高产奶牛标准化示范场创建活动,使全省涌现一批设计合理、管理规范、技术精湛、生产水平高、生产生态和谐、综合效益好的规模养殖场,使之成为示范培训基地,推广其在良种繁育、疫病防控、牧草种植、标准化生产、粪污治理、生态环保等方面的成功经验,发挥技术示范、培育人才、带动引导的综合作用,加快我省奶业跨越发展。

二、申报条件

申请创建高产奶牛标准化示范场的奶牛场必须符合以下条件：

1. 符合《畜牧法》、《动物防疫法》等相关法律、法规要求。布局科学,设计合理,工艺先进,设施完备。

2. 畜群结构合理,存栏200头以上,平均单产6t以上。

3. 养殖档案完整,包括养殖场12项档案和生鲜乳收购站7项记录。

4. 有TMR设备并采用全混合日粮饲喂技术。

5. 实施奶牛品种登记,参加奶牛生产性能测定(DHI),并应用测定结果科学指导奶牛场经营管理。

6. 近两年内无重大动物疫病和生鲜乳质量安全事故发生。实现了粪污无害化处理和资源化利用。

三、验收标准

1. 达到国家级标准化示范奶牛场建设要求,实现奶牛良种化、养殖设施化、生产规范化、防疫制度化、粪污无害化;并在本地区具有较强的示范和辐射带头作用。

2. 畜群结构合理,存栏200头以上,平均单产7t以上,平均乳脂率3.5%,乳蛋白率3.0%。

3. 奶牛系谱档案建制系统完备,持续开展体型外貌鉴定、品种登记和性能测定

2年以上。

4.建立了完善的高产奶牛生产技术管理制度。

四、创建目标

1.2012年,郑州、洛阳、新乡、焦作、平顶山、南阳、商丘7个主产市,每市至少创建2个省级高产奶牛标准化示范场,其他省辖市至少创建1个,全省创建30个以上。

2.2015年,高产奶牛标准化示范场占规模奶牛养殖场总数的20%,2020年达到50%以上。

五、创建申报和验收

1.创建申报。奶牛场依据创建要求自愿申请,县(市、区)推荐,省辖市初审、统一汇总,上报省局。省局审核确定创建场。每年1～2月各省辖市、省直管试点县(市)组织申报;11～12月省局组织专家组验收。

2.验收挂牌。各省辖市按照创建标准初级验收合格后及时将名单报省畜牧局,省局将按照规定程序,组织专家评审验收。对验收合格的高产奶牛标准化示范场在河南畜牧信息港上公示10天,无异议后发证挂牌,有效期3年。

六、有关要求

1.搞好指导服务。省奶业产业体系专家组负责制定河南省高产奶牛标准化示范场创建验收标准实施细则。省奶业专家服务团对创建场开展调研,指导创建场制订创建实施方案,并对创建场进行技术指导、咨询和培训。省局奶办、省奶业协会、省畜禽改良站、省饲草饲料站和省奶牛生产性能测定中心会同各市县有关部门,按照职责,分工协作,确保高产奶牛示范场建设进度和质量。创建场要按照创建标准,根据专家指导意见,抓好各项措施落实。

2.加强宣传报道。各级畜牧部门要充分利用各种新闻媒体,大力宣传创建高产奶牛标准化示范场的重要意义,积极报道创建活动。要充分利用以会代训、科普宣传等多种形式,宣传创建活动的好经验、好做法,引导广大养殖场户积极参与。

3.推广高产经验。各级畜牧部门要把高产奶牛标准化示范场作为技术培训基地,推广其在良种繁育、精细饲养、疫病防控、牧草种植、标准化生产、粪污治理、生态环保等方面的成功经验,加强对奶牛养殖企业从业人员现场培训,以场带场。要通过技术帮扶形式,鼓励高产奶牛标准化示范场对低产奶牛场开展技术承包、技术托管,技术联盟,不断提高高产奶牛标准化示范场的辐射带动作用。

4.加强监督管理。各级畜牧部门要设立监督举报电话,接受社会监督,确保创建活动公开、公平和公正;对高产奶牛标准化示范场实行动态管理,对示范带动作用不强的企业,取消示范场资格。加强督导,切实发挥高产奶牛标准化示范场示范带动作用。

二〇一二年三月二十日

河南省畜牧局
关于创建奶牛核心育种场的通知

各省辖市、省直管试点县(市)畜牧局,有关单位:

为扎实推进千万吨奶业跨越工程的实施,不断提升全省奶牛生产水平,解决我省高产奶牛群体少、经营管理水平低、难以适应奶业跨越发展要求等问题,省畜牧局决定在全省范围内,创建一批奶牛核心育种场。

一、目的意义

良种是奶业发展的基础,是实现奶业增效、农民增收的关键。总体看,我省高产奶牛群体数量少、质量不高、生产水平较差、奶牛养殖效益不够高。通过创建一批奶牛核心育种场,为全省奶牛养殖提供优质种源,解决我省奶牛良种数量不足的问题,持续扩大种群数量,提升全省奶牛种群遗传品质。通过创建活动,调动广大养殖企业的积极性,明确努力方向,发挥奶牛核心育种场的标杆引导作用。

二、申报条件

申请创建奶牛核心育种场的奶牛场必须符合以下条件:

(一)符合国家级标准化示范奶牛场建设要求,并在本地区具有较强的示范和辐射带头作用。

(二)存栏规模 1 000 头以上,单产水平 7t 以上,平均乳脂率 3.5%,乳蛋白率 3.0%。

(三)高产奶牛群体系谱档案建制系统完备,持续开展体型外貌鉴定、品种登记和 DHI 工作在 2 年以上。

(四)具备基本的奶牛选育技术体系和人才队伍,能够确保高产奶牛选育工作的持续性和系统性。

三、验收标准

申请验收的奶牛核心育种场达到以下条件:

(一)应用现代奶牛体型外貌鉴定、良种登记和 DHI 等手段,加快高产奶牛核心群体型性状改良和遗传改良进程;核心群奶牛泌乳高峰日出现在 55 天左右,群体产奶高峰期持续 188 天左右,产犊间隔 410 天左右,牛奶体细胞数控制在 20 万以内。

(二)应用优秀的验证荷斯坦种公牛冻精,通过持续应用选种选配、后裔测定、生产性能测定等综合选育技术,建成存栏量达到 1 000 头以上的开放型高产奶牛核心群；305天单产水平达到9t以上，平均乳脂率达到3.7%，乳蛋白率达到3.2%。

（三）实现高产奶牛核心群后代良种率达到95%以上，核心群世代遗传改进率5%～10%，扩繁速度达到25%以上。

四、创建目标

根据河南省千万吨奶业跨越工程要求，经过3～5年的时间，通过奶牛核心育种场创建活动，实现以下目标：

（一）通过持续改良选育，建成以纯种荷斯坦奶牛为主体的开放型奶牛核心育种场10个以上，高产奶牛核心群存栏量2万头以上。

（二）开展体型外貌鉴定、良种登记和奶牛生产性能测定，初步建成省级联合高产奶牛选育技术体系，不断提高奶牛核心育种场优秀后代的数量与质量。

（三）构建我省高产奶牛选育平台体系。促进性别控制、胚胎移植、分子遗传标记辅助选择等新兴科技和现代繁育手段的应用与推广，加快我省高产奶牛核心群的选种选育工作。

（四）通过对饲料配方、营养调控、疾病防治等技术研究，制订和完善我省《荷斯坦奶牛良种母牛登记规范》、《高产奶牛饲养管理技术规程》和《高产奶牛疾病综合防制技术措施》等，构建全方位、无缝隙的高产奶牛饲养综合配套技术体系。

五、有关要求

（一）申报时间安排。每年1～2月各省辖市、省直管试点县（市）组织申报，对2011年获得河南省十佳奶牛场称号的奶牛养殖场，可优先推荐；11～12月省局组织专家组验收。

（二）创建指导。省奶业产业体系专家组负责对创建奶牛场摸底调研，量身裁衣，指导制订具体创建方案。有关奶牛生产指标测定由省奶牛生产性能测定中心承担。奶业专家服务团根据创建方案，分片负责，对创建奶牛场进行指导、培训和咨询等服务。省局奶办、省奶业协会、省畜禽改良站、省饲草饲料站和省奶牛生产性能测定中心会同各市县有关部门，按照职责，分工协作，确保奶牛核心育种场建设进度和质量。

（三）验收授牌。省奶业产业体系专家组负责制定奶牛核心育种场考核验收实施细则。根据考核标准，各市、县应及时将完成创建的奶牛场名单上报省局，省局将按照验收程序，组织专家评审验收。对验收合格的，将在河南畜牧信息港上公示，无异议后，由省局授予“河南省奶牛核心育种场”。

（四）奖励扶持。对列入创建省级奶牛核心育种场的企业，省局将优先给与项目扶持。市、县畜牧部门也要积极争取同级财政，对创建场进行扶持。

二〇一二年三月二十日

参考文献

[1]刘太宇. 养牛生产. 北京:中国农业大学出版社,2008.

[2]梁学武. 现代奶牛生产. 北京:中国农业大学出版社,2002.

[3]王加启. 现代奶牛养殖科学. 北京:中国农业大学出版社,2006.

[4]卢德勋. 系统动物营养学导论. 北京:中国农业大学出版社,2004.

[5]孟庆翔. 奶牛营养需要. 北京:中国农业出版社,2001.

[6]董志国,邓林涛,安尼瓦尔. 优质苜蓿干草加工调制技术[J]. 中国草食动物,2005(03).

[7]吴良鸿,胥洪军,玛尔孜亚. 浅谈优质苜蓿干草加工调制技术[J]. 新疆畜牧业,2005(03).

[8]王德萍,董志国. 优质苜蓿干草制作关键技术[J]. 新疆农垦科技,2009(01).

[9]刘小样. 牧草及秸秆类粗饲料加工——干草的调制技术. 牛羊养殖网,2011-03-30.

[10]Luis Solorzano . 保证适宜的收割成熟期、水分和切割长度. 荷斯坦奶农俱乐部——如何做好玉米青贮技术专题.

[11] Friedrich Flatnitzer,温重石. 青贮制作技术. 荷斯坦奶农俱乐部. 2012(7)

[12]安永福. 优质玉米青贮饲料制作技术. 河北科技日报,2009-8.

[13]张晓峰. 青贮玉米的制作及其注意事项. 中国奶业协会年会论文集 2008(上册). 2008(9)

[14]崔胜. DHI——牧场管理的有效工具[J]. 乳业科学与技术,2005,3(112):142-144.

[15]方有胜. DHI 知识简介[J]. 职业技能培训,2004(4):46.

[16]田雨泽,窦红,姚金良,等. DHI(奶牛牛群改良)技术及其应用[J]. 中国奶牛,2004(4):33-35.

[17]刘振君,黄毅,张胜利,等. DHI 报告在高产奶牛群的应用[J]. 中国奶牛,2007(3):21-24.

[18]庆麦玉. 加拿大奶牛业服务组织 DHI[J]. 中国奶牛,1995(6):49.

[19]张峰,马书林,左晓磊,等. DHI 技术在我国规模化奶牛厂中的应用分析[J]. 天津农业科学,2008,14(6):12-14.

[20]李月娥. DHI 在奶牛场生产管理中的应用[J]. 奶牛杂志,2008(9):27-29.

[21]季勤龙,王仲士,吴火泉. DHI 监测提高生鲜牛奶质量的推广与应用[J]. 中国奶牛,2005(3):43-44.

[22]尤麟. DHI 记录体系及其在奶牛饲养管理中的应用[J]. 黄牛杂志,2001(1):

65－68.
[23]邱怀. 现代乳牛学[M]. 北京：中国农业出版社，2002.
[24]张佳兰，昝林森，刘永峰，等. 我国 DHI 测定现状及存在问题[J]. 中国牛业科学，2008，9(5)：56－59.
[25]张沅. 中国荷斯坦奶牛良种繁育体系建设[J]. 黑龙江畜牧兽医，2004(1)：21－23.
[26]唐淑珍，张月周. DHI 的组织实施及应用[J]. 中国奶牛，1999(2)：35－37.
[27]马云，邹建波，王恒. DHI 体系及其在奶牛饲养管理中的应用[J]. 黄牛杂志，2002(6)：22－26.
[28]高红彬，张沅，张勤. 奶牛生产性能测定发展历程[J]. 中国奶牛，2005(3)：25－29.
[29]Robert Watson，张萍. 中国奶牛牛群改良项目(DHI)实施效果[J]. 乳业科学与技术，2001(1)：49－50.
[30]赵胜，李静. DHI 报告学习应用初探[J]. 中国奶牛，1999(5)：41－42.
[31]傅小平. DHI 知识手册. 上海光明乳业股份有限公司技术中心奶牛繁育项目组编写.
[32]刘秋云，李燕，宋来兴. DHI 体系在牧场中的应用[J]. 养殖与饲料，2004(8)：17－19.
[33]郑怀军，张永根，杨贵. 对通过 DHI 改进奶牛场生产管理的观察与分析[J]. 中国奶牛，2006(5)：24－27.
[34]邱昌功. 奶牛生产性能测定(DHI)中常见问题分析及应对措施[J]. 2010 中国牛进展，2010(9).
[35]丁可为，荀素，张禹. 奶牛群遗传改良(DHI)及建立我省奶牛改良组织 HDHI 的方案[J]. 黑龙江畜牧兽医，1997(2)：11－14.
[36]刘伶俐. 南方地区 DHI 体系应用研究[D]. 湖南农业大学，2006(6)：1－12.
[37]苑建军，杨威，黄锦贤. 采样对 DHI 测试结果的影响[J]. 乳业科学与技术，2004(1)：44.
[38]李小玲. 西安 DHI 奶牛记录系统总结报告. 西安市良种牛繁育中心.
[39]刘明祥，黄应祥，王聪，等. 提高奶牛乳脂率及产奶量的试验研究[J]. 中国奶牛，2004(4)：43－45.
[40]李波，孔保华，郑冬梅，等. 体细胞数对乳的影响及控制措施[J]. 中国乳品工业，2005(1)：57－59.
[41]刘永峰，马云，昝林森，等. 牛奶体细胞数与产奶性能相关性分析[J]. 第二届中国乳业科技大会论文集，2004：337－340.
[42]毛忠德，王贵成，魏岩，等. 喂青贮、优质干草对产奶量及乳脂率的效果[J]. 饲料与添加剂，2003(8)：15.
[43]魏亭，韩光毅，何庆刚. 生产牛群如何进行 DHI 测定[J]. Heilongjiang Journal of Animal Reproduction，2003(2)：24.

[44]苏成果,浅谈 DHI 记录的分析[J]. 中国奶牛,2007(8):28－30.
[45]毛永江,杨章平,汪志国. 中国荷斯坦牛乳脂率变化规律初探[J]. 中国奶牛,2003(4):32－33.
[46]唐玲田. 目前牛乳中乳脂率低的原因及对策[J]. 山东畜牧兽医,2003(9):22.
[47]Rick Grant,周鼎年,译. 如何挺好牛奶的蛋白质和脂肪含量[J]. 中国奶牛,2002(1):55－56.
[48]张丹凤,王叶玲,陆东林. 体细胞数(SCC)在奶牛生产中的应用[J]. 新疆畜牧业,2004(3):39－41.
[49]Bill Slack. 牛群改良——体细胞计数和线性评定[J]. 北京奶业,1999(3):1－2.
[50]高星译. 如何控制并保持牛奶中体细胞数不超过 10 万[J]. 中国奶业,2005(5):44－46.
[51]李建斌,孙少华,田雨泽,等. 应用 DHI 提供的体细胞数据控制奶牛乳房炎[J]. 当代畜牧,2004(2):17－19.
[52]唐淑珍,李水鹏. 利用体细胞技术监控乳房炎[J]. 中国奶牛,1999(4):45－46.
[53]N B Cook, T B Bennett, K M Emery et al. Monitoring Nonlactating Cow Intramammary Infection Dynamics Using DHI Somatic Cell Count Data [J]. Journal of Dairy Science,2002,85(5):1119－1126.
[54]J W Smith, L O Ely, W M Graves, et al. Effect of milking frequency on DHI performance measures[J]. Dairy Science, 2002(85):3526－3533.
[55]毛永江,杨章平,王杏龙,等. 南方地区荷斯坦牛乳中体细胞数及乳房性状与泌乳性能相关性的研究[J]. 中国奶牛,2002(2):12－13.
[56]王明珠. 生鲜牛奶中体细胞数与产奶量的关系[J]. 云南畜牧兽医,2002(6):38.
[57]张勤,张沅,秦志锐. 中国奶牛育种的现状及发展趋势[J]. 中国乳业,2001(6):4－8.
[58]杜道全,张震. 当前奶业发展存在的问题及应对措施[J]. 河南畜牧兽医,2011,10(32):3－6
[59]陈伟生,魏克佳. 奶牛生产性能测定科普读物[M]. 全国畜牧总站/中国奶业协会. 2007,5.
[60]徐照学. 奶牛饲养与疾病防治手册[M]. 北京:中国农业出版社,2002.
[61]赵兴绪. 奶牛繁殖障碍防治技术[M]. 北京:金盾出版社,2005.
[62]董义春,等. 奶牛用药知识手册[M]. 北京:中国农业出版社,2010.
[63]杨开红,田超,陈功义. 兽用 B 超在奶牛早期妊娠诊断中的应用[J]. 河南畜牧兽医. 2009,30(7):25.
[64]王希朝,王光亚. MOET 技术在家畜育种中的应用[J]. 西北农业大学学报,2000,28(1):92－97.
[65]李季,彭生平. 堆肥工程实用手册(第二版)[M]. 北京:化学工业出版社,2011.
[66]邓延陆. 畜禽养殖篇——把"臭气窝"变成"藏宝库"[M]. 北京:中国环境科学

出版社，2011.
[67]林聪，周孟津，张榕林，等. 养殖场沼气工程实用技术[M]. 北京：化学工业出版社，2010.
[68]秦峰，柴晓利，赵爱华，等. 粪便处理与处置技术[M]. 北京：化学工业出版社，2006.
[69]李玉华，朱静华，赵琳娜，等. 有机肥料生产与应用[M]. 天津：天津科技翻译出版公司，2010.
[70]梁海恬，何宗均，李妍，等. 微生物肥料生产及施用技术[M]. 天津：天津科技翻译出版公司，2010.
[71]何宗均，赵琳娜，李妍，等. 畜禽粪便变废为宝. 天津：天津科技翻译出版公司，2010.
[72]郎跃深，郑方强，等. 蚯蚓养殖技术与应用[M]. 北京：科学文献技术出版社，2012.
[73]张衍林，等. 农村沼气工培训教材[M]. 北京：金盾出版社，2010.
[74]盛贻林，王方圆，宋建苇. 奶牛养殖粪便的生物有机肥生产[J]. 现代农业，2004，30－31.
[75]张永强，李秋燕. 黑龙江奶牛养殖小区排泄物处理存在的问题及对策[J]. 中国畜牧兽医文摘，2011，27(4)：23－25.
[76]尤克强，高玉平. 奶牛场粪污生产生物有机肥的工艺技术[J].
[77]胡启春，宋立. 奶牛养殖场粪污处理沼气工程技术与模式[J]. 中国沼气，2005，23(4)：22－25.
[78]高天宇，贲百灵，高睿. 动物养殖场生物安全体系的内容[J]. 畜牧兽医科技信息. 2005(11)：49－50.
[79]王双林，刘义军，赵丽莉. 关于畜禽场生物安全体系中动物福利的一些思考[J]. 中国兽医杂志，2011(10)：91－92.
[80]张黎黎，张宏梁，田玲. 加强生物安全管理的思考[J]. 中国医药生物技术. 2010(6)：458－460.
[81]邱基洪，张春红. 奶牛场生物安全体系的建立[J]. 新疆畜牧业. 2008(4)：40－41.
[82]胡天正，杨锁柱. 浅谈养殖场生物安全体系[J]. 中国动物检疫. 2008(4)：8－9.
[83]王慧娟. 如何建立规模奶牛场生物安全体系[J]. 兽医导刊，2009(6)：14－15.
[84]叶张利. 畜禽养殖场生物安全体系的建设与要求[J]. 浙江畜牧兽医. 2011(1)：44.
[85]GB 13078－2001 饲料卫生标准[S].
[86]NY /T 388－1999 畜禽场环境质量标准[S].
[87]GB 16568－2006 奶牛场卫生规范[S].
[88]GB 5749－2006 生活饮用水卫生标准[S].
[89]DB 41/T 709—2011 规模牛场预防口蹄疫环境控制技术规范[S].

[90]规模性畜场口蹄疫风险评估技术规范(DB 41/T 710—2011)农业部,牛结核病防治技术规范,农医发[2007]12 号.
[91]农业部,布鲁氏菌病防治技术规范,农医发[2007]12 号.
[92]闫若潜,李桂喜,孙清莲. 动物疫病防控工作指南(第二版)[M]. 北京:中国农业出版社,2011.
[93]吴志明,刘莲芝,李桂喜. 动物疫病防控知识宝典[M]. 北京:中国农业出版社,2006.
[94]中华人民共和国国家标准,GB/T 18645－2002 动物结核病诊断技术[S].
[95]中华人民共和国国家标准,GB/T 18645－2002 动物布鲁氏菌病诊断技术[S].